C#语言 Windows 程序设计

（第2版）

于国防　李　剑　张玉杰　编著

清华大学出版社

北　京

内 容 简 介

本书结合微软公司推出的 Visual Studio 2012 集成开发环境的应用，讲述如何使用 C#语言开发基于.NET Framework 平台的 Windows 窗体应用程序。全书共分 3 篇 17 章，内容由浅入深、循序渐进，包含了变量、运算符与表达式、流程控制、窗体及控件、面向对象的程序设计、文件 I/O、GDI+、数据库访问以及网络通信等 C#编程最常用的要点知识。书中主要章节后新增扩展学习，便于学习者趁热打铁，拓宽知识；还增加应用篇的典型示例，便于学习者参考引用，增强编程实战技能。

本书适用于计算机科学以及电子与信息工程等相关专业大、中专院校师生的 C#教学用书，也可以作为 C#语言程序开发者的参考书。

图书在版编目（CIP）数据

C#语言 Windows 程序设计/于国防，李剑，张玉杰编著. —2 版. —北京：清华大学出版社，2015
（2022.8 重印）

ISBN 978-7-302-39605-5

I. ①C… II. ①于… ②李… ③张… III. ①C 语言-程序设计 IV. ①TP312

中国版本图书馆 CIP 数据核字（2015）第 080926 号

责任编辑：贾小红
封面设计：刘 超
版式设计：魏 远
责任校对：王 云
责任印制：丛怀宇

出版发行：清华大学出版社
网 址：http://www.tup.com.cn，http://www.wqbook.com
地 址：北京清华大学学研大厦 A 座 邮 编：100084
社 总 机：010-83470000 邮 购：010-62786544
投稿与读者服务：010-62776969，c-service@tup.tsinghua.edu.cn
质量反馈：010-62772015，zhiliang@tup.tsinghua.edu.cn
印 装 者：三河市龙大印装有限公司
经 销：全国新华书店
开 本：185mm×260mm **印 张：**16.25 **字 数：**385 千字
版 次：2010 年 9 月第 1 版 2015 年 8 月第 2 版 **印 次：**2022 年 8 月第 7 次印刷
定 价：49.80 元

产品编号：060146-02

再 版 序

《C#语言 Windows 程序设计》（ISBN：978-7-302-23375-6）自 2010 年 9 月出版以来，受到了广大读者和众多高校的欢迎和好评，近年来已经重印了 4 次。尽管如此，无论是为了采纳使用者的良好建议，还是为了跟上技术的最新发展，笔者都有义务及时对本书进行更新和完善，于是，根据出版社的要求，本书编写组再次投入大量时间和精力对第 1 版的内容进行修改和补充。

关于第 2 版的相应修改，具体说明如下。

◆ 章节编排更规范

在第 1 版的基础上，所有章节重新编排，使技术内容前后衔接、循序渐进。

◆ 内容编写改进

对第 1 版的部分重点、难点问题，字斟句酌，使之更加通俗易懂，并将代码进一步优化编写；尽可能地增加屏幕截图的尺寸，增强插图的易视性；尽可能地使所有表格不再跨页显示，提高内容的易读性。

◆ 采用新版开发工具

开发工具由第 1 版的 Visual Studio 2005 更新为 Visual Studio 2012，书中所有屏幕截图均在 Visual Studio 2012 运行环境中进行，所有示例源程序（包含实验）也都是更新版。

◆ 补充常用或新技术

通过 3 个章节，并结合示例程序，分别补充了常用的 Windows 打印组件的基本用法、创新性的 LINQ 技术应用知识以及实用的视频应用程序设计。

◆ 增设“扩展学习”

主要章节后新增一节“扩展学习”，技术难度略有提高，但可使读者对本章的技术掌握进一步提升，知识面进一步扩展。

◆ 规划“应用篇”

利用有限的篇幅，将增补的视频应用以及第 1 版的图像处理和邮件发送与接收这 3 个方面的程序设计规划为“应用篇”，引领读者实战入门。

另外，虽然第 2 版的知识含量较第 1 版有较多扩充，但全书篇幅并无明显增加。

编　者

前　言

自 2000 年 6 月微软公司推出 Microsoft.NET 以来，.NET 技术及其相关产品在信息技术领域得到了广泛应用。而为.NET Framework 量身定做的新一代面向对象的 Visual C#语言，也随之成为业界主流的程序设计语言之一。C#不仅功能强大，而且其程序设计简洁灵活、易学易用。

本书结合运用优秀的开发工具 Visual Studio.NET（简称 VS.NET），重点讲述功能强大、应用广泛的 C#语言 Windows 应用程序设计。

全书共分 3 篇 17 章，章节内容前后衔接，技术要点逐层深入；示例分析图文并茂；代码注释详尽明晰；难点问题随时“说明”，重点知识及时“提示”，特别是每章的“扩展学习”，使技术提升更进一步。全书讲解注重“教与学面对面”的知识传授风格，使读者始终在一种轻松自然、自信好学中进步。各章内容概括如下。

第 1 章：有限的篇幅介绍了.NET 和 C#的基本知识，为后续相关技术的学习奠定了基础。

第 2 章：简要介绍 Visual Studio 的发展历史和优点，重点介绍 Visual Studio 2012 集成开发环境的安装方法，从而为后续的程序设计准备好了称手的兵器。

第 3 章：变量、数据类型、运算符以及流程控制等可谓任何编程语言之必备基础，C#语言当然也不例外，但考虑到有的读者可能因为学习过其他编程语言，已经具备了一定的基础知识，所以，本章的内容讲解既重点突出，又简明扼要。

第 4 章：以一个简单的上机考试系统开发为目标，结合 Visual Studio 2012 的运用，介绍 Windows 程序的界面设计，其中，将窗体（含控件）、菜单以及工具栏等的创建有机地融为一体。

第 5 章：首先简要介绍面向对象编程的基本知识，并重点引入了.NET 的命名空间概念及其用法说明，此乃 C#程序设计之重要技术基础。而后，结合第 4 章设计的上机考试系统窗体，逐步完善其各项功能的程序设计。至此，轻松的设计、实效的结果，令初学者自信地跨入 C#语言程序设计的大门！

第 6 章：Windows 窗体的显示模式与对话框简单、易用，本章以有限的篇幅简单介绍，并为后续的相关应用奠定技术基础。

第 7 章：进程和线程是实时及多任务应用程序开发的技术基础。结合形象、直观的示例程序，并采用类比式的分析方法，深入浅出地重点讲述多线程开发，并为后续的网络程序设计奠定相关的技术基础。

第 8 章：首先以精简的篇幅介绍 Access 和 SQL Server 数据库的应用和开发知识，然后结合一个简单、易理解的管理系统示例，逐步引导读者综合运用 ADO.NET 的相关技术以及 SQL 语句，开发 C#应用程序。

第 9 章：LINQ 是 Visual Studio 2008 和.Net Framework 3.5 版本开始具备的一项突出

创新，它在对象领域与数据领域之间架起了一座桥梁，因其重要性和实用性，本章继续结合示例程序，介绍 LINQ 技术应用知识。

第 10 章：首先通过一个形象化的 GDI+绘图基本步骤类比，使读者在运用 GDI+之前就对其基本用法有一个清晰、直观的整体认识，然后在此基础上结合不同的示例，分别介绍 GDI+的图形绘制、文本呈现等基础知识。

第 11 章：结合示例，介绍常用的 Windows 打印组件的基本用法。

第 12 章：介绍最基本、最常用的文件读/写程序设计方法，并为后续的网络文件流操作奠定技术基础。

第 13 章：网络编程是程序设计的重点，也是难点。遵循由浅入深的原则，结合应用示例，分别详解了基于 TCP 协议和 UDP 协议的网络程序设计。行文中的具体分析、代码中的详细注释，都极大地增强了读者对本章知识的理解和掌握。

第 14 章：有限的篇幅、详细的步骤，介绍最基本的 Windows 程序的安装和部署方法。

第 15、16 和 17 章：为实用扩展篇，分别介绍了视频应用、图像处理基础以及邮件发送与接收的程序设计。使读者能够在此前章节知识学习的基础上，学以致用，开发一些简单、实用的 Windows 应用程序。

本书由于国防、李剑和张玉杰共同编著。于国防编写了第 3～11 章以及第 13 章，李剑编写了第 1、12、14 章以及第 15 章，张玉杰编写了第 2、16 章以及第 17 章。全书由于国防统稿。

作为本书的编者，我们不仅是从事软件开发项目的程序员，更是传道授业的高校教师，所以，我们更深知编书助教的责任之重，于是，在编写此书的过程中，我们虚心请教同行教师和专业人士，广泛征求学生建议，并参考大量相关教材和参考书，可谓竭尽全力、精益求精，尽管如此，我们仍然要诚恳地承认，由于水平所限，书中难免会有疏漏或不妥之处，殷切希望广大读者、同仁批评指正。

为了便于读者测试和学习书中示例，随书提供了书中所有示例（包括实验）的源程序；同时，为了便于教师进行多媒体课堂教学，随书还提供了相应的 PPT 课件。

编　者

目　录

第 1 部分　基　础　篇

第 2 部分　入　门　篇

第 3 部分 应 用 篇

▶▶第 1 部分

基础篇

第 1 章　.NET 与 C#简介

学习要点

- 了解.NET 平台、.NET Framework 及.NET Framework 类库
- 了解 CLR 的基本功能
- 了解 C#语言的由来及其特点

1.1　.NET 简介

1.1.1　.NET 平台简介

微软公司总裁史蒂夫·鲍尔默对“什么是.NET”的解释是：.NET 代表了一个集成、一个环境、一个编程的基本结构，它可以作为一个平台来支持下一代的互联网，是一个可实现的环境。比尔·盖茨对.NET 的评价是：这是一个崭新的平台，它将影响我们今后编写的每一行应用程序代码，它将重新定义用户界面，屏幕内容以及人机交互方式都将大为改观，如同从 DOS 到 Windows 的转变一样，微软的所有产品都将受其影响。

如今.NET 已是一个可以支持下一代互联网服务和运营的平台。这个平台包含微软新一代的操作系统、大量的互联网服务软件、对各种设备（移动通信设备、机顶盒、信息家电等）的支持和应用软件开发套件——Visual Studio.NET 等。在这个平台下，从用户的角度看，只需发出请求，无论在什么设备上运行着什么操作系统，只要安装了.NET Framework，就可以运行.NET 可执行程序，就能获得所需要的服务，而无须关心后台的复杂操作；从开发人员的角度看，平台对开发进行强有力的支持，方便创建各种应用软件（无论是传统的 Windows 应用软件还是 Web 站点），而且部署和发布应用程序更加简便。

.NET 平台结构如图 1-1 所示。它采用开放式的体系结构，集中体现了微软公司在软件设计领域的先进技术成就，其核心技术包括.NET Framework、.NET 企业服务器、模块服务以及 Visual Studio.NET。

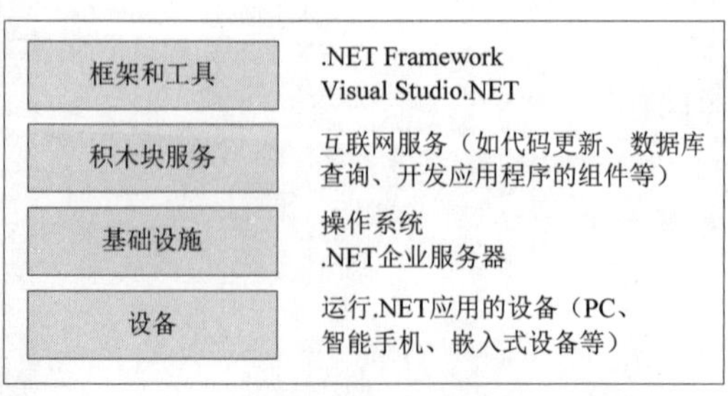

图 1-1　.NET 平台结构

- .NET Framework：是.NET 战略的核心，它为.NET 平台下应用程序的开发和执行提供基本的环境架构。
- .NET 企业服务器：是一系列的技术服务产品，为用户提供数据通信、协作、交换、存储等服务，包括 SQL Server、BizTalk Server、Office Communications Server、Host Integration Server 和 Exchange Server 等。
- 积木块服务：主要是微软公司提供的 COM+组件服务和 XML Web 服务技术，在应用程序中作为功能模块调用，以便快速完成开发。

1.1.2 .NET Framework 结构与功能

.NET Framework（.Net 框架）是支持生成和运行.NET 应用程序以及 XML Web Services 的内部 Windows 组件。为了创建和运行基于.NET 平台的应用程序，.NET Framework 提供了一个多语言组件开发、编译和运行的环境。图 1-2 是.NET Framework 的组织结构图。

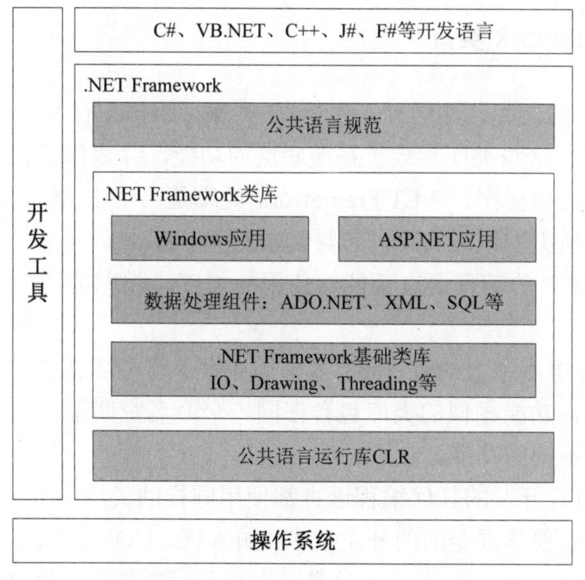

图 1-2 .NET Framework 的组织结构

.NET Framework 主要包括 3 个部分：公共语言规范、.NET Framework 类库和公共语言运行库。其中，公共语言运行库是.NET Framework 的基础，其作用是托管和执行代码，并向托管代码提供内存管理、线程管理等服务；.NET Framework 类库是一个综合性的面向对象的可重用类型集合，利用它可以开发多种应用程序；公共语言规范是公共语言运行库支持的语言功能的子集，包括几种面向对象的编程语言的通用功能。符合公共语言规范的组件和工具能够保证与其他符合公共语言规范的组件和工具交互操作。

.NET Framework 正式发布的版本从 1.0 开始，逐步升级为 1.1、2.0、3.0、3.5、4.0 以及 4.5，并且仍在不断升级中。.NET Framework 1.0、1.1、2.0 这 3 个版本是彼此完全独立的，可以同时位于一台计算机上，每个版本都有自己的公共语言运行库、类库和编译器等。

提示：虽然 2.0 版本以上的.NET Framework 具有向下兼容性，但是有的软件可能无法运行于高版本的.NET Framework 中，所以，仍需要安装相应版本的.NET Framework。

.NET Framework 实现的功能目标如下：

- 对于不同的编程语言，提供一个统一的面向对象的编程环境；对于同一种编程语言，无论对象代码是在本地存储和执行，还是在本地执行但在 Internet 上分布，或者是在远程执行，其编程环境是基本一致的。
- 代码执行环境将软件部署和版本控制冲突最小化。
- 代码执行环境能够提高代码执行的安全性。
- 使开发人员能够轻松开发不同类型的程序（如传统的命令行、图形化的 Windows 窗体应用程序、ASP.NET 应用程序、XML Web Services 以及 Windows 服务）。
- 能够按照工业标准生成所有应用，以确保基于.NET Framework 的代码可与其他任何代码集成。

1.1.3 .NET Framework 类库

.NET 提供了强大的类库，如同 VC 有 MFC 类库、Delphi 有 VCL 类库、Java 有 Swing 和 AWT 等类库一样，这些类库封装了系统底层的功能，并提供了很好的操作方式，可以使开发者轻松地构建应用程序。.NET Framework 类库是一个由 Microsoft .NET Framework 中包含的类、接口和值类型组成的库，它封装了对 Windows、网络、文件、多媒体的处理功能，是所有支持.NET 的编程语言都能够使用的类库。类库的源代码保存在称为程序集的.DLL 文件中。

.NET Framework 类库中大约有 7000 多个类（每个类可能会有上百个方法或属性），这些类库被分类打包，功能相似的类库包含在同一个命名空间下，通过调用不同的命名空间来使用类库，完成不同的功能。

在.NET 平台中进行开发的任何编程语言都使用同样的类库，由于统一了开发模式，开发者再也不必也没有必要掌握全面的开发技术（如 ATL、COM、MFC、ASP、VB 以及 C++等）。所以，在.NET Framework 下，无论是开发桌面程序还是开发 Web 程序，因为使用的是同样的类库和几乎同样的技术，使得应用程序的开发因此变得非常简单。

提示：学习类库时，不需要掌握其全部应用技术，了解类库的基本架构和实现原理，并能将其正确地运用于实际程序的开发中才是最重要的。

1.1.4 公共语言运行库（CLR）简介

公共语言运行库（Common Language Runtime，CLR）是.NET Framework 的一大特色。CLR 是一个执行并管理代码的中枢，它主要提供内存管理、线程管理、远程处理、异常处理、类加载、自动垃圾收集、安全和认证、通过 BCL 得到广泛的编程功能（包括 Web 服务和数据服务等），并且 CLR 还强制实施严格的类型安全检查，实施提高安全性和可靠

性的其他形式的动作。

代码管理的概念是 CLR 的基本概念。以运行库为目标的代码称为托管代码，即在 CLR 下运行的代码都是托管代码，而不以运行库为目标的代码称为非托管代码。C#语言中代码也能使用非托管方式，但是考虑到代码的安全性，除非必要，不建议这么做。托管代码具有许多优点，如跨语言集成、跨语言异常处理、安全性增强、版本控制和部署支持、简化的组件交互模型、调试和分析服务等。

CLR 的工作流程（托管代码的执行过程）如下。

（1）选择编译器

CLR 是一个多语言执行环境，支持各种数据类型和语言功能，开发人员可能使用不同的编程语言编写代码，因此必须选择针对该编程语言的编译器或第三方编译器。为了能够正确使用 CLR 的功能，开发人员使用的语法必须符合公共语言规范 CLS。

（2）将代码编译为 Microsoft 中间语言（MSIL）

当源代码编译为托管代码时，编译器将源代码编译为 Microsoft 中间语言（MSIL），这是一组可以有效地转换为本机代码且独立于 CPU 的指令，不是 CPU 能够直接执行的代码。MSIL 包括用于加载、存储和初始化对象以及对对象调用方法的指令，还包括用于算术和逻辑运算、控制流、直接内存访问、异常处理和其他操作的指令。

（3）将 MSIL 编译为本机代码

在执行时，实时（JIT）编译器将 MSIL 编译为本机代码。这种本机代码是针对特定 CPU 结构的 JIT 编译器生成的（CLR 为每种 CPU 结构都提供了 JIT 编译器）。JIT 编译器并不是把整个应用程序一次编译完（这样会有很长的启动时间），而是只编译它调用的那部分代码（这是其名称由来）。代码编译过一次后，就将得到的内部可执行代码存储起来，直到退出该应用程序为止，这样在下次运行这部分代码时就不需要重新编译了。Microsoft 认为这个过程要比一开始就编译整个应用程序代码的效率高得多，因为一个应用程序在运行过程中，其大部分代码实际上并不是在每次运行过程中都执行的。在此编译过程中，代码必须通过类型安全的验证。

（4）运行代码

CLR 提供能够使执行发生以及可在执行期间使用的各种服务的结构。这些服务涉及垃圾回收、安全性、与非托管代码的互操作性、跨语言调试支持、增强的部署以及版本控制支持等。

整个 CLR 执行的工作流程如图 1-3 所示。

图 1-3 CLR 的工作流程

1.2 C#简介

C#（读作“C sharp”）是微软公司发布的一种安全、稳定、简单、运行于.NET Framework之上面向对象的编程语言。

1.2.1 C#语言的由来

随着软件开发技术的不断发展，程序员们不但要解决各种技术平台上的组件兼容问题，还需要解决由不同编程语言开发的组件间的集成问题；同时 Web 应用已成为一种趋势，编程语言还应该能够快速地进行网络应用的开发。为了满足这些需求，2000 年微软公司发布了 C#编程语言，是由 Anders Hejlsberg 和 Scott Wiltamuth 领导的小组专门为.NET 平台设计的、运行于.NET Framework 之上的编程语言。这种语言作为微软公司.NET 战略的一部分，是.NET 平台应用的首选语言，其版本随着 Visual Studio.NET 版本的逐步升级而升级。

对 C#的由来有两种解释：从字面意义来解释，C#是 C 语言的开发利器；而微软公司给出的解释是：C#是 C++的升级语言，具有比 C++更优越的开发特性。C#在表达式、运算符和语句等方面沿用了 C/C++的许多特性，而在类型安全、错误处理、版本转换、事件和垃圾回收等方面做了很大的改进和创新。

1.2.2 C#语言的特点

相对于其他常用编程语言，C#的特点可概括如下。

1．简洁的语法

C#语言相对 C++语言而言，简单易学、容易入门。C#语言淘汰了 C++语言中繁乱的表示符号和伪关键字，使用了有限的、统一的操作符、修饰符和运算符。另外，C#语言很少使用 C++语言中功能强大却难以掌握的指针，因为使用指针可能会带来内存泄漏以及管理漏洞等不安全因素，这将使开发和维护的难度大大增加。而 C#语言中操作的基本上是实例的对象，只有部分类的类型支持指针，而且不建议使用指针。

2．面向对象的设计

C#语言支持面向对象的所有关键特性，如封装、继承和多态等，是真正纯粹的面向对象的编程语言。

C#语言以类和结构为基础构建所有的类型，每种类型都是一个对象。C#语言通过命名空间对代码进行层次化的管理，所有的常量、变量、属性、方法、事件等都被封装在类中，从而使程序具有更好的可读性，并且避免了发生命名冲突的可能。

3．完备的安全性

默认情况下，代码工作在一种受托管的环境中，在托管环境下不允许进行类似直接存

取内存的不安全操作。C#语言可以消除许多软件开发中常见的编程错误，如忘记初始化变量和数组越界等。此外，C#提供了边界检查和溢出检查等功能；使用垃圾回收机制减轻内存管理的负担；通过使用 CLR 提供的代码，在程序中配置安全等级和用户权限等。

4．版本控制

版本管理始终是比较棘手的问题。例如，由于多个应用程序都安装了名字相同版本不同的 DLL，有时应用程序能够正常运行，更多时候会中断运行。C#语言内置了版本控制功能，可以很好地支持版本管理，从而使得 C#语言开发的软件可以不断地进行更新和升级。

5．良好的兼容性

C#语言凭借.NET Framework 平台对 COM+组件、XML Web 服务和 MSMQ 服务的支持，能够跨语言、跨平台交互操作，实现不同软件技术开发的组件之间以及组件之间跨互联网的调用。作为.NET Framework 的首推语言，C#在很大程度上保持了对外界技术的兼容。

6．支持快速开发

C#语言增强了开发效率，借助 Visual Studio 可以通过拖放的形式自由添加组件并生成相应的代码。而自动生成的代码和手动添加的代码又相隔离，便于程序员检查自己的设计。

7．面向组件的开发

面向组件的设计方法是继面向对象的设计方法之后又一流行的趋势。在 C#语言中，组件可以在开发中直接使用，也可以通过调用对象所提供的方法来进行操作。数据访问组件是 C#语言中最具特色的组件。

总之，C#语言简单实用、易于入门，特别是熟悉 C/C++或 Java 等类似语言的开发者更可以很快转向 C#程序开发。

习　题

1．什么是.NET 平台？

2．CLR 的优点有哪些？主要工作流程是什么？

3．.NET Framework 由哪几部分组成？简要说明各部分的作用。

4．C#的主要特点有哪些？

第 2 章　Visual Studio 简介与安装

学习要点

🕮 了解 Visual Studio 的发展历史及其主要优点
🕮 掌握 Visual Studio 集成开发环境的安装方法

2.1 Visual Studio 的发展历史和优点

一种高级编程语言能得到广泛的应用，除了语言自身的优点之外，还要有强大的开发工具的支持。C#能够从一种新型高级编程语言迅速成为目前最流行的程序设计语言之一，凭借的就是微软公司推出的 Visual Studio 集成开发工具（Integrated Development Environment，IDE）。

由 Visual Studio 发展而来的 Visual Studio.NET，是目前最流行的.NET 应用程序集成开发环境。对于大型软件系统的开发，仅使用编译器命令是远远不够的，集成开发环境将代码编辑器、编译器、调试器、图形界面设计器等工具和服务集成在一个环境下，因此能够有效地提高软件开发的效率。

1．Visual Studio 的发展历史

1992 年，微软公司推出 Windows 操作平台上的第一个可视化集成开发环境 Visual C++ 1.0，它体现了程序开发者越来越关注软件开发工具的功能集成度。在这之后，Visual Studio 逐步升级，开始集成经典的 Visual Basic 6.0、Visual C++ 6.0 以及 Visual Interdev 等。

2002 年，微软公司推出了以.NET Framework 为基础的 Visual Studio.NET 集成开发环境，进一步整合了 VB.NET、VC++.NET、VC#.NET 和 VJ#.NET 等开发环境，开发人员可以随意选择 Visual Studio.NET 支持的语言进行开发，其源代码都会通过公共语言运行库转换成统一的中间语言，这使得采用一种语言开发的组件可以被其他语言所调用。

Visual Studio.NET 的发展历程可概括为如表 2-1 所示。

表 2-1　Visual Studio.NET 的发展历程

发布日期	名　　称	支持.NET Framework 版本	备　　注
1995-04	Visual Studio	—	初版
1997-02	Visual Studio 97	—	
1998-06	Visual Studio 6.0	—	
2002-02-13	Visual Studio .NET 2002	1.0	去除 FoxPro，J#取代 J++
2003-04-24	Visual Studio .NET 2003	1.1	
2005-11-07	Visual Studio 2005	2.0	产品名称中去除.NET
2007-11-19	Visual Studio 2008	2.0、3.0、3.5	去除 J#

续表

发布日期	名　称	支持.NET Framework 版本	备　注
2010-04-12	Visual Studio 2010	2.0、3.0、3.5、4.0	加入 F#
2012-08-25	Visual Studio 2012	2.0、3.0、3.5、4.0、4.5	
2013-10-17	Visual Studio 2013	2.0、3.0、3.5、4.0、4.5、4.5.1	

2. Visual Studio.NET 的优点

Visual Studio.NET 的优点主要体现在以下几个方面：

- “所见即所得”的设计界面，可以轻松创建简单、易用的应用程序。
- 集成多种控件，这些控件涵盖了 Web 应用、数据库应用以及安全验证等领域，使开发工作更加简便、快速。
- 代码编辑器支持代码彩色显示、智能感知、语法校对等功能。
- 提供内置的可视化数据库工具，使开发数据库应用程序更加方便。
- 轻松创建 Windows 界面风格的应用程序。

2.2 Visual Studio 2012 集成开发环境安装

编写此书之时，虽然微软已经发布了最新版本的 Visual Studio 2013，但考虑到其需要运行在 Windows 8.1 的操作系统中，而多数的读者可能并不具备此系统配置的计算机，同时也兼顾尽可能使用高版本的开发工具，所以，本书以 Visual Studio 2012 旗舰版为范本，书中所有示例均在此开发环境下调试。如果读者已经安装了其他版本的.NET 集成开发工具（如 Visual Studio 2005～2010），也不影响对本书的学习，且仍可参考本书所有示例的源代码。

1. Visual Studio 2012 版本简介

Visual Studio 2012 有以下几个版本。

- Ultimate 2012 with MSDN：MSDN 旗舰版，包含最全的 Visual Studio 套件功能及 Ultimate MSDN 订阅。除包含 Premium 版的所有功能外，还包含可视化项目依赖分析组件、重现错误及漏洞组件（IntelliTrace）、可视化代码更改影响、性能分析诊断、性能及负载测试及架构设计工具。
- Premium 2012 with MSDN：MSDN 高级版，包含 Premium 版 MSDN 订阅，除包含 Professional 2012 所有功能外，也包含同级代码评审功能、多任务处理时的挂起恢复功能（TFS）、自动化 UI 测试功能、测试用例及测试计划工具、敏捷项目管理工具、虚拟实验室、查找重复代码功能及测试覆盖率工具。
- Professional 2012 with MSDN：MSDN 专业版，包含 Professional 版 MSDN 订阅，除了包含 Professional 2012 所有功能外，还包含 Windows TFS 生产环境许可以及在线持续获取更新的服务。
- Professional 2012：专业版，包含在一个 IDE 中为 Web、桌面、服务器、Azure 和 Windows Phone 开发解决方案的功能，应用程序调试、分析及代码优化的功能，通过单元测试进行代码质量验证的功能。

- Test Professional 2012 with MSDN：测试专业版，包含 Test Professional 版本的 MSDN 订阅，包含测试、质量分析、团队管理的功能，但不包含代码编写及调试的功能，拥有 TFS 生产环境授权及包含 Windows Azure 账号、Windows 在线商店账号、Windows Phone 商店账号。

另外，Visual Studio 2012 也提供了适合于学生和初学者的免费版本 Visual Studio Express 2012（速成版）。

2. Visual Studio 2012 安装环境要求

准备安装 Visual Studio 2012 集成开发环境之前，需要先查看一下当前计算机的相关配置，以免安装过程半途而废。Visual Studio 2012 集成开发环境对系统主要软、硬件的要求如表 2-2 所示。

表 2-2 Visual Studio 2012 安装环境要求

环境类型	名称	要求
硬件	处理器	1.6GHz 或更快的处理器
	内存	1GB 内存，若在虚拟机上运行，则为 1.5GB
	硬盘空间	根据自定义安装的功能不同而变，最小约需要 10GB 空间
软件	操作系统	Windows 7 SP1（x86 & x64）、Windows 8（x86 & x64）、Windows Server 2008 R2 SP1（x64）或 Windows Server 2012（x64）

3. Visual Studio 2012 旗舰版安装步骤

以下是在 Windows 7 旗舰版的操作系统中安装 Visual Studio 2012 旗舰版的主要步骤，当然，根据具体情况和实际需要，读者也可在自己的操作系统（如 Windows 7、Windows 8 或 Windows Server 2008 等）中安装其他版本的 Visual Studio 2012。

（1）启动安装程序，如图 2-1 所示。此时即可看到 Visual Studio 2012 的类似“黑纸白字”样式的、简洁明快的安装界面。

图 2-1 Visual Studio 2012 安装程序启动

（2）稍等片刻，进入 Visual Studio 2012 安装界面，如图 2-2 所示，调整或者默认当前选择安装的磁盘位置，但须选中“我同意条款和条件”复选框，然后才可看到并单击“下一步”按钮，继续安装。

（3）如图 2-3 所示，根据需要选中“要安装的可选功能”栏中的复选框（如果尚不确定可选功能，而磁盘空间又充裕，不妨选中“全选”复选框），然后单击“安装”按钮，开始安装。

（4）开始安装 Visual Studio 2012，如图 2-4 所示。

（5）等待一定时间后，安装结束，显示“安装成功！”界面，如图 2-5 所示，单击“启动”按钮，即可启动 Visual Studio 2012，或者直接关闭此界面。

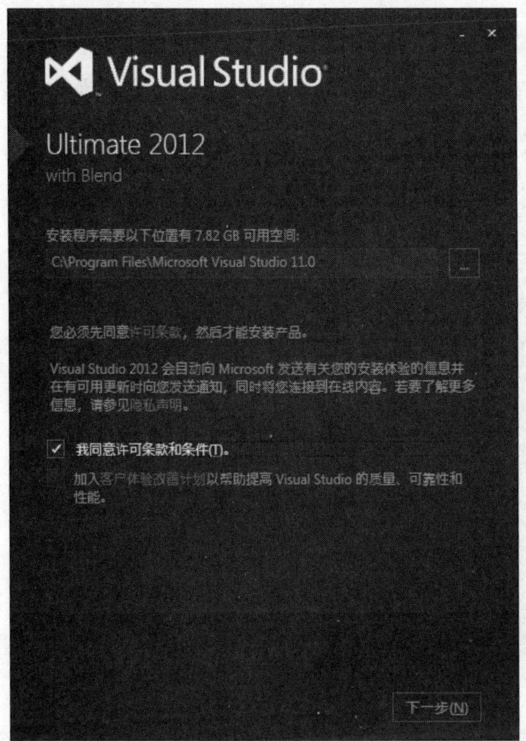

图 2-2　Visual Studio 2012 安装之前的选项

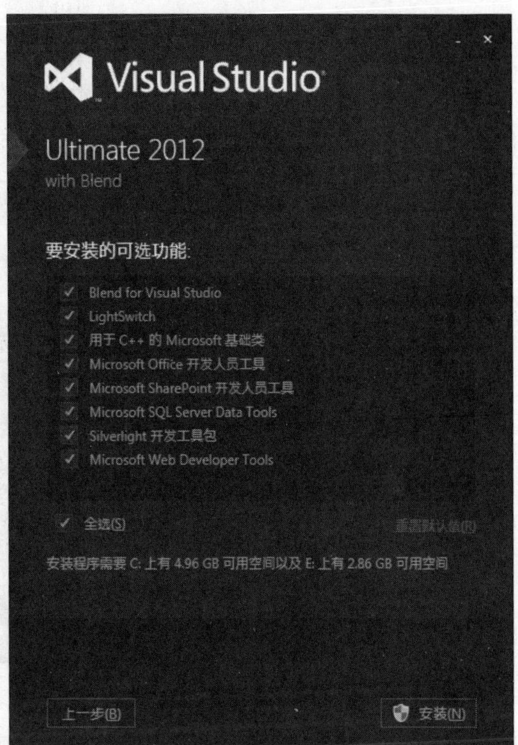

图 2-3　选中 Visual Studio 2012 的可选功能

图 2-4　Visual Studio 2012 安装进行中

图 2-5　Visual Studio 2012 安装完成

4．Visual Studio 2012 启动初试

经过上述步骤完成 Visual Studio 2012 的安装，此时即可使用，如图 2-6 所示为 Visual Studio 2012 启动后的初始界面。第一次运行 Visual Studio 程序会自动配置运行环境。

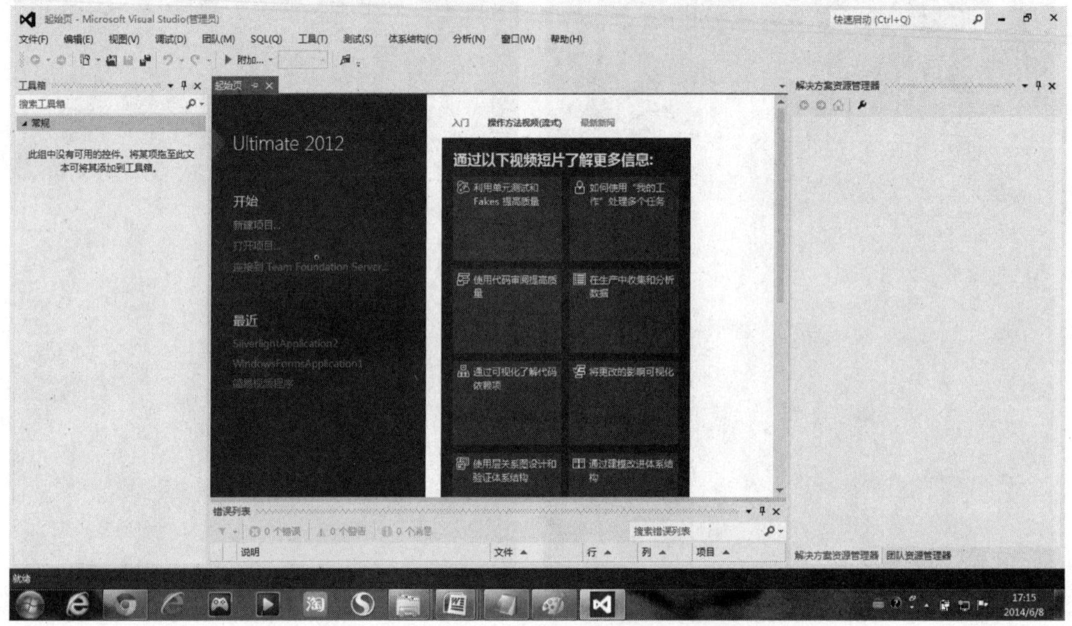

图 2-6　Visual Studio 2012 的初始界面

习　　题

1．哪个版本的 Visual Studio 开始支持.NET Framework？
2．Visual Studio 2012 支持哪些版本的.NET Framework？
3．Visual Studio 2012 有几种版本？
4．Visual Studio 2012 的安装要求哪些操作系统？
5．与以往版本相比，Visual Studio 2012 的安装界面有何特点？

第 3 章　C#语言基础

学习要点

- 了解关键字，掌握标识符（包含常量、变量及数组等）命名的规则、约定和规范
- 掌握常量、变量以及数组的声明和使用方法
- 掌握常用的简单值类型、复合值类型以及不同类型之间的转换
- 掌握运算符和表达式的用法
- 掌握常用流程和异常处理控制语句的用法

3.1　标识符与关键字

标识符是用来给程序中各元素进行定义的名称，如变量名、类名、方法名等；关键字则是对 C#编译器具有特殊意义的预定义的保留标识符，通常不用作程序的普通标识符。

3.1.1　关键字

C#语言保留了 77 个标识符作为关键字，用户不应重用这些标识符。每个关键字都有特定的含义，这 77 个关键字如表 3-1 所示。

表 3-1　C#关键字

abstract	do	in	protected	true
as	double	int	public	try
base	else	interface	readonly	typeof
bool	enum	internal	ref	uint
break	event	is	return	ulong
byte	explicit	lock	sbyte	unchecked
case	extern	long	sealed	unsafe
catch	false	namespace	short	ushort
char	finally	new	sizeof	using
checked	fixed	null	stackalloc	virtual
class	float	object	static	volatile
const	for	operator	string	void
continue	foreach	out	struct	while
decimal	goto	override	switch	
default	if	params	this	
delegate	implicit	private	throw	

提示：在 Visual Studio 的代码编辑器中输入这些关键字时，其默认字体颜色是蓝色。

C#还使用了一些标识符作为上下文关键字，用于提供代码中的特殊含义，但它们不是保留字，用户依然可以把它们作为普通标识符，但不建议这么用。上下文关键字包括 get、partial、set、value、where、yield 等。

3.1.2 标识符

标识符最多可以由 511 个字符组成，并且需要遵循下列命名规则：

- 由字母、数字和下划线“_”组成。
- 首字符必须是字母或下划线“_”。
- C#语言对字母大、小写敏感。两个标识符即使是对应的字母大、小写不同，也是完全不同的标识符。
- 标识符不能与关键字同名。

C#语言采用 Unicode 字符集，因此，字母和数字的定义比常用的 ASCII 字符集（Unicode 的一个子集）要广泛得多。标识符中的一个字母即使字体发生改变，也会成为新的标识符。所以，一般采用 ASCII 字符集中的字符来定义标识符，这样可以避免一些难以发现的错误。

以下是合法的标识符：

Abc

abc

abc123

以下是不合法的标识符：

abc! //含有特殊字符“！”

7abc //非法的首字符

abc 123 //含有空格

class //“class”是关键字，不能使用关键字作为标识符

3.2 常量和变量

3.2.1 常量

在程序运行过程中，值不发生改变的量称为常量。C#有两种类型的常量：常数常量（使用 const 关键字声明）和只读常量（使用 readonly 关键字声明）。

常数常量只能在声明时赋值，编译时编译器把常量全部初始化成常数（包括 null），引用类型常量只能赋值 null。其声明常量的一般语法表达式为：

```
[访问修饰符] const 数据类型 常量名=表达式;
```

例如：

```
public const double pi=3.1415926;
```

提示：程序语句中的[......]为可选项，即[]中包含的内容将根据实际需要决定是否添加。如果不需要添加，则这个方括号也要去除。

3.2.2　变量

变量是用于保存数据的存储单元，变量名代表了存储地址。通过变量名，程序可以操作相应的存储单元，对其中的数据进行读/写或修改。

在 C#语言中，变量名必须遵循标识符的命名规则。另外，C#中允许在变量名加前缀@，这样做可以使用前缀@加上关键字作为变量名，也为了避免在.NET Framework 下和其他语言交互时发生冲突。前缀@实际上并不是名称的一部分，但是，在一般情况下不推荐使用前缀@。

1. 变量的命名约定

目前，在.NET Framework 命名空间中有两种比较实用的命名约定，分别被称为 PascalCase 和 camelCase。它们的命名都由多个单词组成，PascalCase 命名法中，每个单词的首字母都是大写；camelCase 命名法中，第一个单词的首字母小写，其余每个单词的首字母都是大写。

以下是 PascalCase 命名方法的变量示例：

School

MySchool

HeightOfMountain

以下是 camelCase 命名方法的变量示例：

school

mySchool

heightOfMountain

Microsoft 建议：对于简单的变量，采用 camelCase 命名方法；对于比较高级的命名规则，可采用 PascalCase 命名方法。

提示：许多以前的命名系统常常使用下划线字符来分割变量中的每个单词，例如 my_school_number，这种用法目前已经淘汰了。

2. 变量的命名规范

规范的变量命名，有利于程序的开发和维护，以下介绍一些基本的变量命名规范，供读者参考。

- 长短适中：足够长以便意义明确；尽可能短以避免太过冗长。
- 用有意义的、描述性的词语命名，如 mySchool。
- 不用缩写，例如，不要用 nm 代替 name 命名。
- 如果不是为了表示数学变量，应尽可能少用单个字母，如 I、a 或 W 等。

说明：以上关于变量的命名规范，也适用于对解决方案、接口或方法等标识符的命名。

3．变量的声明和赋值

变量必须先声明后才能使用。声明变量就是给变量指定一个类型和一个名称，声明变量后，编译器会给该变量分配一定大小的存储单元。变量可以在声明时赋值，也可以在运行时赋值。声明变量的一般语法表达式为：

```
[访问修饰符]数据类型 变量名[=表达式];
```

下面是变量声明的例子：

```
int i,j;                //正确，可以同时声明同一数据类型的变量
double 4g=1.324;        //不正确，不能以数字开始
double name_07;         //正确
double name-07;         //不正确，含有非法字符“-”
double Main;            //不正确，变量名和库函数名相同
double @const;          //正确
```

4．变量的类型

C#语言定义了 6 种变量类型：静态变量、实例变量、值参数、引用参数、输出参数和局部变量。

（1）静态变量和实例变量

用 static 修饰符声明的变量称为静态变量。静态变量从属于包含它的类，一旦所从属的类被装载，直到该类运行结束，静态变量将一直存在。静态变量的初始值是该变量的类型的默认值。

未用 static 修饰符声明的变量称为实例变量。类的实例变量在创建该类的新实例时开始存在，在所有对该实例的引用都已终止，并且已执行了该实例的析构函数（若有）时终止。即结构中的实例变量随着它所属的结构变量存在或结束。

（2）值参数

值参数是在函数成员中未用 ref 或 out 修饰符声明的参数，也是一种变量。值参数向方法或函数传递数据的值。

（3）引用参数和输出参数

引用参数是用 ref 修饰符声明的参数，它传递的不是值而是被调用对象变量的引用，即它和对应的函数成员中的变量指向同一个存储位置。

输出参数是用 out 修饰符声明的参数，它用于传递方法或函数返回的数据，而不能向方法或函数内部传递数据。

（4）局部变量

局部变量是在一个独立的程序块（在{}之间的代码）、for 语句、switch 语句或 using 语句中声明的变量，它只在该块或语句中有效。例如：

```
for (int i = 0; i < 20; i++)
{
    i++;
}
Console.WriteLine("{0}", i);       //错误，不存在变量 i
```

变量的有效范围称为作用域。C#语言允许在任何独立的程序块中声明变量，要想访问其他程序块中的变量，必须通过变量所属的命名空间或者类。

3.3　值　类　型

C#是强类型语言，即每个变量和对象都必须具有声明的数据类型。从用户的角度讲，数据类型可分为内置数据类型（如 int、char 等.NET Framework 预定义好的类型）和用户自定义数据类型（如 class、interface 等，由用户声明创建）；从数据存储的角度讲，则可分为值类型、引用类型和指针类型（不符合公共语言规范）。

值类型用于存储数据的值，包括简单值类型、结构类型和枚举类型；引用类型用于存储对实际数据的引用地址，包括类类型、接口类型、委托类型、字符串类型等；指针类型只在不受托管的代码中使用。

当把一个值类型的变量赋给另一个值类型的变量时，会在栈（stack）中保存两个相同的值；而把一个引用类型的变量赋给另一个引用类型的变量时，会在堆栈中保存对同一个堆（heap）的位置的引用。

每个值类型变量都有独立的值，对其进行数据操作不会影响到其他的值类型变量；而对引用类型变量进行数据操作，就是对该变量所引用的堆中的数据进行操作，从而会影响到引用同一个堆的其他引用类型变量。

3.3.1　简单值类型

C#语言提供了一组已经定义的简单值类型，它们都是具有唯一取值的数据类型，从计算机表示的角度来看，可以分为整型、浮点型、小数型、布尔型和字符型等。

1. 整型

整型的数据值都是整数。C#语言提供了 8 种整型，其表示名称、取值范围和占用存储空间位数，如表 3-2 所示。

表 3-2　C#的整型

类型名称	别　名	描　述	取值范围	类型指示符
sbyte	System.Sbyte	有符号 8 位整数	−128～127	
byte	System.Byte	无符号 8 位整数	0～255	
short	System.Int16	有符号 16 位整数	-32768～32767	
ushort	System.UInt16	无符号 16 位整数	0～65535	
int	System.Int32	有符号 32 位整数	−2147483648～2147483647	
uint	System.UInt32	无符号 32 位整数	0～4294967295	u 或 U
long	System.Int64	有符号 64 位整数	−9223372036854775808～9223372036854775807	l 或 L
ulong	System.UInt64	无符号 64 位整数	0～18446744073709551615	ul 或 UL

📖说明："别名"是指该类型对应的.NET Framework 中数据类型的全名；"类型指示符"用于常量赋值，放在常量的后面。

给整型的变量赋值时，可采用十进制或十六进制（加前缀"0x"）的数值常数。

以下是正确的变量声明及赋值语句：

```
int a; a=321;                    //分为两个语句，先定义，再赋值给变量 a
long b=0x12aL;                   //将十六进制表示的 long 型数值 12a 赋值给变量 b
int x1=10,x2,x3=30;              //可以在一个语句中声明多个变量，但注意是否被赋值
```

以下是错误的变量声明及赋值语句：

```
uint x=-49;                      //无符号整数不能为负
byte x=300;                      //超出取值范围
```

定义变量时要选择合适的数据类型，数值范围过大会浪费存储资源；数值范围过小不足以满足变量的变化范围。

2．浮点型

浮点型包括单精度（float）和双精度（double）两种，分别采用 32 位单精度和 64 位双精度的 IEEE 754 格式表示，具体特性如表 3-3 所示。

表 3-3　C#的浮点型

类型名称	别　名	描　述	取值范围	类型指示符
float	System.Single	32 位单精度 IEEE 浮点数，默认小数点后保留 7 位有效数字	$\pm1.5\times10^{-45}$～3.4×10^{38}	f 或 F
double	System.Double	64 位双精度 IEEE 浮点数，默认小数点后保留 15～16 位有效数字	$\pm5.0\times10^{-324}$～1.7×10^{308}	e 或 E

float 型变量赋值时应在数值后加上类型指示符 F，因为默认情况下赋值运算符右侧的数值被视为 double 型。例如：

```
float x=3.5F;
double y=4.5;
```

浮点数的运算速度远低于整数的运算速度，且数据精度越高，消耗的资源越多。因此，在满足精度要求的情况下，程序中应尽量使用单精度 float 型。

3．小数型

小数(decimal)型是特殊的浮点型数据，它是 128 位的数据类型。同浮点型相比，decimal 类型具有更高的精度和更小的范围，这使它适合于财务和货币计算（小数部分的舍入方法采用的是所谓的银行家舍入方式），具体特性如表 3-4 所示。

表 3-4　C#的小数型

类型名称	别　名	描　述	取值范围	类型指示符
decimal	System.Decimal	128 位，小数点后保留 28～29 位有效数字	$\pm1.0\times10^{-28}$～7.9×10^{28}	m 或 M

decimal 型变量赋值时应在数值后加上类型指示符 m 或 M，否则数值会被视为 double 型，从而导致编译器错误。例如：

```
decimal MyMoney=2010.4M;
```

4．布尔型

布尔（bool）型用于声明变量来存储布尔值 true 和 false，可将布尔值赋给 bool 变量，也可以将计算为 bool 类型的表达式赋给 bool 变量。bool 型主要用于逻辑判断。例如：

```
bool i=true;
bool a=(i>0 && i<8);
```

在计算机内部，实际上是用二进制 1 和 0 表示布尔值 true 和 false 的。

5．字符型

字符（char）型用于声明表 3-5 所示范围内的 Unicode 字符。Unicode 字符是 16 位字符，用于表示世界上多数已知的书面语言。

表 3-5　C#的字符型

类型名称	别　名	描　述	取值范围	类型指示符
char	System.Char	16 位 Unicode 字符	\u0000～\uffff	

C#语言中字符型的变量可以使用字符、加上十六进制的转义符前缀（“\x”）和 Unicode 等表示形式来进行赋值。例如：

```
char c1='B';                //字符表示的字母“B”赋值给变量 c1
char c2='\x0042';           //字符表示的字母“B”赋值给变量 c2
char c3='\u0042';           //字符表示的字母“B”赋值给变量 c3
```

c1、c2、c3 这 3 个变量在计算机存储空间中的二进制表示是完全一样的，都是 0000 0000 0100 0011。

3.3.2　结构类型

结构类型（struct）是一种值类型，通常用来封装小型相关变量组，如学生的信息或商品的特征等。结构还可以包含构造函数、常量、字段、方法、属性、索引器、运算符、事件和嵌套类型。

结构类型是使用关键字 struct 定义的，声明结构类型的语法表达式为：

```
[附加声明][访问修饰符]struct 结构名称[:实现的接口]{结构体};
```

在结构体中定义该结构的成员，结构类型的成员可以是数据成员、方法成员、另一个结构类型的成员等。以下是一个结构类型的示例：

```
struct student
{
```

```
        public string name;
        public int ID;
        public int score;
}
```

在这个结构中，student 是结构名称，花括号之间是结构体，name、ID、score 都是这个结构的数据成员（此处可称为字段）。

3.3.3 枚举类型

枚举类型（enum）是一种由一组被称为枚举数列表的常数所组成的独特类型。它的实质就是用标识符来表示一组相互关联的数据。每种枚举类型都有对应的数据类型，可以是除 char 以外的任何简单值类型。

枚举类型是使用关键字 enum 定义的，声明枚举类型的一般语法表达式为：

```
[附加声明][访问修饰符]enum 枚举变量名称[:数据类型]{枚举列表};
```

枚举列表中成员的默认类型为 int。默认情况下，第一个枚举数的值为 0，后面每个枚举数的值依次递增 1。例如：

```
enum Weekdays {Sun, Mon, Tue, Wed, Thu, Fri, Sat};
```

在这个枚举中，Sun 为 0，Mon 为 1，Tue 为 2，依次类推。如果需要改变默认的值，则要在定义时改变设定值。例如：

```
enum Weekdays :long{Sun=1, Mon, Tue, Wed, Thu=22, Fri, Sat};
```

在这个枚举中，枚举的成员类型是长整型 long，Sun 为 1，Mon 为 2，Tue 为 3，Wed 为 4，Thu 为 22，Fri 为 23，Sat 为 24。

枚举类型声明后，列表中的成员的数据值和个数不能在程序运行过程中更改。

以下是枚举类型应用示例的主要代码：

```
//声明一个枚举类型
enum Weekdays { 星期日, 星期一, 星期二, 星期三, 星期四, 星期五, 星期六 };
//(Weekdays)DateTime.Now.DayOfWeek 可以输出今天的、对应以上枚举数值的星期值
```

3.4 引用类型

引用类型只存储对实际数据的引用地址。C#语言的引用类型包括类、接口、委托、数组、字符串等。本节只介绍比较常用的类类型、字符串类型和数组类型，关于 object 类型、接口和委托类型的用法，读者可参考其他相关资料。

3.4.1 类类型

类是能存储数据并执行操作的复杂数据结构，用来定义对象的可执行的操作（方法、

事件、属性等），类的实例是对象。后续章节将对类及其使用方法进行详细介绍。

类是使用关键字 class 定义的，声明类的语法表达式为：

```
[附加声明][访问修饰符]class  类名称[:基类名以及实现的接口列表]
{
    … //类成员定义
}
```

其中基类只能有一个，而接口可以有多个。一个类可包含的成员有构造函数、析构函数、常数、字段、方法、属性、运算符、事件、类和结构等，可以说一切皆在类中。

以下代码先定义了一个 student 类，然后定义一个派生类 grade，grade 继承了 student 类的 3 个字段，而又有自己独有的一个字段 ClassNumber。例如：

```
class student                //声明一个基类：student 类
{
     public string name;
    public int ID;
    public int score;
}
class grade : student        //声明一个 student 类的派生类
{
     public int classNumber;
}
```

3.4.2　字符串类型

字符串（string）类型是一系列 Unicode 字符组成的序列，string 是.NET Framework 类库中 System.String 的别名。字符串由关键字 string 声明，字符序列被放在一对双引号之间。以下代码定义了 3 个字符串：

```
string s1;
s1="你好，中国";
string s2="中国江苏";
string s3=new string('a',4);//等效于 string s3="aaaa";
```

与 C/C++语言相比， C#语言中对字符串的赋值等操作更加简便，可以使用 System.String 中定义的方法进行各种字符串操作，如截取、赋值、索引、大小写转换、比较等。

需要注意的是，C#语言的字符串实例是不可变的，在创建时，字符串实例被分配了固定大小的内存空间，所以一旦创建就无法更改。对字符串实例进行操作的方法，表面上更改了字符串实例，实际上返回的是新的字符串实例。所以在对某个字符串进行插入、替换等操作后，该字符串的内容并没有发生变化，呈现在界面中的是另一个字符串实例的值。解决这个问题的方法是使用 System.Text.StringBuilder 类声明一个动态分配内存空间的字符串实例，对该字符串实例的操作就是对其本身的操作，因此在使用方法 Append()后，字符串被扩展了。

3.4.3 数组类型

数组类型是由若干个数据类型相同的数组元素构成的数据结构。

数组的每个元素可以通过数组名称和索引进行访问。同 C/C++一样，C#语言中数组元素的下标也是从 0 开始，所以第 1 个元素的索引是 0，第 2 个元素的索引是 1，依次类推，第 n 个元素的索引是 n−1。

按照数组的维数，可分为一维数组和多维数组，多维数组又可分为矩形数组和交错数组。表 3-6 给出了常用数组声明的语法表达式。

表 3-6 常用数组声明的语法表达式

数 组 类 型	语法表达式	示　例
一维数组	数据类型[] 数组名	int[] myArray
二维数组	数据类型[,] 数组名	int[,] myArray
三维数组	数据类型[,,] 数组名	int[,,] myArray
交错数组	数据类型[][] 数组名	int[][] myArray

在表达式中，数据类型可以是 C#语言中任意合法的数据类型（包括数组类型）。数组名是一个标识符，方括号[]是数组的标志，方括号中的逗号“,”表明是多维数组，其维数是逗号的个数加 1。

数组是一种引用类型，声明数组只是声明了一个用来操作数组的引用，并没有给数组分配内存空间，因此，声明数组时不能指定数组元素的个数。以下数组声明是错误的：

```
int[4] a;                    //错误，声明时不能指定元素个数
string b[];                  //错误，声明时不能把[]放在数组名之后
```

1. 一维数组

创建数组时可以用几条语句分步实现，即先声明，再创建和初始化。例如：

```
int[] a,b;                   //声明数组 a 和数组 b
a=new int[4];                //使用 new 运算符创建含有 4 个 int 型整数的实例 a
b=new int[5]{5,4,3,2,1};     //使用 new 运算符创建数组实例 b，并初始化为指定值
```

也可以用一条语句来实现声明、创建和初始化，例如：

```
int[] c=new int[4]{2,4,5,7};
```

还可以用一种更简洁的方式创建数组，例如：

```
bool[] d={true, false, true, false };
```

不过，这种简洁的方式只能与数组声明出现在同一条语句中，例如：

```
int[] e;
e={3,7,2,5,5};               //错误
```

用 new 运算符创建数组时，如果数组元素是值类型，那么初始化的默认值为 0（char 类型为'\u0000'，bool 类型为 false）；如果数组元素是引用类型，那么初始化的默认值为 null（空）。

2. 多维数组

多维数组的声明、创建以及初始化的方式与一维数组相似。方括号中的逗号“,”个数每增加一个，数组增加一维。例如：

```
int[, ,] array1=new int[3,2,4];
```

该数组声明时，方括号中有两个逗号，即这是一个三维数组，共有 3×2×4=24 个数组元素，每个数组元素都初始化为默认值 0。

数组的秩（rank）是指数组的维数，如一维数组的秩为 1，二维数组的秩为 2，依次类推；数组的维数长度指的是每一个维度的长度，如上例中 array1 的第 1 维的维数长度是 3，第 2 维的维数长度是 2；数组的长度指的是数组中所有元素的总和，如 array1 的数组长度是 24。

多维数组初始化时，需要仔细核对大括号的层数和位置。例如：

```
//创建一个二维数组，有两层大括号
int[,] array1=new int[3,2]{{1,2},{3,4},{5,6}};
//创建一个三维数组，维数长度分别是 2、1、3
int[, ,] array2=new int[, ,]{{{1,2,3}},{{4,5,6}}};
int[, ] array3={{1,2},{3,4},{5,6}}; //创建一个二维数组，维数长度分别是 3、2
```

从 array2 的初始化可以看出，大括号的级别和数组的维数是相同的，数组每个维的长度和相应级别大括号中的元素个数相同。最外层的大括号（不算初始化所使用的那对大括号）的个数与最左边的维数对应，最内层的元素个数与最右边的维数对应。

访问多维数组的元素可以使用下面的表达式：

```
数组名[索引表达式 1,索引表达式 2,…]
```

如访问 array2 中值为 3 的那个元素，应使用表达式 array2[0,0,2]；而 array2[1,0,1]=5。使用数组要特别注意防止越界，即索引表达式的值超出了维数长度减 1 的范围，如表达式 array2[2,1,3]编译时不会被发现，当执行该代码时才会报错。

在 C#语言中，所有的数组类型都是从 System.Array 类派生出来的，所以每个数组都可以使用 Array 类的属性、方法和成员。常用的属性和方法有 Length（数组长度）、Rank（秩）、GetLength（维数长度）和 SetValue（给元素设置指定值）等。

3.5　类 型 转 换

某些数据类型之间可以进行相互转换，转换可以是隐式的（implicit）或显式的（explicit），某些值类型之间也可以采用 Convert 类提供的静态方法进行转换。

3.5.1 隐式转换

隐式转换是编译系统自动进行的，不需要交易声明就可以进行的转换，也称自动转换。隐式转换一般是安全的，不会造成信息丢失及隐患。

一般的隐式转换发生在值类型数据间。如果是从低精度、小范围的简单值数据类型转换成高精度、大范围的简单值数据类型可以进行隐式转换，包括以下几种情况：

- 小范围的整数类型可以隐式地转换成大范围的整数类型。
- 整数类型可以隐式地转换成浮点类型和小数类型。
- float 类型可以隐式地转换成 double 类型。
- char 类型可以隐式地转换成 ushort、uint、int、ulong、long、float、double 类型。

以下是几个隐式转换的示例：

```
long a=10;                    //定义 long 整型
float b=a;                    //隐式地转换为单精度浮点型
int c=a;                      //错误，int 类型的精度低于 long 类型的精度
char s='A';                   //定义字符型
a=s;                          //隐式地转换为 int 整型，a＝65
```

3.5.2 显式转换

显式转换又称强制转换，不满足隐式转换条件的简单值类型之间只能进行显式转换。显式转换需要明确指定转换的目标类型，例如：

```
double f=1234.56;
int i=(int)f;                 //将 f 的值显式地转换为 int 类型，i＝1234
sbyte s=(sbyte)f;             //将 f 的值显式地转换为 sbyte 类型，s＝-46
```

需要注意的是，实数类型显式转换成整数后，小数部分会丢失。无符号数显式转换成有符号数时，符号可能会发生改变。从整数类型到 char 类型只能进行显式转换，且它们之间转换的是字符的编码。

需要强调的是，显式转换包含所有隐式转换，但显式转换可能会失败，有可能出现编译错误，有时编译器也发现不了，还有可能在转换过程中出现信息丢失。

3.5.3 使用 Convert 类的方法进行转换

使用 Convert 类的方法可以进行显式转换，Convert 类中提供了许多方法，可以将一个基本数据类型转换成另一个基本数据类型。

Convert 类支持的基本数据类型有 Boolean、Char、Int16、Int32、Int64、UInt16、UInt32、UInt64、SByte、Byte、Single、Double、Decimal、DateTime 和 String。

Convert 类的方法的名称通常以“To”开头，“To”后是基本数据类型，例如：

```
int a = 10;
string s1;
s1 = Convert.ToString(a);
```

3.6 运算符与表达式

数据运算是编程语言实现各种不同功能的重要基础技术，软件开发的最终目的就是应用不同的运算方式，并采用相应的表达方式，对数据进行计算处理。在C#中包含了多种类型的运算符和表达式，可以灵活、方便地实现各种应用需求的数据处理。

3.6.1 运算符

运算符是数据运算的术语和符号，用来指示操作数进行怎样的运算。

运算符按功能可分为算术运算符、关系运算符、逻辑运算符和赋值运算符，按操作数的个数可分为一元运算符、二元运算符和三元运算符。

一元运算符带有一个操作数，使用前缀表示法（如--x）或后缀表示法（如 x++）。

二元运算符带有两个操作数，全都使用中缀表示法（如 x + y）。

三元运算符带有 3 个操作数。C#语言中只有一个三元运算符“?:”，它使用中缀表示法（如 C?x:y）。

1. 算术运算符

C#语言的算术运算符有 5 个：+（加）、-（减）、*（乘）、/（除）、%（取模）。它们用于完成基本的算术运算，运算顺序都是从左向右执行，且后 3 个运算符的优先级高于前两个运算符。例如：

```
int x = 2 * 2 + 5 ;          //从左向右计算，x=9
int x = 2 * ( 2 + 5 );       //使用圆括号改变计算顺序，x=14
int x = 7 % 3;               //x=1
double x = 4.3 % 1.7;        //x=0.9
a++;                         //自增
```

2. 赋值运算符

前面示例已经多次使用过简单的赋值运算符“=”，它的一般语法形式是：

```
变量 = 表达式;
```

右边的表达式是任何常量、变量或可以计算产生值的表达式，左边必须是变量。它表示将右边的操作数的值赋予左边的操作数，但是有个前提，就是右边表达式值的数据类型和左边变量的数据类型相同，或能够隐式地转换为左边变量的数据类型。

C#语言还有 10 个复合赋值运算符，用于简化程序代码，分别是+=、-=、*=、/=、%=、<<=、>>=、&=、^=、|=。它们是由简单运算符和二元算术运算符、逻辑运算符或位运算符结合起来构成的。例如：

```
x += y ;                          //等价于 x = x + y
x &= y ;                          //等价于 x = x & y
```

赋值运算符在所有运算符中的优先级是最低的，赋值总是发生在运算的最后阶段，例如：

```
int x += z + y;                   //等价于 x = x + (z + y)
```

赋值运算符从右向左执行，例如：

```
int x = 8, y = 9;
int z = x *= y +=10;              //先计算 y +=10，再计算 x *= y，最后 z = x
```

执行完上面两条语句后，y 的值为 19，x 和 z 的值都为 152。

3．关系运算符

C#语言的关系运算符有 6 个：<（小于）、>（大于）、<=（小于或等于）、>=（大于或等于）、= =（等于）、!=（不等于）。它们用于比较两个操作数之间的关系，并返回一个布尔值来表示比较的结果。= =和!=运算符的操作数，可以是自定义数据类型以外的其他值类型和引用类型，而其他 4 种关系运算符的操作数只能是值类型。例如：

```
int x =10, y =15;
Console.WriteLine( x >= y );      //输出 false
Console.WriteLine( x != y );      //输出 true
```

提示：C#语言还有一种特殊的关系运算符 is。该运算符主要用于判断表达式两边的操作数是否有相同的数据类型，如果相同，表达式的结果为 true，否则为 false。

4．逻辑运算符

C#语言的逻辑运算符有 6 个：!（逻辑非）、&&（条件与）、||（条件或）、^（逻辑异或）、&（逻辑与）、|（逻辑或）。逻辑运算符的优先级高于赋值运算符，但低于关系运算符。逻辑运算符的操作数都是 bool 类型，运算结果也是 bool 类型。

!（逻辑非）运算符是一元运算符，表示对某个 bool 类型操作数的值求反。其他 5 个逻辑运算符都是二元运算符。

&&（条件与）运算符与&（逻辑与）运算符表示对两个 bool 类型操作数进行与运算，只有两个操作数都为 true 时，结果才为 true。两者的区别在于：当第 1 个操作数为 false 时，&&（条件与）不再计算第 2 个操作数，直接得到结果为 false，而&（逻辑与）仍然会计算第 2 个操作数的值。

||运算符与|运算符都可以对两个 bool 类型操作数进行或运算，两者的区别在于：当第 1 个操作数为 true 时，||（条件或）不再计算第 2 个操作数，直接得到结果为 true，而|（逻辑或）仍然会计算第 2 个操作数的值。例如：

```
int x =10, y =15, z =12;
bool a = x < y || y -- < z++;
bool b = x > y ||y-3 < ++z;
```

第 2 条语句计算 bool 变量 a 时，首先计算 x < y 的值，结果为 true，则不论||右边表达式的值为 true 还是 false，其结果都是 true。因此||右边的表达式不再执行，结果是：a=true，y=15，z=12。

第 3 条语句的结果是：b=false，z=13。

5．位运算符

C#语言的位运算符有 6 个：~（按位求反）、&（按位与）、|（按位或）、^（按位异或）、<<（左移位）、>>（右移位）。位运算符的操作数和结果都是整数类型或可以转换为整数类型的其他类型，位运算符对操作数按其二进制形式逐位运算。

6．条件运算符

条件运算符“?:”是唯一一个三元运算符，它的完整表达式形式如下：

```
表达式 1?表达式 2:表达式 3
```

其中表达式 1 的值必须为 bool 类型。若表达式 1 的值为 true，则计算表达式 2 的值，并将该值作为完整表达式的值；若表达式 1 的值为 false，则计算表达式 3 的值，并将该值作为完整表达式的值。

3.6.2　表达式

表达式由操作数和运算符构成，是变量、常量、方法调用、命名空间引用和运算符等的组合。它不仅指数学运算中的表达式，还包括方法调用、命名空间引用以及函数成员引用等表示方式。例如：

```
int a = 3;
int b = 7;
int c = a + b;
string s = TextBox1.Tex + "：你好！";
```

字符串 s 的值，是控件 TextBox1 的成员 Text 的数据（例如，张某某），通过连接符“+”与字符串“：你好！”连接而得的（例如，张某某：你好！）。

简单的表达式可以是一个常量、变量、方法调用或列表。表达式还可以使用运算符将多个简单表达式连接起来组成复杂表达式。

3.7　流程控制

一个应用程序是由很多语句构成的，通常，程序中的语句是按照它们编写的先后顺序执行，如果需要改变程序中语句的执行顺序或重复执行某段程序，就要对程序的流程进行控制。

C#语言常见的流程控制语句是条件语句、循环语句、跳转语句。

3.7.1 条件语句

条件语句也称为选择语句，此类语句根据条件是否成立而控制执行不同的程序段，以实现程序的分支结构。在 C#语言中提供了两种条件语句：if 语句和 switch 语句。

1．if 语句

if 语句是最常用的条件语句，使用时要注意 else 应和最近的 if 语句匹配。

if 语句的一般语法形式如下：

（1）单独使用 if 语句，不加 else 语句。

```
If(布尔表达式)
{
    …    //布尔表达式为真时执行的（一条或者多条）语句
}
```

提示：如果只有一条语句需要执行，则条件语句块可以编写在一行之中：

If(布尔表达式)…… //注：布尔表达式括号“)”与执行语句首字母间应空格

（2）if 语句和 else 语句配套使用。

```
if(布尔表达式)
{
    …    //布尔表达式为真时执行的（一条或者多条）语句
}
else
{
    …    //布尔表达式为假时执行的（一条或者多条）语句
}
```

在 else 语句中嵌套 if 语句，用于构建多分支结构的程序。

```
if(布尔表达式 1)
{
    …    //布尔表达式 1 为真时执行的（一条或者多条）语句
}
else if(布尔表达式 2)
{
    …    //布尔表达式 2 为真时执行的（一条或者多条）语句
}
…        //其他条件语句：else if
else
{
    …    //所有条件均为假时执行的语句
}
```

2．switch 语句

使用嵌套的 if 语句虽然可以实现多个分支结构，但是当判断条件比较多时，使用 if 语

句会降低程序的可读性，而 switch 语句语法简洁，能够处理复杂的条件判断。

switch 语句的一般语法形式如下：

```
switch(条件表达式)
{
    case 常量表达式 1:
        语句序列 1;
        break;
    case 常量表达式 2:
        语句序列 2;
        break;
    …   //其他分支条件判断及其执行语句
    [default: 语句序列 n]
}
```

使用 switch 语句需要注意如下几个问题。

- 条件表达式/常量表达式：switch 语句中的条件表达式或常量表达式可以是整型、枚举类型、字符型或字符串表达式，不能是关系表达式或逻辑表达式，常量表达式的值不允许相同。
- 语句序列：每个语句序列可以使用花括号{}括起来，也可以不使用。但是每个语句序列中的最后一条语句必须是 break 语句、goto 语句（当然，应尽量不要使用 goto 语句）或 return 语句，否则会产生编译错误。
- 执行顺序：如果 switch 后的条件表达式和某个 case 后的常量表达式的值相等，则程序转到该 case 后的语句序列执行；如果 switch 后的条件表达式和所有 case 后的常量表达式的值都不相等，则程序转到 default 后的语句序列执行；如果没有 default 标记，则跳出 switch 语句执行后面的语句。

说明：break 语句的具体用法将在后续章节介绍。

3.7.2　循环语句

循环结构的特点是：给定条件成立时，反复执行某程序段，直到条件不成立时为止。给定的条件称为循环条件，反复执行的程序段称为循环体。

C#语言提供了多种循环语句，包括 for 语句、while 语句、do-while 语句和 foreach 语句。

1．for 语句

for 语句的一般语法形式如下：

```
for(初始表达式; 循环条件表达式; 循环控制表达式)
{
    …   //循环体语句序列
}
```

其中，初始表达式是为循环控制变量赋初值；循环条件表达式是 bool 型表达式，用于检测循环条件是否成立；循环控制表达式用于更新循环控制变量的值。

for 语句的执行过程如下：

（1）计算初始表达式，为循环控制变量赋初值。

（2）计算循环条件表达式的值，判定是否满足循环条件。如果值为 true，执行循环体语句序列一次；如果值为 false，退出循环。

（3）循环体语句序列执行完毕后，计算循环控制表达式，更新循环控制变量的值，然后再重复第（2）步的操作。

以下用 for 语句求 1～100 的累加和：

```
int sum=0;
for ( int i = 1 ; i<=100 ; i++ )
{
      sum += i ;
}
```

2．while 语句

while 语句的一般语法形式如下：

```
while(循环条件表达式)
{
      …   //循环体语句序列
}
```

其中循环条件表达式是 bool 型表达式，当循环条件表达式的值为 true 时，反复执行循环体语句序列；当表达式的值为 false 时，执行 while 语句块后面的语句。

以下用 while 语句求 1～100 的累加和：

```
int i = 1, sum = 0 ;
while ( i <=100 )
{
      sum += i ;
      i ++ ;
}
```

3．do-while 语句

do-while 语句的一般语法形式如下：

```
do
{
      …   //循环体语句序列
}
while(循环条件表达式);
```

do-while 语句首先执行一次循环体语句序列，再计算表达式的值，如果值为 true，则再次执行循环体语句序列；否则，退出循环，执行后面的语句。

以下用 do-while 语句求 1～100 的累加和：

```
int i = 1, sum = 0 ;
do
{
      sum += i ;
      i ++ ;
}
while(i <= 100);
```

需要注意的是，即使循环条件表达式一开始就为 false，do-while 语句也会执行一次该循环体语句序列。也就是说，do-while 语句是先执行后判断。

4．foreach 语句

foreach 语句的一般语法形式如下：

```
foreach (类型  循环变量  in  表达式)
{
      …    //循环体语句序列
}
```

其中，表达式为可枚举的集合，指支持 System.Collections.IEnumerable 接口的一个集合，如数组、ArrayList 类、字符串等。循环过程中，表达式的数组或集合中的元素会被依次赋值给循环变量，并执行循环体语句序列。foreach 语句用于循环访问集合中的元素，但不能更改集合的元素，循环变量是一个只读变量，且只作用于 foreach 循环体内，例如：

```
int[] x = {2, 4, 6, 8, 10};
foreach ( int i in x )
      i++;  //错误，x 中元素被指派给 i，更改 i 会引发编译错误
```

提示：foreach 循环语句的特点在于：循环不可能出现计数错误，也不会越界。

以下用 foreach 语句统计一个字符串中字符 s 出现的次数：

```
string s="This is Visual Studio 2012";
int i = 0;
foreach ( char ch in s )
{
      if ( ch == 's' )
            i ++ ;
}
```

上面的语句执行完毕后，i 的值为 4（字符 s 出现的次数）。

3.7.3　跳转语句

C#语言中共有 5 种跳转语句：break 语句、goto 语句、continue 语句、return 语句、throw 语句。它们能实现程序执行过程中有目的的跳转。

1. break 语句

在任何一种循环结构中，使用 break 语句可以使程序执行流程跳出当前循环，并执行该循环后面的语句。对于多重循环，break 语句只能使程序执行流程跳出其所在的那一重循环。

break 语句的具体用法可以参看此前的 switch 语句。

2. goto 语句

goto 语句使程序执行流程无条件地跳转到相应的由标识符标记的语句处。它的一般语法形式如下：

```
goto 标签;
     …    //被跳过（未执行）的语句
标签: …   //无条件跳到此（并继续执行）的语句
```

goto 语句只能在一个方法体中进行语句跳转，且同一个方法体中标签名是唯一的。

在 C#语言中，goto 语言一般用在 switch 语句中，从一个 case 跳转到另一个 case 的情况下。由于 goto 语句的使用会破坏程序的可读性，编程时尽量不要使用。

3. continue 语句

continue 语句只能在循环语句的循环体语句序列中使用，与 break 语句不同的是，continue 语句不是终止并跳出当前循环，而是终止执行 continue 语句后面的语句，直接回到当前循环的起始处，开始下一次循环操作。

以下用 continue 语句求 1～20 区间内，4 的整数倍（含 4）的所有整数的累加和：

```
int i = 0, sum = 0 ;
do
{
      i ++ ;
      if (i % 4 !=0)
            continue;
      sum += i ;
}
while(i <= 20);
```

4. return 语句

return 语句用于终止方法的执行，并返回到调用该方法的语句。它的一般语法形式如下：

```
return [表达式];
```

return 语句的表达式是可选项，如果被调用的方法的类型不是 void，则 return 语句必须使用表达式返回一个同类型的值；但如果方法的类型是 void，就可以省略 return 语句。

如果 return 语句被放在循环体语句序列中，当满足条件时，执行 return 语句会结束循环（不论是单循环还是多重循环），且终止所在的方法调用。

3.8 异 常 处 理

一个较完善的程序设计，开发者应该考虑到程序运行过程中可能会出现某些异常，因为异常将导致不完善或者不需要的运行结果，所以有必要在程序中编写相应的代码来应对所出现的异常，从而提高软件应用的友好性和稳定性。

3.8.1 异常简介

异常是程序运行中发生的错误，但是，对于程序中的异常和错误来说，二者又是有本质区别的：异常是可预见、可接受，却是我们所不希望的运行情况，程序通过对异常的捕获和处理，可以将其带来的影响减到最小；而错误通常是指程序的代码编写有问题或者设计存在漏洞等，是不可预见的，通常会给软件的运行带来致命的影响或者得出严重的错误结果。

C#提供了完善的异常处理机制，通过它可以判断是否有异常发生，还可以判断异常的等级并分别给出相应的处理，同时还可以抛出自定义的异常。

.NET 中内置了大量常见的异常，同时又支持自定义异常，从而使得 C#中的异常处理更加灵活、可行。

3.8.2 异常处理语句

异常是由 try 语句来处理的。try 语句提供了一种机制来捕捉程序块执行过程中发生的异常。以下是它的 3 种基本用法。

- try-catch(s)：有一个（或多个）相关的 catch 块，无 finally 块。
- try-finally：有一个 finally 块，无 catch 块。
- try-catch(s)-finally：有一个（或多个）相关的 catch 块，同时还有一个 finally 块。

下面将对 try 语句上述 3 种基本用法进行介绍。

1. try-catch 语句

try-catch 语句提供了捕获和处理指定异常的方法，这种异常处理的一般语法形式如下：

```
try
{
    …   //程序正常运行时执行的语句块
}
catch [(类型 异常变量)]
{
    …   //异常发生时，处理（可预见或可知的）异常所执行的语句块
}
```

程序正常运行时，执行的是 try 块的语句序列。如果 try 后的任何语句发生异常，程序

都会转移到 catch 块的语句来处理异常。

如果能够确定 try 块的语句发生异常的类型，可以在 catch 块指定异常类型和异常变量。发生异常时，catch 语句捕捉相应的异常类型，通过异常变量引用相应类型的异常对象，进行相应的异常处理；如果不能确定 try 块的语句发生异常是哪一种异常，则可以省略异常类型和异常变量。

2．try-finally 语句

try 语句之后加上一个 finally 语句块，则程序执行时不论是否出现异常，finally 语句块都会被执行，可见，finally 语句具有强制执行的特点。一般将清理资源、关闭打开的文件、保存数据等操作放在 finally 语句块中执行。这种异常处理的一般语法形式为：

```
try
{
    …   //程序正常运行时执行的语句块
}
finally
{
    …   //强制（最终一定）执行的语句块
}
```

3．try-catch-finally 语句

综合以上两种异常处理用法，就是 try-catch-finally 语句，于是，try 语句块执行过程中如果出现异常，则由 catch 语句块处理，然后执行 finally 语句块；否则，try 语句块执行过程中如果未出现异常，则跳过 catch 语句块，直接执行 finally 语句块。这种异常处理的一般语法形式为：

```
try
{
    …   //程序正常运行时执行的语句块
}
catch [(类型  异常变量)]
{
    …   //异常发生时，处理（可预见或可知的）异常所执行的语句块
}
finally
{
    …   //强制（最终一定）执行的语句块
}
```

扩展学习：数值除法应用技巧

在 C#中，除法的应用有一些技巧或者说是事项需要注意，否则，就可能得不到预期的计算结果，甚至得到一个错误的计算结果。

以下针对 C#除法应用中的两个要点问题，结合示例进行介绍。

1．关于 C#除法的小数点

在 C#中，除法默认不保留小数点，例如：

```
decimal z = 10/100;                              //z = 0
```

如果需要保留小数点，应如下编写代码：

```
decimal z = 10m/100;                             //m 代表 decimal，z = 0.1
```

可见，如果是两个变量的除法，为了保留小数，应该如下编写代码：

```
int x = 30, y = 130;
decimal z = (decimal)x/y;                        //(decimal)x/y 表示把 x 转换成 decimal 再做除法运算
```

不过，以上用法小数点后面的位数可能太多，这时可用 Math.Round()，例如：

```
decimal z = Math.Round((decimal)x/y,2);          //保留小数点后两位：z = 0.23
```

2．关于 C#除法的值类型

在 C#中，“/”除后所得的值的类型，与除数和被除数的类型有关。例如：

```
int x = 3, y = 6;
float z = x/y ;                                  //z = 0
```

结果为 0，因为以上计算会先进行 int 的除法操作，得出结果 0，再将结果转为 float 0，所以，应该如下编写代码：

```
float x = 3, y = 6;
float z = x/y;                                   //得出正确结果：z = 0.5
```

可见，对于等号右边的除数和被除数，必须至少使它们中的一个数为 float 类型：加上小数点，或者加上 F，这时才会得到正确的包含小数的运算结果。即应该如下编写代码：

```
double z = 2.0/y;                                //y 是整型，浮点型或者小数型的已初始化的变量
```

或者：

```
double z = x/6.0;                                //x 是整型，浮点型或者小数型的已初始化的变量
```

或者：

```
float z = 2F/y;                                  //y 是整型，浮点型或者小数型的已初始化的变量
```

或者：

```
float z = x/6F;                                  //x 是整型，浮点型或者小数型的已初始化的变量
```

习　　题

1．什么是标识符和关键字？定义标识符时应注意什么？

2．在 Visual Studio 2012 的代码编辑器中，关键字的默认字体颜色是（　　）。

A．黑色　　　B．蓝色

C．绿色　　　D．红色

3．什么是变量？其命名有哪些约定和规范？

4．值类型和引用类型有何区别？

5．数据类型转换有哪 3 种形式？

6．什么是程序异常，它与代码错误有何区别？

7．分别通过 if 流程控制语句和（?:）运算符，来判断两个数值中的最大值。

8．if 和 switch 流程控制语句的用法有何相关性？

9．程序异常一般采用哪几种异常处理语句？

10．试举例说明 C#中除法应用中的注意事项。

▶▶第 2 部分

入门篇

第 4 章　Windows 窗体设计基础
第 5 章　Windows 窗体应用程序设计
第 6 章　Windows 窗体的显示模式与对话框
第 7 章　Windows 进程与线程程序设计
第 8 章　数据库访问程序设计
第 9 章　LINQ 技术及其应用
第 10 章　GDI+图文绘制程序设计
第 11 章　Windows 打印组件程序设计
第 12 章　文件 I/O 操作程序设计
第 13 章　网络通信程序设计
第 14 章　Windows 程序的安装部署

第 4 章　Windows 窗体设计基础

学习要点

- 📖 理解项目和解决方案的基本知识
- 📖 掌握窗体的创建方法，正确设置其属性
- 📖 掌握常用 Win Forms 控件的功能，正确运用并设置其属性

本章将以一个简单的上机考试系统为程序设计示例，逐步介绍 Windows 窗体应用程序设计的基本知识，特别是系统的界面（窗体）设计方法，从而为后续进一步的程序设计学习奠定相关的技术基础。

4.1　Windows 窗体应用程序设计流程

Windows 窗体应用程序设计的基本流程可概括为图 4-1 所示。后续章节将结合 Visual Studio 开发工具的实际应用，具体介绍 Windows 窗体应用程序设计中的项目创建以及基于窗体和控件的界面设计，并在此设计的基础上，逐步讲解代码的编写、程序的运行调试以及程序的安装部署等。

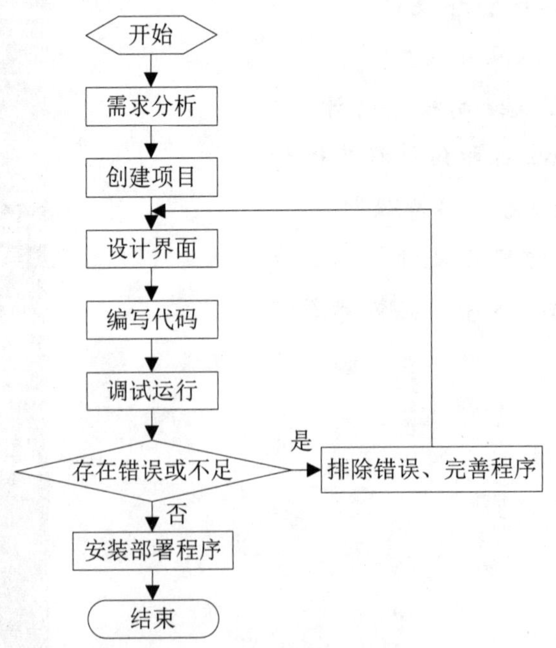

图 4-1　Windows 窗体应用程序设计基本设计流程

4.2　项目与解决方案

在 C#中，项目是一个独立的编程单位，其中包含窗体文件和其他一些相关文件，若干个项目就构成了一个解决方案。可见，项目和解决方案都是实现程序设计资源整合的基本技术，但是两者还存在以下区别：

- 项目是一组要编译到单个程序集（在某些情况下是单个模块）中的源文件和相关的资源。例如，项目可以是类库，或者是一个 Windows GUI（Graphical User Interface，称为“图形用户接口”或者“图形用户界面”）应用程序。
- 解决方案是构成某个软件包（应用程序）的所有项目集。

为了说明这个区别，可以考虑一下在发布一个应用程序时，该程序中可能包含多个程序集。例如，其中可能有一个用户界面，有某些定制的控件和其他组件，它们都作为应用程序的库文件被一起发布。不同的管理员甚至还会采用不同的用户界面，每个应用程序的不同部分都包含在单独的程序集中。因此，在.NET 看来，它们都是独立的项目，可以同时编写这些项目，使它们彼此连接起来，也可以把它们当作一个单元来编辑。.NET 把所有的项目看作一个解决方案，把该解决方案当作是可以读入的单元，并允许用户在其上工作。

Visual Studio 开发环境中的解决方案资源管理器，管理的就是项目的所有文件，管理器以树状结构显示整个解决方案中包含的项目以及每个项目的组成信息。一个解决方案可以由几个项目共同组成。

4.3　窗体与控件

窗体和控件在 C#应用程序设计中扮演着重要的角色，是开发 C#应用程序的基础，几乎所有的 Windows 程序都离不开窗体，其对图形界面的设计与开发并不需要编写大量的代码。在 C#中，利用 Visual Studio 的开发平台模板，可以自动生成多种基于 Windows 的应用程序框架，其中最常用的是 Windows 窗体应用程序。

4.3.1　窗体简介

窗体是可视化程序设计的基础界面，是其他对象的载体或容器，在窗体上可以直接“可视化”地创建应用程序，可以放置应用程序所需的所有控件以及图形、图像，并可改变其大小，移动其位置。每个窗体对应于应用程序运行的一个窗口。

Windows 窗体可以编写.NET 平台上的客户机/服务器应用程序，它隐藏了传统 Windows 编程方式中的模板文件的许多细节，而以一种带有菜单和标题的窗体方式出现，在显示各种对象和管理标准控制的同时，也可以通过属性定义控制自己的外观显示效果，还可以对鼠标运动和菜单选择等事件做出反应，实现与用户之间的交互。

编写一个基于 Windows 窗体的应用程序，通常也是对 Win Form 类的一个实例进行初始化并设置其属性，建立相关的事件处理程序。

4.3.2 控件简介

1. 组件

在介绍 C#的控件之前，有必要首先了解 C#的组件。

组件是指可以重复使用并且可以和其他对象进行交互的对象，它也是靠类实现的，但它提供了比类更多的功能和更灵活、友好的复用机制。在 Visual Studio 环境下开发的类如果生成后缀为.DLL 的文件，那么这个类就转变成了组件。

2. 控件

控件是能够提供用户界面接口（UI）功能的组件。C#.NET 提供了两种类型的控件，一种是用于客户端的 Windows 窗体控件，另一种是用于 ASP.NET 的 Web 窗体控件。像窗体一样，控件也可以通过属性设置来控制其显示效果，并且可以对相应的事件做出反应，实现控制或交互功能。由于.NET 中的大多数 Windows 窗体控件都派生于 System.Windows.Forms.Control 类，该类定义了 Windows 控件的基本功能，所以，这些控件中的许多属性和事件都相同。

📖**说明：**所有的控件肯定都是组件，但并不是每个组件都一定是控件。

4.4 简单的上机考试系统界面设计

4.4.1 系统功能设计及项目创建

1. 功能设计

对简单的上机考试系统进行初步的需求分析后，拟定采用 Windows 窗体应用程序来实现该系统，并使其具备以下几个方面的基本功能：

- ❑ 能以填空、单选及多选方式进行客观答题。
- ❑ 考试者可自行选择“初级”、“中级”或“高级”3 种难度的题目。
- ❑ 具有考试限时功能，即必须在限定时间内“交卷”，否则，系统将自动“交卷”。
- ❑ “交卷”后系统能够自动给出评分结果。
- ❑ 具有“帮助”窗体，对该系统的版权等信息简要说明。

2. 项目创建

※ 示例源码：Chpt4-6\ExamSystem

具体的设计步骤如下：

（1）进入 Visual Studio 2012 集成开发环境，选择“文件”→“新建”→“项目”命令，弹出如图 4-2 所示的“新建项目”对话框，在“模板”树形目录下选择 Visual C#下的

Windows，然后再选择“Windows 窗体应用程序”，接着在“名称”文本框中输入项目名称“ExamSystem”，并选择项目的保存目录。另外，当前创建的项目，默认情况下是.NET Framework 4，如有必要，可以选择其他版本。

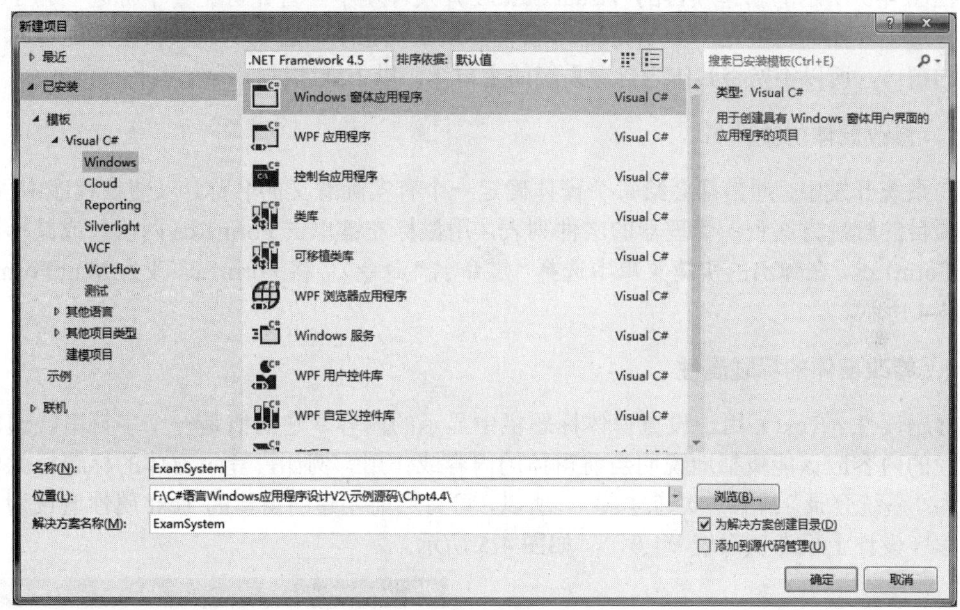

图 4-2　“新建项目”对话框

（2）单击“确定”按钮，进入当前新建项目的 Visual Studio 2012 集成开发环境中，如图 4-3 所示。此时可在解决方案资源管理器中看到该项目的所有资源。

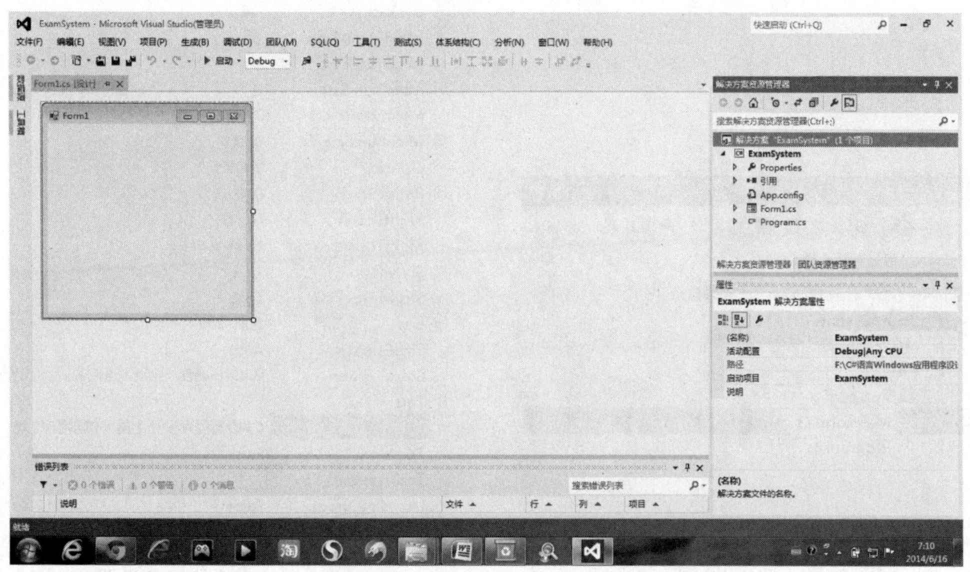

图 4-3　新建项目的 Visual Studio 集成开发环境

以下将根据上述“功能设计”中的要求，分步完成各项系统功能。

4.4.2 Windows 窗体应用

在图 4-3 所示的新建项目的 Visual Studio 开发环境中，首先可见一个标题名为 Form1 的正方形小界面，这就是一个 Windows 窗体。默认状态下，它就是该项目程序运行时首先启动的窗体，所以不妨将其作为自测系统的主窗体。以下继续进行系统设计。

1．修改窗体的文件名

在系统开发中，通常都会给每个窗体确定一个有实际意义的名称，以便在程序中引用。展开项目的解决方案资源管理器的文件列表，用鼠标左键单击 Form1.cs 两次（或鼠标右键单击 Form1.cs，在弹出的快捷菜单中选择“重命名”命令），将 Form1.cs 改为 MainForm.cs，如图 4-4 所示。

2．修改窗体的标题属性

标题属性（Text）用于设置窗体标题栏中显示的内容，它的值是一个字符串。通常，标题栏的内容应该能概括地说明当前窗体的内容或作用。例如，登录窗体的标题栏就可以设置为“系统登录”或者“欢迎登录”。所以，可将当前创建的窗体的 Text 属性值设为“C#语言程序设计上机考试系统 V1.0”，如图 4-5 所示。

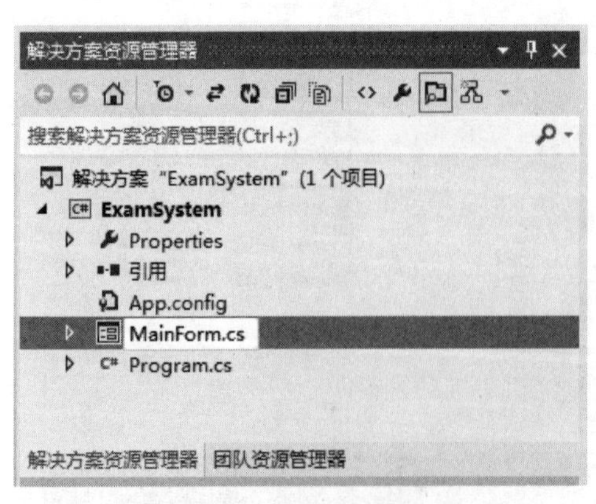

图 4-4　窗体 Form1 改名为 MainForm

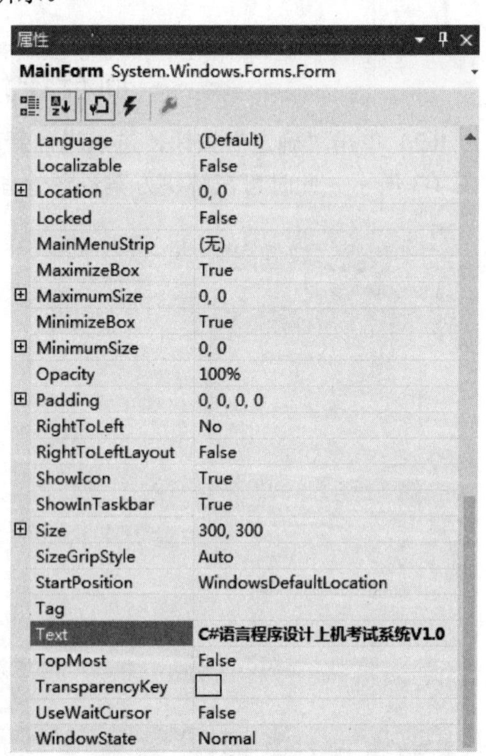

图 4-5　窗体的标题设置

提示： 默认状态下，全部属性按 A→Z 的字母顺序排列，所以当对属性应用比较熟练（知道其名称或首字母）时，就可按字母顺序快速地找到欲设置的属性。

3．调整窗体的外观尺寸

作为系统的主界面，通常以一个较大甚至满屏的方式展现。向下拖动窗体属性面板的纵向滚动条，即可见到窗体的尺寸属性（Size）。可以直接修改由逗号分隔的 Size 的宽和高两个像素值（这里设置为 800,600），也可以用鼠标直接拖动窗体的外观尺寸（此时 Size 的值将相应改变）。此时可见窗体已经随着尺寸属性的设置而改变大小，如图 4-6 所示。

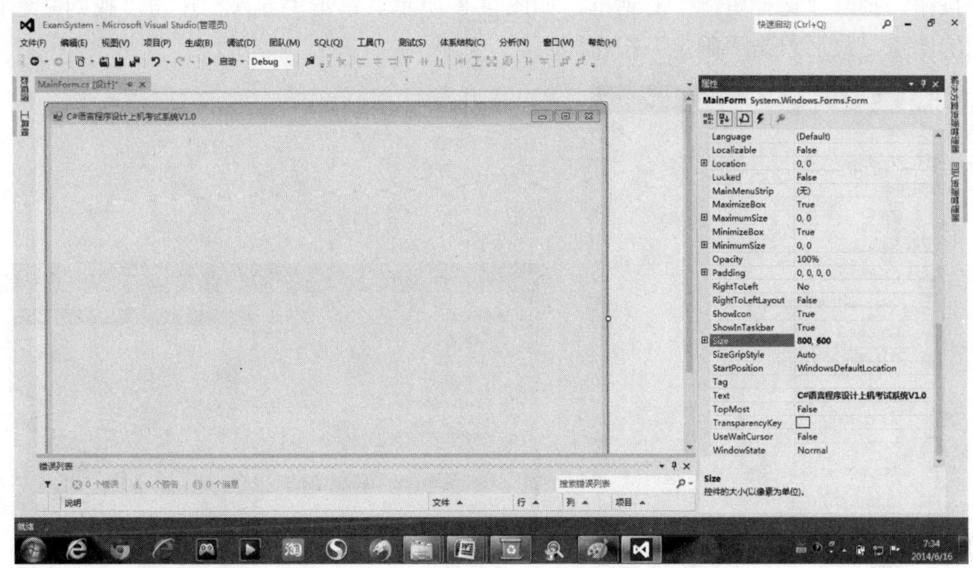

图 4-6 窗体外观尺寸的设置

4．设定窗体的显示位置

当一个窗体被初次打开时，如果它不是以全屏方式显示，通常要给它设定一个位置，如使其在屏幕中央显示。为此，只要将 StartPosition 属性值设为 CenterScreen 即可（默认值为 WindowsDefaultLocation）。

提示： 至此，已经学习了窗体的 3 种属性设置，显然属性面板中还包含很多其他属性，其用途如何呢？其实，只要单击相应的属性名称或进入其数值框，在面板下方就会显示出该属性的简短说明，从而使开发者快速地了解并使用它。

4.4.3 PictureBox 控件简介及其应用

通过上述的设计，已初步创建了一个系统的主界面，既然是“先入为主”的画面，首先就应该给人一种赏心悦目的感觉，那么，能够装点主界面的是什么呢？显然是图像。

PictureBox 控件就是用于显示图像的 Windows 图片框控件，利用它就能以多种形式或效果灵活地显示导入到该控件中的图像。

在此，继续进行系统设计：

（1）单击 Visual Studio 开发环境左边的“工具箱”标签，展开工具箱浮动面板，这时可见工具箱中分门别类地布置了从“所有 Windows 窗体”到“常规”的包含控件在内的共

12 大类工具箱。继续单击“公共控件”（或“所有 Windows 窗体”）左边的“+”按钮，便可展开其所包含的工具，按字母顺序快速找到 PictureBox 控件，如图 4-7 所示，将其拖放至窗体中。

（2）展开 Visual Studio 开发环境右边的属性面板，此时可见 PictureBox 控件的 Image 属性已高亮显示，以提示设计者直接为其选择要显示的图像。于是，单击其属性值的“浏览”按钮，打开“选择资源”对话框，如图 4-8 所示，单击“导入”按钮，找到并选择要显示的图像，最后单击“确定”按钮即可。

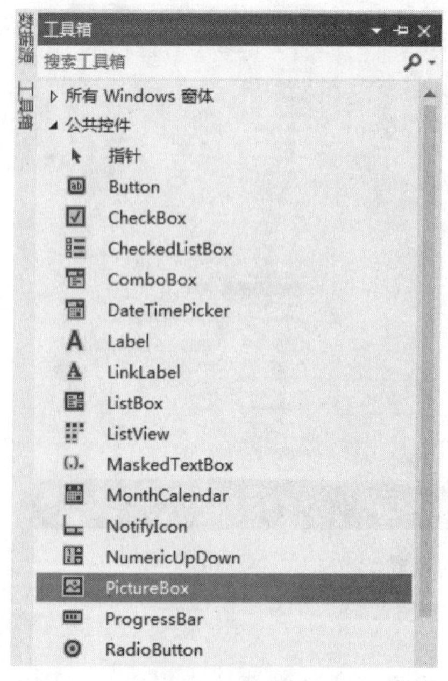

图 4-7　选择 PictureBox 控件

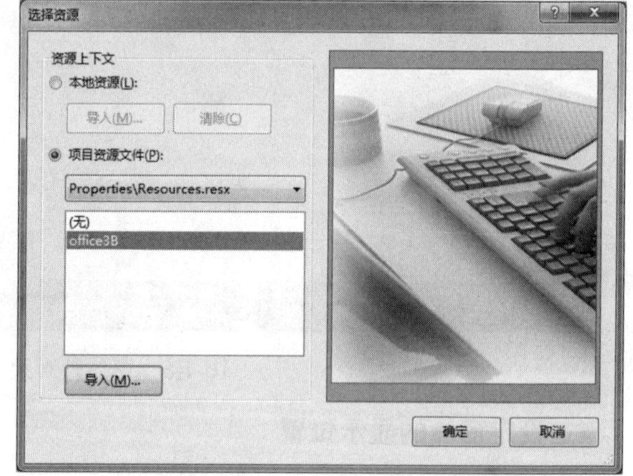

图 4-8　为 PictureBox 选择图像

说明：如果此前已导入过其他图像，此时可以看到列表中已经包含了这些图像文件，所以，也可以从列表中直接选择一个图像文件，确定后即可将其添加到 PictureBox 控件中。

（3）导入并显示了图像后会发现，由于 PictureBox 控件较小，图像不能完全显示，当然，此时可以将控件的尺寸拖拽得大一些，但这不是一个好的办法。实际上，控件的 SizeMode 属性的作用就是“控制 PictureBox 将如何处理图像位置和控件大小”，其属性值包括 Normal、StretchImage、AutoSize、CenterImage 和 Zoom 共 5 种选项，不妨先逐一试选一下，其控制图像的效果自然就显而易见了。本设计中选择 Zoom 选项，因为所选择的这幅图像尺寸较大，与窗体尺寸不协调，另外调整其尺寸时也不希望其比例失真。修饰后的主窗体如图 4-9 所示。

说明：其实，通过窗体的 BackgroundImage 属性，也可以为其添加以背景方式显示的图像。读者可自行对比在窗体图像修饰设计中，利用窗体属性方法与上述利用图像控件方法的效果之异同。

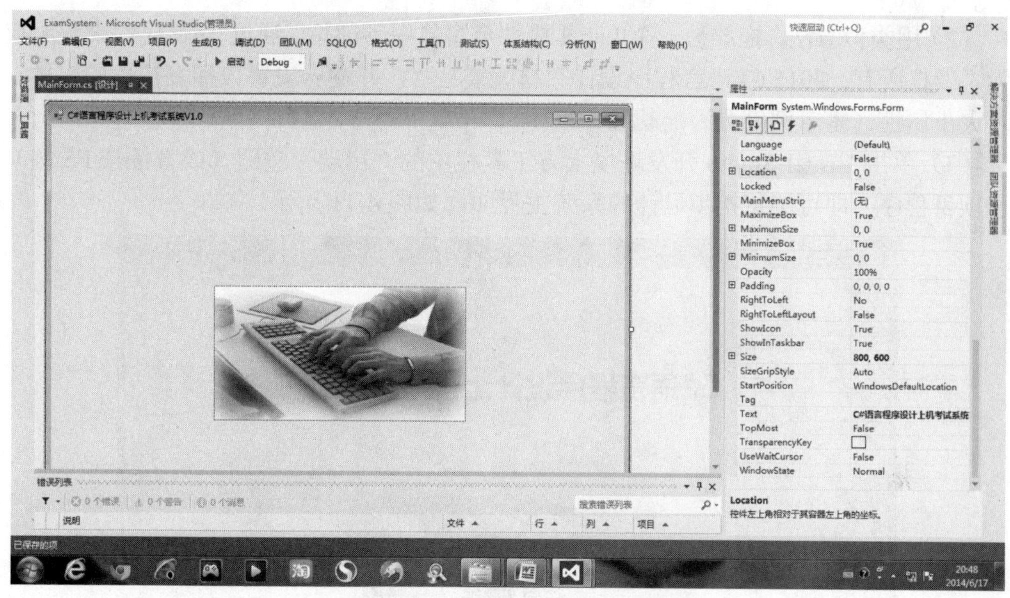

图 4-9　插入图像后的主窗体

4.4.4　Label 控件简介及其应用

系统主界面设计至此，通常会为其加上一个醒目的系统名称（标题栏上虽然也有，但不够醒目），另外，一般还会附上开发版权等信息。总之，就是要在窗体上添加文本。

标签（Label）控件就具有在窗体上显示文本的基本功能，但需要明确的是，标签控件显示的文本并不能被直接编辑，而是需要通过其属性设置来实现。

在此，继续系统设计：

（1）从“公共控件”工具箱中拖放一个 Label 控件至窗体上中部位，并将其 Text 的属性值由默认的 label1 改为“C#语言程序设计上机考试系统”，然后再选择其 Font 属性，单击其左边的“+”按钮或者右边的“浏览”按钮，在弹出的如图 4-10 所示的字体属性对话框中逐一设置该标签控件的字体、字形及大小属性。

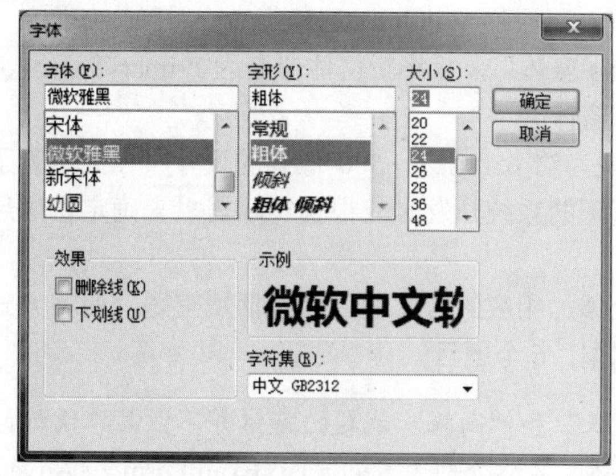

图 4-10　标签控件的字体属性设置

（2）用类似方法，拖放另一个 Label 控件至窗体中下部位，通过 Text 属性设置版权信息为“版权所有：2015 C#语言程序设计教材编委会”，并逐一设置该标签控件的字体、字形及大小属性（本示例设置为：幼圆、粗体、14pt）。

（3）单击 Visual Studio 开发环境上方工具栏中的“启动”按钮（或直接按 F5 键），运行项目程序，即可浏览初步设计的系统主界面，如图 4-11 所示。

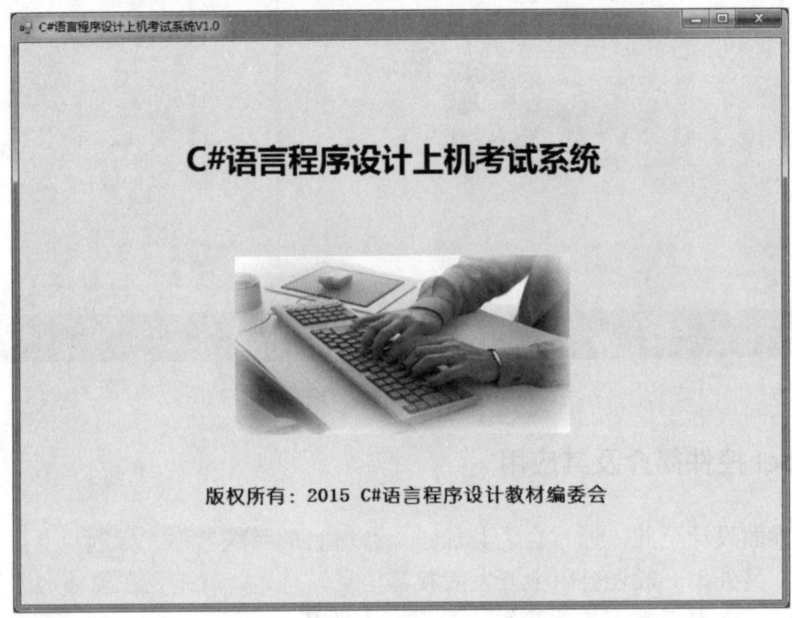

图 4-11　初步设计的系统主界面

4.4.5　添加新窗体

为了能拥有一个操作简单、明确直观的考试界面，就要有考题可以依附的窗体。所以，接下来要添加一个新窗体（暂且将其作为初级试题界面）。

在此，继续进行系统设计：

（1）选择“项目”→“添加 Windows 窗体”命令，弹出如图 4-12 所示的“添加新项”对话框，选择“Windows 窗体”，并将新窗体命名为 PrimaryExamForm，然后单击“添加”按钮，即可添加一个新窗体。

（2）将新窗体拖拽为约 650 像素×500 像素的尺寸（在此是为了使窗体一目了然，便于读者看图学习，在真正的系统开发时应根据实际需求来确定窗体尺寸），并修改其标题为“初级试题”。

以下将在该窗体上添加相应的考试题目，包括填空题、两种方式的单项选择题以及多项选择题，共有 3 种题型、6 个题目。

说明： 在此对“中级”和“高级”试题的窗体并不做具体设计，而只按上述方法创建两个空白窗体，名称分别为 SecondaryExamForm 和 AdvacedExamForm，标题分别为“中级试题”和“高级试题”。具体创建方法，此处不再赘述。

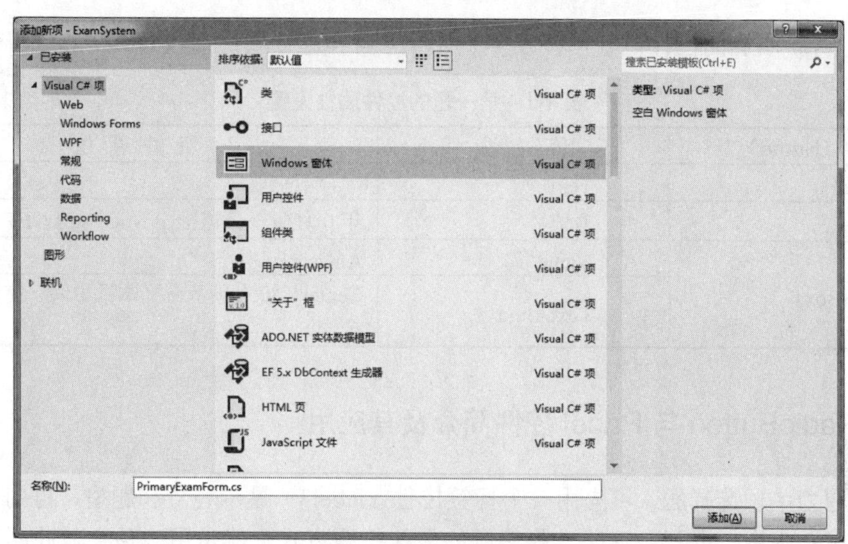

图 4-12　“添加新项”对话框

4.4.6　TextBox 控件简介及其应用

第一题为填空题，首先用一个标签控件（label1）显示题号和题型，再用第 2 个标签（label2）显示试题内容。为了能够使答题者填入结果，就需要有能够接收文本输入的小窗口，这就是文本框。

C#中的文本框控件（TextBox）是最常用、最简单的文本显示和输入控件，它既可以输出或显示文本信息，也可以接收键盘输入的内容。应用程序运行时，单击文本框，光标即在其中闪烁，此时便可向框中输入信息。

在此，继续进行系统设计：

（1）从“公共控件”工具箱中拖放一个文本框控件到当前窗体，并与此前添加的标签 2（label2）水平排列，构成第一题（填空题），如图 4-13 所示。

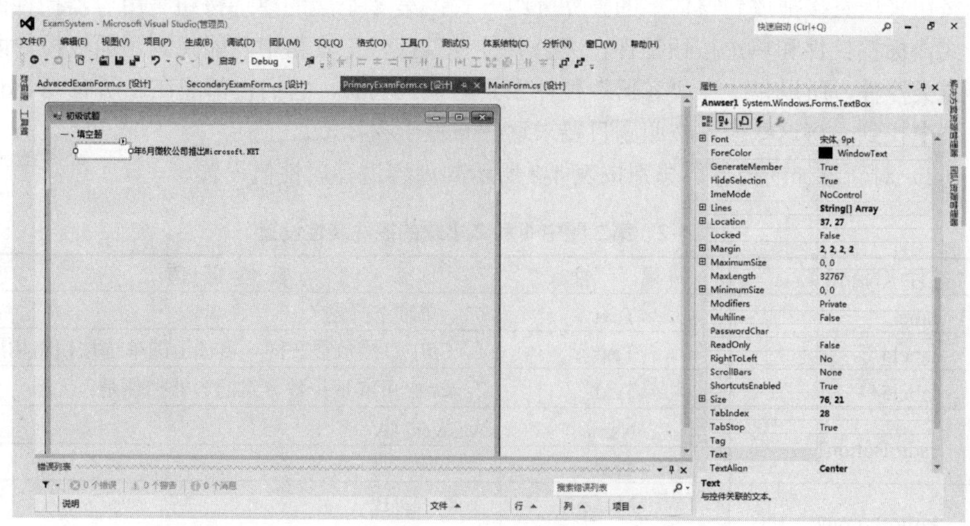

图 4-13　第一题设计

（2）对新添加的控件，分别按表 4-1 所示的内容进行属性值设置。

表 4-1　第一题的控件属性设置

控件（Name）	属　性	属 性 新 值
label1	Text	一、填空题
label2	Text	年 6 月微软公司推出 Microsoft.NET
textBox1	Name	Anwser1
	TextAlign	Center（输入显示在文本框中间，使显示效果更佳）

4.4.7　RadioButton 与 Panel 控件简介及其应用

第二题为单项选择题，可先用一个标签控件（label3）显示题号和题型，再用另外两个标签显示试题内容。显然，这类选择答题的最佳答题方式，就是用一种“非此即彼”的单选按钮。

C#中的单选按钮控件（RadioButton）为用户提供了由两个或两个以上彼此互斥的选项构成的选项集合，即在同一选项组中，某一单选项被选中（单击按钮，其圆圈中出现一个圆点），其他所有单选项无论是否已经选择，均被取消（圆圈中的圆点消失），但是，不同组之间的选择不应相互影响。在一个窗体中直接添加的所有单选按钮将为同一组，如果要创建多组，就需要借助具有容器功能的控件。

C#中的面板控件（Panel）就是一种容器控件，它可以容纳其他控件，并可实现控件隔离，达到控件分组操作的目的。并且，容器控件中的所有控件都将随着该容器控件的移动、显示、消失或屏蔽而同步进行。

在此，继续进行系统设计：

（1）为了对比学习单选按钮的分组设计方法，在此特别设计了两道小题，第 1 小题的单选按钮采用直接拖放到窗体上的独立分组方式；第 2 小题的单选按钮采用容器控件的分组方式。标签控件和单选按钮控件在“公共控件”控件工具箱中就能找到，面板控件既然是容器类控件，所以包含在“容器”控件工具箱中。当然，它们也都能在“所有 Windows 窗体”中找到。将这些控件按照题目要求逐一布置于窗体上。

（2）对新添加的控件，分别按表 4-2 所示的内容进行属性值设置。

表 4-2　第二题中 1 和 2 小题的控件属性设置

控件（Name）	属　性	属 性 新 值
label3	Text	二、单项选择题
label4	Text	1、C#中直接放置在同一窗体上的单选按钮将构成：
label5	Text	2、C#中可实现控件分组的容器控件是：
radioButton1	Name	Answer21A
	Text	1 组
radioButton2	Name	Answer21B
	Text	2 组

续表

控件（Name）	属　性	属性新值
radioButton3	Name	Answer21C
	Text	3 组
radioButton4	Name	Answer21D
	Text	4 组
radioButton5	Name	Answer22A
	Text	PictureBox
radioButton6	Name	Answer22B
	Text	ToolTip
radioButton7	Name	Answer22C
	Text	Panel
radioButton8	Name	Answer22D
	Text	ComboBox

说明： 前面主要讲述了 Panel 控件的功能与用法，其实，在 C#中还有一种类似功能的控件，即分组框控件（GroupBox），它也是一种容器控件，读者可自行对比分析 GroupBox 与 Panel 控件的异同及用法。

设计完成后的窗体如图 4-14 所示。

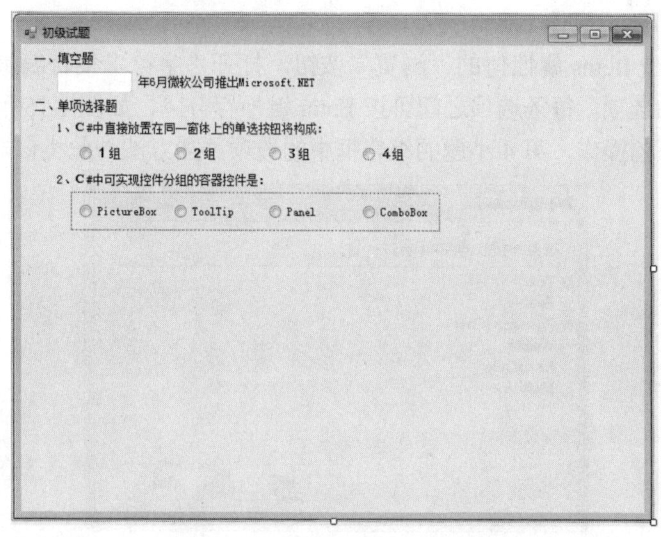

图 4-14　第二题的 1 和 2 小题设计

提示：

- 当需要添加多个同类控件时，先从工具箱中拖放一个控件到窗体上，然后按住 Ctrl 键的同时按住鼠标左键横向或纵向拖动至合适位置后释放鼠标，就会在当前位置复制一个同类控件，依次而行，即可快速添加多个同类控件。
- 除了可以根据控件周围的参考线，进行多个控件相对位置的调整或对齐，也可以选择“格式”菜单中的“对齐”“间距”“大小”等命令进行调整。

4.4.8 ListBox 与 ComboBox 控件简介及其应用

4.4.7 节讲述了利用单选按钮设计选择题的方法，但是这种方法只适合选项比较少（一般不超过 6 个选项）的情况，对于多选项的选择，如果仍然采用单选按钮方式，就会使该选择题占据过大的窗体区域。

C#中的 ListBox 与 ComboBox 控件就能很好地解决上述设计问题。

列表框控件（ListBox）通常提供一组字符串列表，用户可从中选择一项或多项。当项目条数超过可显示项目数时，列表框的滚动条自动出现，以便上下滚动查看并选择。

组合框控件（ComboBox）是一个集列表框、文本框以及按钮于一体的控件，它和列表框一样，都可供用户从多个项目中进行选择操作。但两者又有一定的差别，概括如下：

- 项目条数较少时，列表框的项目可一目了然，进而可快速选择，而对于组合框，无论项目多少，都需展开列表后才能选择。
- 在实际操作过程中，不能直接向列表框中添加新的选项，但可以直接向组合框的文本框中添加新的选项（前提是：将 DropDownStyle 属性设置为 DropDown）。
- 因为组合框中可见的部分只有文本框和按钮，所以它比列表框更节省显示空间。

在此，继续进行系统设计：

（1）在第二题的基础上继续添加 3 和 4 两道小题，分别将列表框控件和组合框控件按照题目要求逐一布置于窗体上。

（2）通过单击 Items 属性值的“浏览”按钮，打开“字符串集合编辑器”对话框，即可向列表框中添加选项，每条选项之间可按 Enter 键换行分隔，如图 4-15 所示是为第 3 小题的列表框添加选项的操作，第 4 小题的组合框中的选项添加方法与此类似，在此不再赘述。

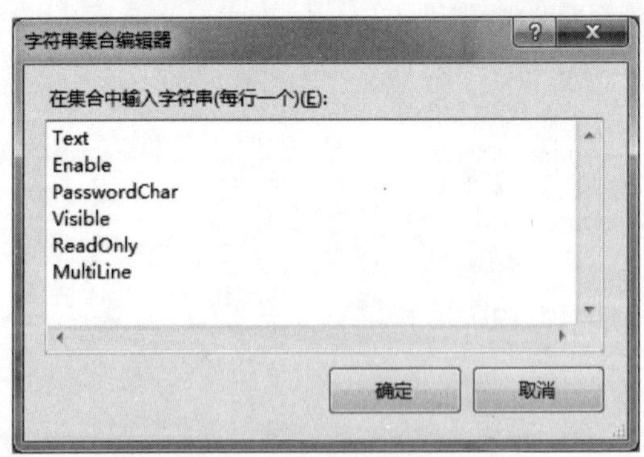

图 4-15　为列表框添加选项

（3）对新添加的控件，分别按表 4-3 所示的内容进行属性值设置。

表 4-3　第二题 3 和 4 小题的控件属性设置

控件（Name）	属 性	属 性 新 值
label6	Text	3、C#中可以实现密码输入的文本框属性是：
label7	Text	4、不同于 Panel 控件的外观，GroupBox 具有属性：

续表

控件（Name）	属 性	属 性 新 值
listBox1	Name	Answer23
	Items	Text↙Enable↙PasswordChar↙Visible↙ReadOnly↙MultiLine
comboBox1	Name	Answer24
	Items	Name↙Size↙Font↙Text↙TabStop↙Visible↙BackColor

注：表中以↙表示回车换行。

设计完成后的窗体如图 4-16 所示。

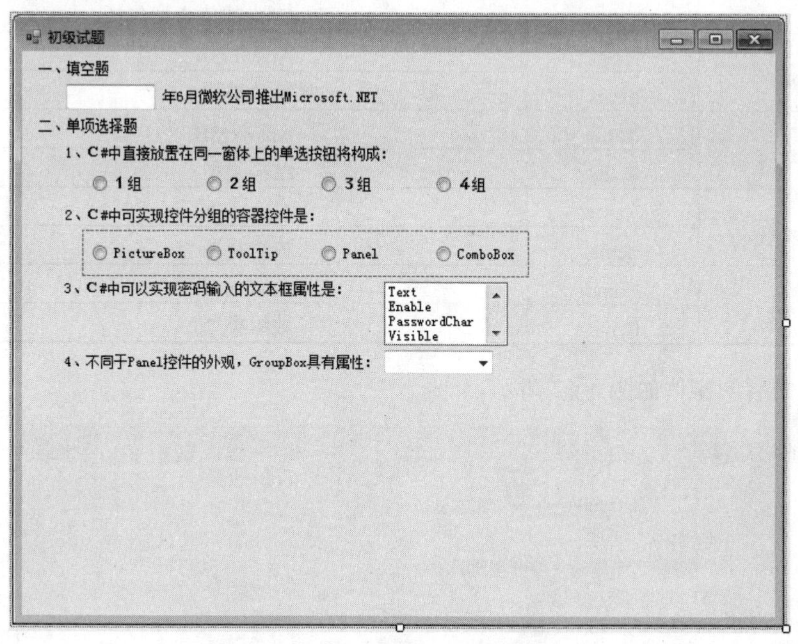

图 4-16　第二题的 3 和 4 小题设计

提示： 除了通过 Items 属性对 ListBox 与 ComboBox 控件的列表项进行管理（增加、删除和修改）外，还可以在程序中调用相应的方法，进行更灵活的、动态化的列表项管理，这在管理信息系统的开发中应用非常普遍。

4.4.9　CheckBox 控件简介及其应用

第三题为多项选择题，这类答题最简单、直观的操作就是“认可就打钩”的复选框，当然也可以有其他多项选择方式，所以，在这个大题中，我们设计了两个小题，并借此分别介绍两种多项选择的控件应用。

C#中的复选框控件（CheckBox）与单选按钮控件一样，也为用户提供了一组可供选择的选项，它既可以被单选，也可以被多选。但是，复选框与单选按钮又有所不同，即每个复选框都是一个独立选项，同一组的多个复选框之间或者不同组的复选框之间，均不存在彼此互斥的问题，所以，每一组（每道题）复选框控件并不需要放置在一个容器控件之中。

在此，继续进行系统设计：

（1）从“公共控件”工具箱中选择 2 个标签框控件和 4 个复选框控件拖放到当前窗体，并将它们排列好位置，构成第三题（多项选择题）。

（2）对新添加的控件，分别按表 4-4 所示的内容进行属性值设置。

表 4-4　第三题的控件属性设置

控件（Name）	属　　性	属 性 新 值
label8	Text	三、多项选择题
label9	Text	C#中的值类型包括：
checkBox1	Name	Answer3A
	Items	简单类型
checkBox2	Name	Answer3B
	Items	结构类型
checkBox3	Name	Answer3C
	Items	枚举类型
checkBox4	Name	Answer3D
	Items	数组类型

设计完成后的窗体如图 4-17 所示。

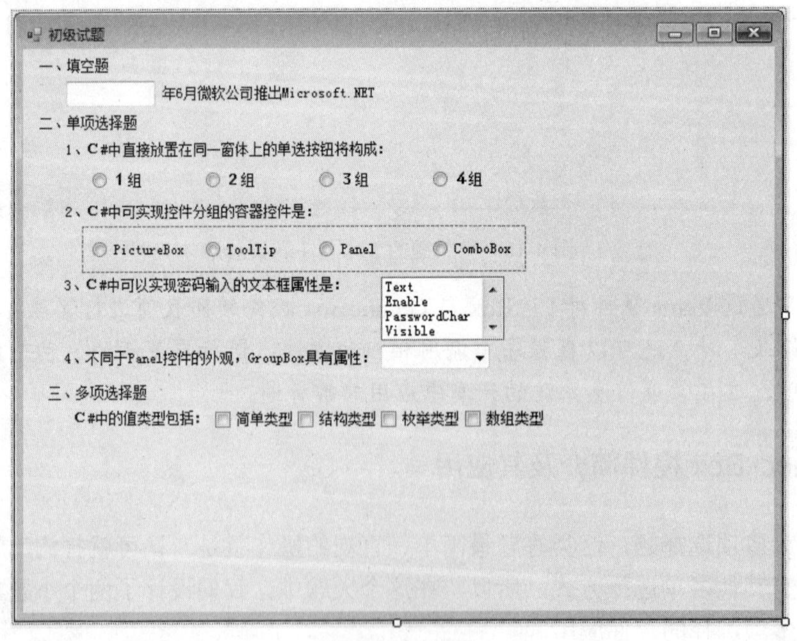

图 4-17　第三题设计

提示：其实，通过设置 ListBox 与 ComboBox 控件的相应属性，也可以实现多项选择的功能，读者可自行设计分析。

4.4.10　Timer 控件简介及其应用

我们知道，实际的上机考试是要限时的，即必须在限定的时间内提交（交卷），否则系统将自动提交。所以，我们的这个系统也要有一个考试计时和交卷控制的设计，定时器就能够实现这一功能。

C#中的定时器控件（Timer）是一种能够按照设定的时间间隔，周期性地自动触发事件的控件，利用它可以实现各种周期性或时限性的功能设计，如延时或动画等。需要说明的是，在程序运行过程中，定时器控件是不可见的。

在此，继续进行系统设计：

（1）在考试窗体的右上角放置两个标签和文本控件，用来标明和显示考试计时，再从“所有 Windows 窗体”或“组件”工具箱中拖放一个定时器控件到窗体，可以看到，释放鼠标后，该定时器控件并非显示在窗体上，而是显示在窗体之外的 Visual Studio 环境下方。

（2）对新添加的控件，分别按表 4-5 所示的内容进行属性值设置。

表 4-5　考试计时的控件属性设置

控件（Name）	属　　性	属 性 新 值
label10	Text	考试用时（秒）：
label11	Text	/120
textBox2	Name	ExamTime
	Text	0
	TextAlign	Center
timer1	Enabled	true
	Interval	1000

说明： 此系统设置的考试限时是 120 秒，所以用 label11 控件显示“/120”，用以表示考试用时已经用了总时间的多少，当然，实际限时多少，应该根据具体试题而定。另外，为了简化设计，这里只设计了一个以秒为单位（timer1 的 Interval 设置为 1000）进行累加的计时器，如果读者有兴趣，也可进一步完善，使之具有时、分、秒方式的显示功能。另外，其实为了更便于后续的程序设计，也可以修改 timer1 控件的 Name 属性值（如 ExamTime）。

提示： 单击 Visual Studio 开发环境工作区上方的标签按钮，即可在各打开的文件之间切换。当打开的文件过多不便从层叠的名称中辨识时，还可单击该标签按钮最右边的下拉按钮，展开当前所有的打开文件列表，以便从中选择需要编辑的文件。另外，也可单击已经打开的文件的标签按钮右边的“关闭”按钮，将此文件关闭。

设计完成后的窗体如图 4-18 所示。

需要说明的是，该定时器控件的具体功能尚待其后续的程序设计来实现。

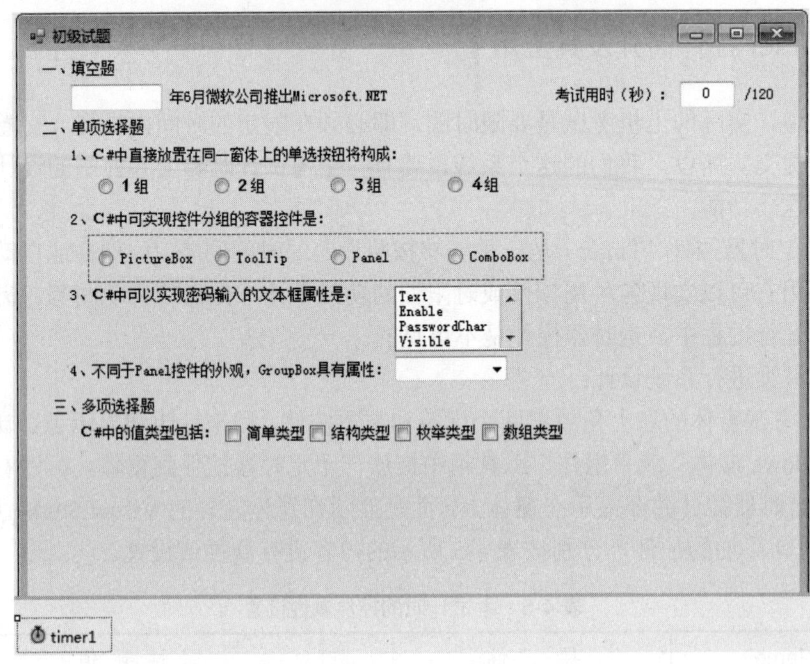

图 4-18　考试计时设计

4.4.11　Button 控件简介及其应用

完成考试后，需要有一个可以提交答题的“交卷”按钮，而且，系统还可自动评判正误并给出总得分。另外，还需要一个“关闭”按钮来关闭当前窗体，退出考试环境。

C#中的按钮控件（Button）是用户与应用程序交互的最常用工具，它可以接收用户对它的鼠标（或快捷键）操作，触发相应的事件，执行相应的程序，进而完成相应的功能。

在此，继续进行系统设计：

（1）在考试窗体的右上角分别放置一个标签控件和一个文本控件，标明和显示考试总得分，并拖放两个按钮控件至窗体中下方，分别用于考试交卷和窗体关闭。

（2）对新添加的控件，分别按表 4-6 所示的内容进行属性值设置。

表 4-6　交卷和关闭窗体的控件属性设置

控件（Name）	属　性	属 性 新 值
label12	Text	总得分：
textBox3	Name	TotalScore
	TextAlign	Center
button1	Name	btnGrade
	Text	交卷
button2	Name	btnClose
	Text	关闭

在此规定：第一题的正确答案为 2000，第二题第 1 小题的正确答案为选项 1，第二题第 2 小题的正确答案为选项 3，第二题第 3 小题的正确答案为 PasswordChar，第二题第 4 小题的正确答案为 Text，第三题的正确答案为选项 1、2 和 3，每道题为 10 分（满分 60）。

设计完成后的窗体如图 4-19 所示。

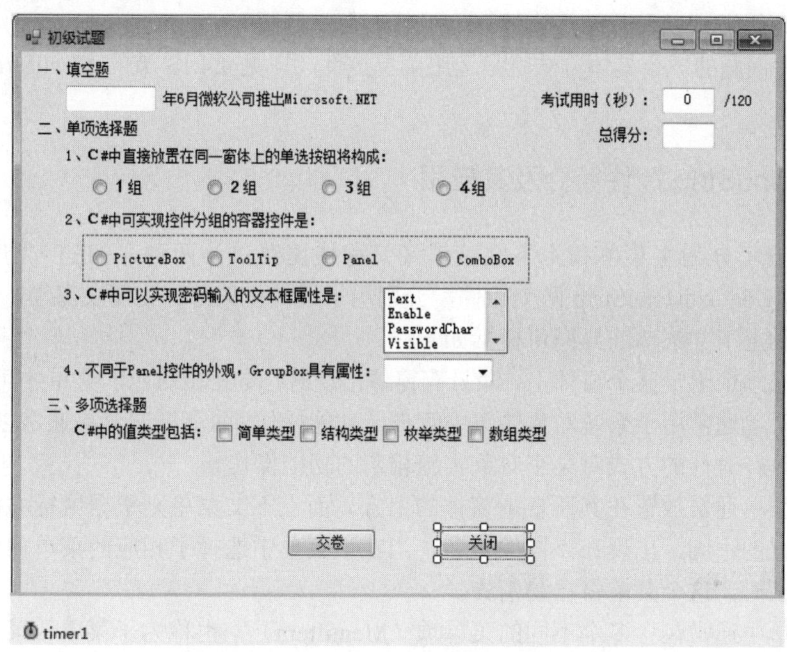

图 4-19　初级考试交卷和关闭窗体设计

需要说明的是，这两个按钮控件的具体功能尚待其后续的程序设计来实现。

4.4.12　设置项目的启动窗体

至此，已完成了考试窗体的全部设计，似乎可以预览其“庐山真面目”了。可是，单击“启动调试”按钮后发现，我们看到的仍然是系统的主窗体，那么，如何才能启动这个初级考试窗体呢？

由此前设计已知，一个实际的应用系统通常要包含多个窗体，在 C#项目开发过程中，默认情况下，应用程序中第一个创建的窗体通常被确定为启动窗体。因此，在程序开始运行时，首先显示的将是此窗体。如果要改变启动窗体设置，可在解决方案资源管理器中双击 Program.cs 文件，修改其窗体启动代码，如对于本考试系统，将其中的启动窗体由 MainForm 改为 PrimaryExamForm，具体代码如下：

```
static void Main()
{
    Application.EnableVisualStyles();
    Application.SetCompatibleTextRenderingDefault(false);
    Application.Run(new PrimaryExamForm());//设置启动窗体
}
```

此时再单击“启动调试”按钮，初级考试窗体就可以运行显示了，并且可以测试一下窗体上各控件的基本功能，当然，由于还未编写控件的相应代码，所以还不能测试系统具体的考试功能。

但是，高兴之余我们又在想：主窗体怎么打开呢？而且，还有其他不同功能的窗体（如中级考试、高级考试以及帮助等窗体），又将如何打开呢？

解决这些问题的一个具体方法就是运用菜单控件，详见 4.4.13 节的 MenuStrip 控件简介及其应用。

4.4.13 MenuStrip 控件简介及其应用

菜单一般可分为主菜单和上下文菜单（又称快捷菜单）两种，.NET 类库中提供的 MenuStrip 和 ContextMenuStrip 两个控件，分别用于设计主菜单和上下文菜单。

主菜单和上下文菜单的异同可概括如下：

- 都必须依附于某个窗体上，即只有窗体出现时，与其相对应的菜单才可见并可用。
- 主菜单通常用于系统对象的集中管理及功能操作，而上下文菜单通常以更加快捷、更具针对性的方式对某个对象实施相应的功能操作。
- 主菜单通常放置在其所依附窗体的上方，而上下文菜单则根据鼠标右键单击窗体位置的不同，出现在不同的位置，当在该菜单中选择了相应的菜单项或单击菜单外部时，这个菜单将自动消失。

每个菜单中通常包含多个不同的菜单项（MenuItem），也称为子菜单。菜单项既可利用菜单编辑器直接创建，也可在项目程序运行中通过代码动态编辑（添加或删除菜单项等）。

在此，就可以利用菜单编辑器创建菜单，对设计的考试系统中的窗体进行统一管理，并且还可以实现其他一些与考试系统控制有关的功能。继续进行系统设计，步骤如下：

（1）转到主窗体（MainForm）的设计视图，从“菜单和工具栏”工具箱中拖放一个 MenuStrip 控件至该窗体上，此时窗体上方出现一个菜单栏，同时在窗体之外的 Visual Studio 环境下方还会显示一个 MenuStrip 控件。可以看到，菜单栏会显示“请在此处键入”提示输入菜单名称。随后的设计还将看到，对于已键入名称的菜单，其右边和下边将同时显示“请在此处键入”。如果在右边输入文本，将继续增加主菜单；如果在下边输入文本，将增加当前菜单的子菜单，并且每个菜单还可继续扩展其子菜单。

（2）在菜单的文本框中输入“文件(&F)”，其中的&表示快捷键，它将使其后的字母或单词的首字母以带下划线的方式显示（如文件(<u>F</u>)），并表示“Alt+F”为该菜单的快捷键。

提示： 菜单名称中的快捷键括号需要采用半角方式录入，如“文件(&F)”，而不是“文件（&F）”。

（3）继续在“文件(&F)”主菜单下添加一个用于退出系统的“退出(&X)”子菜单；再向右添加一个“题型选择(&T)”主菜单，并在其下分别添加 3 个用于打开考试窗体的“初级自测试题(&P)”、“中级自测试题(&S)”和“高级自测试题(&A)”子菜单；最后，继续向右添加一个“帮助(&H)”主菜单，并在其下添加一个用于打开系统介绍或帮助窗体的“关

于系统(&A)”子菜单，如图 4-20 所示。

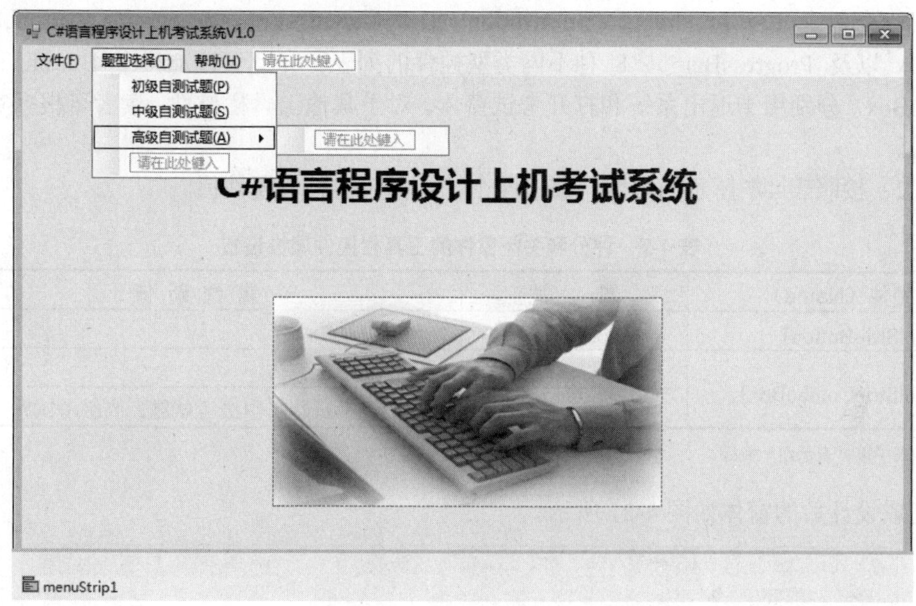

图 4-20　主窗体的菜单设计

需要说明的是，该菜单栏控件的具体功能尚待其后续的程序设计来实现。

提示：可以通过以下两种方式在子菜单建立分隔线。

- 在欲设分隔线的两个子菜单之间的菜单框中输入短横线（-）。
- 右键单击欲设分隔线的两个子菜单的下一个子菜单，从弹出的快捷菜单中选择“插入”→Separator 命令。

4.4.14　ToolStrip 控件简介及其应用

实际上，到目前为止已经按照预期要求设计了一个简单的小系统，应该说这个系统的界面设计也算基本完成了，但是，如果将其与我们熟悉的许多应用系统或软件的主界面相比，会发现那些系统或软件还多了排布于菜单栏下方的一行（甚至多行）命令按钮，这些带有特定的小图标，并且鼠标移至其上时还会显示功能提示的按钮组合就是所谓的工具栏，它已经成为 Windows 应用程序的标准界面。因为工具栏操作直观、快捷，所以，工具栏中通常放置常用或具有重要功能的按钮。

.NET 类库中提供的 ToolStrip 控件用来设计工具栏，与主菜单和上下文菜单类似，工具栏也要依附于某个窗体而存在。

在此，继续系统设计：

（1）转到主窗体设计视图，从“菜单和工具栏”工具箱中拖放一个 ToolStrip 控件至该窗体上，此时窗体上方出现一个工具栏，同时在窗体之外的 Visual Studio 环境下方还会显示一个 ToolStrip 控件。工具栏最左边的 4 个点号旁边有一个组合框按钮，将鼠标光标移至其上时，会出现“添加 ToolStripButton”的提示，单击工具栏的这个组合框下拉按钮，会出现一个包含 Button、Label、SplitButton、DropDownButton、Separator、ComboBox、TextBox 以及 ProgressBar 共 8 种不同类型控件的列表。在此仅添加一个 Button 和一个 ComboBox，分别用于退出系统和打开考试窗体。对于其他工具栏控件，读者可根据实际需要选用。

（2）按照表 4-7 所示的内容，修改两个工具按钮的相应属性值。

表 4-7　评分和关闭窗体的工具栏控件属性设置

控件（Name）	属　性	属 性 新 值
toolStripButton1	ToolTipText	退出系统
toolStripComboBox1	ToolTipText	打开考试窗体
	Items	初级考试题↙中级考试题↙高级考试题

注：表中以↙表示回车换行。

完成设计后的窗体如图 4-21 所示。

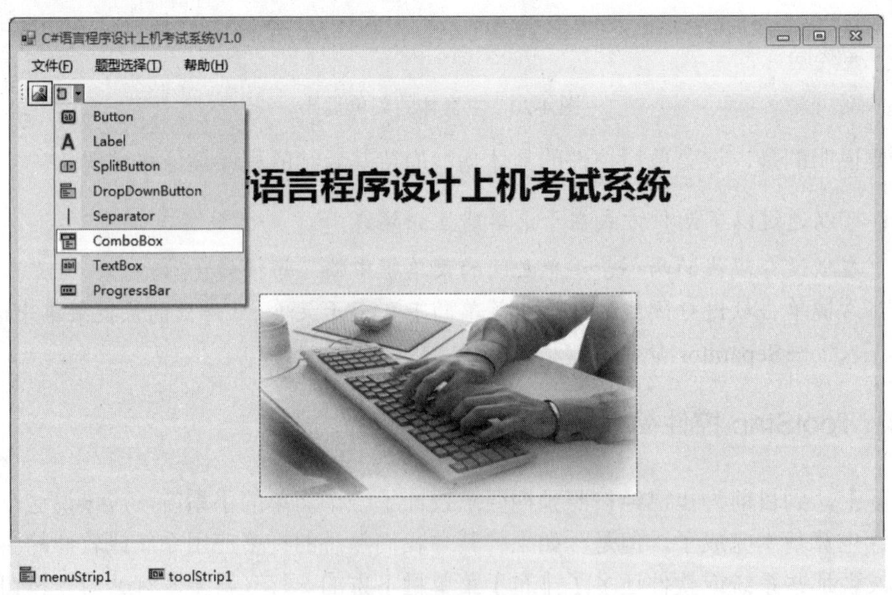

图 4-21　主窗体的工具栏设计

需要说明的是，该工具栏控件的具体功能尚待其后续的程序设计来实现。

扩展学习：StatusStrip 控件简介及其应用

对于 Windows 应用程序开发，除了以上介绍的最常用的控件外，还有一个比较常用的控件，就是状态栏控件。状态栏位于 Windows 窗体的底部，一般用来显示当前程序的状态或者系统的基本信息，并且，状态栏可以分为多个面板，以显示不同状态下的多项内容或信息。

.NET 类库中提供的 StatusStrip 控件用来设计状态栏，与主菜单、上下文菜单和工具栏类似，状态栏也要依附于某个窗体而存在。

在此，继续进行系统设计：

（1）转到初级考试窗体设计视图，从“菜单和工具栏”工具箱中拖放一个 StatusStrip 控件至该窗体上，类似于 ToolStrip 控件，此时窗体下方将出现一个状态栏，同时在窗体之外的 Visual Studio 环境下方显示 StatusStrip 控件。单击状态栏的下拉按钮，会出现一个包含 StatusLabel、ProgressBar、DropDownButton 以及 SplitButton 共 4 种不同类型控件的列表。在此添加一个 ProgressBar，用于直观地显示考试用时进度。对于其他状态栏控件，读者可根据实际需要选用。

（2）按照表 4-8 所示的内容，修改状态栏进度条的相应属性值。

表 4-8　考试进度条状态栏控件属性设置

控件（Name）	属　性	属 性 新 值
toolStripProgressBar1	Minimum	120
	Maximum	0
	Width	580

完成设计后的窗体如图 4-22 所示，状态栏的具体功能尚待其后续的程序设计来实现。

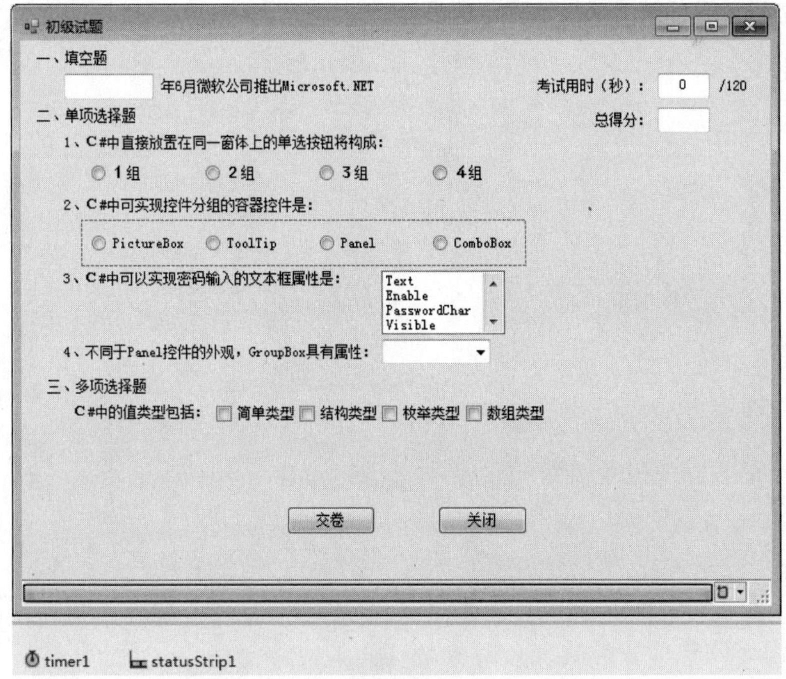

图 4-22　初级考试窗体的状态栏设计

说明： 当然，也可以直接将一个进度条控件布置在窗体内容区的下方（状态栏之上），在此设计中，选用状态栏中的进度条，为了示例演示状态栏应用，仅供参考。

习　　题

1．ControlBox 属性设置的作用是什么？试创建一个窗体来测试其分别设置为 true 或 false 时的窗体运行效果。

2．试创建一个窗体，使之具有类似于 Visual Studio 开发环境中“帮助”菜单下的“关于 Microsoft Visual Studio”窗体的外观效果（提示：考虑联合运用 MaximizeBox、MinimizeBox 和 HelpButton 属性设置）。

3．如何使一个正在接收输入的文本框以“*”或“@”等符号形式显示，即达到密码输入的效果？

4．Panel 控件与 GroupBox 控件有哪些区别？通常用于哪些场合？

5．在设计过程中，如何快速选中多个控件？小位置移动控件应按哪些键？

6．试利用窗体的 BackgroundImage 控件设置窗体的背景图，并与 PictureBox 控件显示图片的效果进行对比。

7．菜单的快捷键输入时字符有什么要求？

8．工具条中通常放置哪些按钮？

9．状态栏一般可以用来显示哪些信息？

第 5 章　Windows 窗体应用程序设计

学习要点

- 理解面向对象的概念以及对象与类的区别
- 掌握类的声明和实例化
- 了解方法的声明及其不同类型参数的传递
- 掌握命名空间的用法，结合 Windows 窗体及其控件，编写简单的 C#语言应用程序
- 掌握代码的书写规范及其注释用法

面向对象编程是现在软件开发方法的主流。C#语言是一种纯粹的面向对象的编程语言，它体现了“一切皆为对象”的思想。使用 C#语言编程，必须具有面向对象的思想，才能掌握 C#语言的精髓。本章将运用面向对象的编程技术，在第 4 章的上机考试系统界面设计的基础上，进一步编写相应的程序，从而完善系统的功能。

5.1　面向对象编程简介

面向对象编程（Object Oriented Programming，OOP）利用对象建模技术来分析目标问题，抽象出相关对象的共性，并对共性进行分类及分析各类之间的关系，同时使用类来描述同一类问题。

5.1.1　类和对象

类（Class）是具有相同属性和功能的一组对象的集合，对象是类的实例化。

以人为例，要介绍某个人的情况，就需要描述并分析他。例如，对于一个人，首先，他有一个名字（对象的标识符）；其次，他有性别、年龄和身高等具体特征（对象的属性）；再者，他有修车、操作电脑和写书法等技能（对象的方法）。于是，就可以说，人就是具有共同特征和能力的一个类，而我们每个人就是人类的一个实例，即对象。可见，所谓的类就是将具体事物抽象化，对象就是将事物具体化。

类是一种自定义的数据类型。类包含数据成员（常数和字段）、函数成员（方法、属性、事件、索引器、运算符、实例构造函数、静态构造函数和析构函数）以及嵌套成员。类类型支持继承。

5.1.2　类的声明与实例化

类是一种自定义的数据类型。类包含数据成员（常数和字段）、函数成员（方法、属性、

性、事件、索引器、运算符、实例构造函数、静态构造函数和析构函数）以及嵌套成员。

1．类的声明

类的声明是定义新类的特征和成员，它创建了用于创建实例的模板，但并不创建类的实例。声明类的语法表达式为：

```
[附加声明][访问修饰符]class  类名称[:基类名以及实现的接口列表]
{
      //类成员定义
      …
}
```

除了 class 关键字和类名称之外，其他都是可选项。下面以学生为例声明一个类：

```
public class Student
{
      //定义类的数据成员
      public string Name;
      public int ID;
      public int Score;
      //定义类的函数成员
      public string StudentMessage()
      {
            return string.Format("姓名：{0}，学号：{1}，得分：{2}", name, ID, score);
      }
}
```

public 是类的访问修饰符，常用的几个类和类成员的修饰符如下。

- new：表示类中隐藏了由基类中继承而来的、与基类中同名的成员。new 修饰符仅允许在嵌套类声明时使用。
- public：是类和类成员公共访问修饰符，表示不限制对该类或成员的访问。
- protected：是类成员访问受保护访问修饰符，表示仅当访问通过派生类类型发生时，基类的受保护成员在派生类中才是可访问的。
- internal：是类和类成员访问修饰符，表示只有在同一程序集的文件中，内部类型或成员才是可访问的。
- private：是类和类成员私有成员访问修饰符，表示只有在声明它们的类和结构体中才是可访问的。
- static：表示声明静态类。
- abstract：抽象类，不允许建立类的实例。
- sealed：密封类，不允许被继承。

2．类的实例化

使用类声明可以创建一个类的实例，即对象，通过这个对象来访问类的数据或调用方法。这里，对象实际上是一个引用类型的变量，但它必须使用关键字 new 和构造函数声明、

创建，才能被初始化。

类的实例化一般需要两个步骤：声明类的对象和实例化对象。例如：

```
Student Johnson;                //声明类 student 的对象 Johnson
Johnson = new Student();        //使用构造函数和关键字 new 实例化对象，完成初始化
```

上面两条语句也可以合成一条语句使用：

```
Student Johnson = new Student();
```

5.1.3　封装、继承与多态性

面向对象程序设计是完整的体系，除了类和对象外，还涉及属性、事件、方法、封装、继承、多态性等相关概念。

1．封装

类是属性和方法的集合，在类定义后，用户不需要了解类的内部代码，只需通过对象调用类的某个属性或某个方法，这就是封装。C#程序设计大多以类为封装单位。封装的目的在于将对象的使用者和设计者分开，使用者不需要了解对象的方法是怎样实现的，只需要通过设计者提供的事件接口来访问该对象。

2．继承

继承是特殊类自动获得一般类的全部属性和方法。一般类称为基类或父类，特殊类称为派生类或子类。派生类中不需要再定义基类中已经定义过的属性和方法，同时派生类可以定义自己的属性和方法，从而对基类的功能进行扩充。因此，继承使得设计具有独立性和可重用性，也便于设计的扩充和维护。

例如，定义一个“学生”类继承自“人”类，那么“学生”类除了具有“人”类已经定义的“性别、年龄和身高”属性，同时“学生”类又有自己独有的属性，如“班级、学号”等。

3．多态性

多态性指同一事物在不同的条件下表现出不同的形态。在 C#中，同一事件被不同类型的对象或相同的对象接收，可以产生不同的行为。例如，一个加（+）操作，在不同的条件下可以得到不同的结果。如果左右操作数是整型，得到的结果是算术运算后的整型数值；如果左右操作数是字符串，得到的结果是一个连接在一起的字符串。

5.2　方　　法

方法（Method）表示为实现类功能而执行的计算或操作，是类或结构中最基本的函数成员。实际的程序设计中，方法就是包含一系列语句的代码块，当其被调用时，就可以完

成指定的功能。

5.2.1 方法的声明与调用

方法一般声明在类或结构内部，声明方法的一般语法表达式为：

```
访问修饰符 返回类型 方法名(参数列表)
{
    …   //语句序列
}
```

方法的返回类型是指调用方法后返回的值的类型，如果不需要返回值，则应声明返回类型为 void。如果返回类型不为 void，则在语句序列中必须要使用 return 语句返回一个值（有且只有一个值），这个值的数据类型必须同返回类型一致。

方法名后的小括号内可以有参数列表，也可以没有参数，但必须有这对小括号。参数列表中的每个参数都应指定数据类型和参数名，参数之间用逗号隔开。

方法一旦声明，就可以被其他方法调用。调用方法的方式主要有如下 3 种：

- 在同一个类中，其他方法可以直接使用方法名进行调用。例如，如果 Main 方法和 A 方法同属类 Program。Main 方法中直接用“A();”调用 A 方法。
- 其他类中的方法可以通过类的实例调用方法。例如，如果类 Program 中的 Main 方法调用类 Myclass 下的方法 StudentInfo，先定义 Myclass 的实例 a，然后使用“a.StudentInfo()”进行调用。
- 如果是静态方法，可以直接通过类名进行调用。例如，“Console.ReadLine();”中 ReadLine 就是 Console 类中的静态方法。

5.2.2 方法的参数简介

方法声明时参数列表中定义的参数称为形式参数（简称“形参”），而实际调用这个方法时传递的参数称为实际参数（简称“实参”）。形参和实参的个数要一样，并按照参数列表中的顺序一一对应，且数据类型一致。对应的形参和实参的名称可以不相同。

参数是方法与外界沟通的途径，按照参数传递方式的不同，C#语言支持 4 种类型的参数：

- 值类型参数，不使用修饰符声明。
- 引用类型参数，使用 ref 修饰符声明。
- 输出参数，使用 out 修饰符声明。
- 数组参数，使用 params 修饰符声明。

1. 值类型参数的传递

值类型参数的声明很简单，只需声明属于值类型的数据类型和参数名即可。

方法被调用时，编译器会为每个值类型的形参分配一个内存空间，然后将实参的值复制一份到这个内存空间给形参，因此，方法中对形参的值进行的操作不会影响这个方法外部的实参的值。值类型参数传递的方法编程示例如下：

```
//含有一个值类型形参的方法
public static void MyType(int x)
{
    x++;
}
```

2. 引用类型参数的传递

引用类型参数使用 ref 修饰符声明。

方法被调用时，不会为引用类型的形参分配内存空间，此时形参是实参的一个引用，它们共同指向同一个对象，即保存同一个地址。对引用类型形参的操作会直接作用于实参。利用这种方式可以实现参数的双向传递。引用类型参数传递的方法编程示例如下：

```
//含有一个引用类型形参的方法
public static void MyType(ref int x)
{
    x++;
}
```

3. 输出参数

输出参数使用 out 修饰符声明。

当需要方法返回多个返回值，而 return 语句只能返回一个值时，就需要将其他返回值在方法的参数列表中用 out 修饰符声明，这就是输出参数，它的作用只是输出。输出参数在方法被调用前不需要进行初始化，但在方法返回前必须进行赋值。输出参数使用 out 的方法编程示例如下：

```
//含有两个输出形参的方法
public static void MyType(int x, int y, out int add, out int sub )
{
    add = x + y;
    sub = x - y;
}
```

4. 数组参数

方法的参数可以是数组，使用 params 修饰符来声明。

数组参数必须在参数列表中的最后面，且只有一个一维数组，同时不能再用 ref 或 out 修饰符进行声明。传递给数组形参的实参可以是一个数组，也可以是任意多个数组元素类型的变量。数组参数的方法编程示例如下：

```
//含有一个数组形参
public static int MyType(params int[] array)
{
    int i,sum = 0;
    for(i=0;i< array.Length; i++) sum += array[i];
    return sum;
}
```

5.2.3 方法的重载简介

方法的重载指在同一个类或结构中创建多个同名的方法，但这些方法的形参互不相同。可以是参数类型不相同，也可以是参数个数不相同，还可以是对应的参数有无使用 ref 或 out 修饰符声明。方法重载时，返回类型可以相同，也可以不相同。但如果仅是返回类型不同，则是不符合 C#语法的。

调用方法时，编译器优先选择与实参完全匹配的方法，如果没有完全匹配的方法，则进行隐式的类型转换以使实参和形参类型匹配。

方法重载示例：

```
…   //其他语句序列
//重载 5.2.3 节中的方法 MyType()
MyType(实参列表);          //实参列表状况将决定哪个方法被调用
…   //其他语句序列
```

5.3 事　　件

事件（Event）也称消息（Message），是对象之间相互联动的途径，表示对象之间发出的行为请求，使不同的对象一起构成了一个有机的运行系统。

每个对象都是独立的实体，通过向外部提供某些方法等行为来提供相应的服务。事件在其他对象请求某个对象执行某种行为时被触发。

基于.NET 的 Windows 应用程序和 Web 应用程序都是基于事件驱动模型的应用程序。即在程序中，当发生与某个类或对象相关的事情时，类或对象通过事件来通知它们。发送或引发事件的类或对象（事件源）称为“发布者”，接收或处理事件的类或对象称为“订阅者”。例如，在 Windows 应用程序中，经常订阅由控件引发的事件，在 IDE 集成开发环境中可浏览控件发布的事件（如 Button 按钮控件定义的用户单击按钮事件，按钮就是发布者），IDE 能够自动添加空事件处理程序方法和订阅事件的代码。

目前，几乎所有的高级程序设计语言都支持事件驱动模型，这也是可视化编程的关键技术之一，如 VC++和 Java 等。

5.4 上机考试系统程序设计

在第 4 章中，我们已经完成了上机考试系统的主要功能界面设计，本章将在这些功能界面的基础上，进一步完成相应的程序设计，实现预期的系统功能。我们相信，这期间编程的牛刀小试，定能使读者领略到 C#编程的高效、易行！

5.4.1 菜单栏程序设计

打开或者切换到考试系统项目主窗体 MainForm 的设计界面，按照以下说明，逐一编写各菜单项的功能代码。

1. 退出系统菜单的程序设计

双击“文件(F)”菜单的“退出(X)”子菜单，编写其 Click 事件的如下代码，实现退出系统的菜单功能。

```
private void 退出XToolStripMenuItem_Click(object sender, EventArgs e)
{
    Application.Exit();                              //退出系统
}
```

提示：窗体和控件通常都有多种触发事件，当双击该对象时就会直接进入其常用事件的代码编辑区，如双击按钮对象，进入的是其 Click 事件的代码区。如果要编写对象的其他事件代码，可以单击其属性面板中的事件按钮，在对象的全部事件列表中，双击某个事件即可进入其代码编辑区。

2. 打开初级自测试题窗体菜单的程序设计

双击“题型选择(T)”菜单的“初级自测试题(P)”子菜单，编写其 Click 事件的如下代码，实现打开初级自测试题窗体的菜单功能：

```
private void 初级自测试题PToolStripMenuItem_Click(object sender, EventArgs e)
{
    PrimaryExamForm PFrm = new PrimaryExamForm();//实例化 PrimaryExmForm
    PFrm.Show();                                      //调用 Show()方法，显示窗体 PFrm
}
```

用同样的方法，可进一步分别编写打开中级自测试题窗体 SecondaryExamForm 和高级自测试题窗体 AdvancedExamForm 的相应子菜单的代码（此略）。

说明：由于尚未设计“关于系统”的窗体，所以，其对应子菜单的代码稍后编写。

单击 Visual Studio 工具栏中的“启动”按钮（或按 F5 键），运行考试系统。单击主窗体的相应菜单，即可退出系统或者打开初级考试题窗体，如图 5-1 所示。

提示：通过对系统窗体的打开或者关闭操作会发现：考试窗体可随时关闭，而不会影响主窗体的显示状态；但若在考试窗体打开的情况下关闭主窗体，则考试窗体也将随之一并关闭。

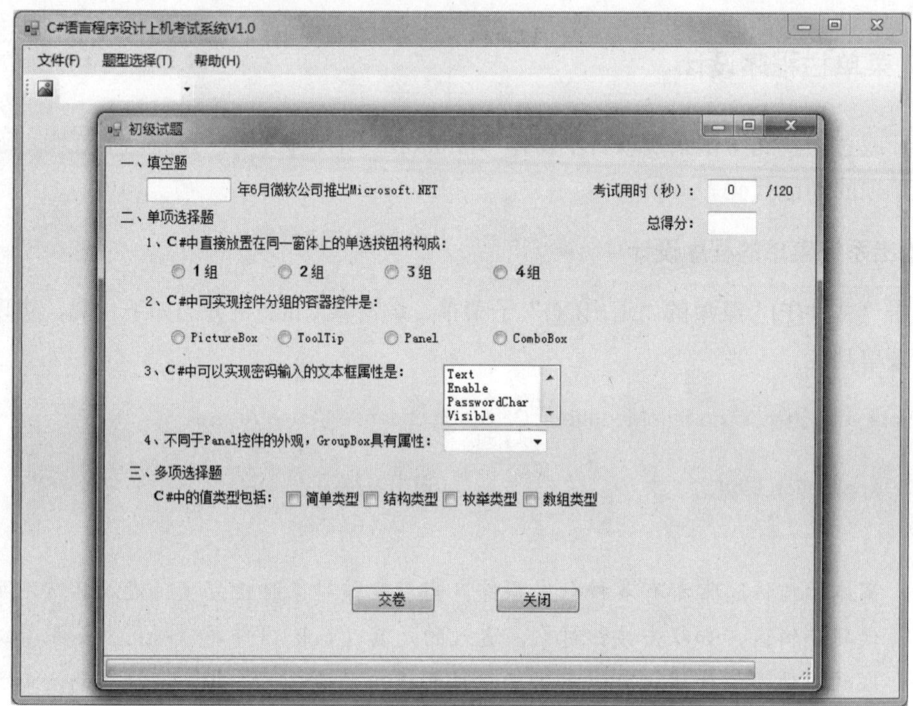

图 5-1　通过菜单打开窗体

5.4.2　工具栏程序设计

为了简化程序分析，本节工具栏实现的功能与 5.4.1 节菜单栏实现的功能基本相同，所以，这两者的主要程序设计也基本相同。

打开或者切换到考试系统项目主窗体 MainForm 的设计界面，按照以下说明，逐一编写各工具栏按钮的功能代码。

1．退出系统工具栏按钮的程序设计

双击工具栏中的 toolStripButton1 按钮，编写其 Click 事件的如下代码，实现退出系统的工具栏按钮功能。

```
private void toolStripButton1_Click(object sender, EventArgs e)
{
    Application.Exit();                                    //退出系统
}
```

2．打开试题窗体工具栏组合框的程序设计

首先，选择工具栏中的组合框，然后，选择控件的“事件”浮动面板，双击事件列表中的“TextChanged”，编写组合框 TextChanged 事件的如下代码，实现打开试题窗体的工具栏组合框功能。

```
private void toolStripComboBox1_TextChanged(object sender, EventArgs e)
{
    String sltItem = this.toolStripComboBox1.Text;//组合框选项
    switch (sltItem)
    {
        case ("初级考试题"):
            PrimaryExamForm PFrm = new PrimaryExamForm();
            PFrm.Show();
            break;
        case ("中级考试题"):
            SecondaryExamForm SFrm = new SecondaryExamForm();
            SFrm.Show();
            break;
        case ("高级考试题"):
            AdvacedExamForm AFrm = new AdvacedExamForm();
            AFrm.Show();
            break;
    }
}
```

此时测试运行考试系统，通过主窗体的工具栏按钮或组合框，就可以退出考试系统，或者打开考试题窗体（此略）。

5.4.3　考试评分程序设计

打开或者切换到考试系统项目初级考试题窗体 PrimaryExamForm 的设计界面，按照以下说明，逐一编写各个按钮的功能代码。

1. “交卷”按钮的程序设计

双击“交卷”按钮，首先，编写其 Click 事件的如下代码（评分方法调用）。

```
private void btnGrade_Click(object sender, EventArgs e)
{
    ExamScore();                            //调用评分方法
}
```

其次，编写 Click 事件中需要调用的评分方法代码，实现自动评分和交卷锁定的功能。

```
//评分方法
private void ExamScore()
{
    int Score = 0;                          //总得分
    //分别评判每题
    if (this.Anwser1.Text == "2000") Score = Score + 10;
    if (this.Anwser21A.Checked) Score = Score + 10;
    if (this.Anwser22C.Checked) Score = Score + 10;
    if (this.Anwser23.Text=="PasswordChar") Score = Score + 10;
    if (this.Anwser24.Text == "Text") Score = Score + 10;
```

```
    if (this.Anwser3A.Checked && this.Anwser3B.Checked &&
        this.Anwser3C.Checked && !this.Anwser3D.Checked)
        Score = Score + 10;
    this.timer1.Enabled = false;                    //计时停止
    this.btnGrade.Enabled = false;                  //交卷锁定，防止重复交卷
    this.TotalScore.Text = Score.ToString();        //显示总得分
}
```

📖**说明**：之所以将评分的代码编写在一个方法名为 ExamScore 的代码块中，而没有直接编写在 btnGrade_Click 之中，是为了便于随后的考试限时也能调用这段功能代码。另外，也可以将评分方法 ExamScore 编写在 btnGrade_Click 之前。

2. “关闭”按钮的程序设计

双击“关闭”按钮，编写其 Click 事件的如下代码，实现关闭窗体的功能。

```
private void btnClose_Click(object sender, EventArgs e)
{
    this.Close();                   //调用 Close 方法关闭窗体 PrimaryExmForm
}
```

5.4.4 考试计时程序设计

双击 timer1 组件，编写其 Tick 事件的如下代码（需先定义并初始化一个用于统计考试用时的整型变量 ExamSecond），实现考试的计时显示、进度显示和限时自动交卷评分的功能。

```
int ExamSecond = 0;                                             //考试用时（秒）
private void timer1_Tick(object sender, EventArgs e)
{
    //考试限时，具体限时数值可自行确定
    if (ExamSecond < 120)
    {
        ExamSecond++;
        this.ExamTime.Text = ExamSecond.ToString();            //刷新计时值
        this.toolStripProgressBar1.Value = ExamSecond;         //刷新进度条
    }
    //限时已到，自动交卷
    else
    {
        ExamScore();                                            //调用评分方法
    }
}
```

至此，主要的功能代码都编写完成了，终于可以测试运行这个考试系统了。如图 5-2 所示为考试过程中的答题选择（已经作答了 4 道题）、考试计时显示（76 秒）以及考试进度更新（76%进度条长）的界面状态。

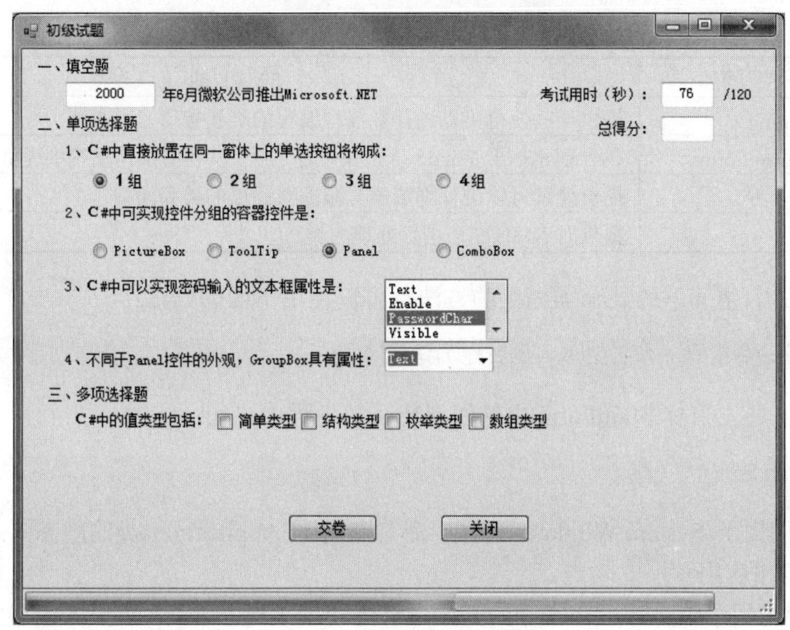

图 5-2　考试进行中的界面状态

5.5　命 名 空 间

程序中经常要定义很多类和方法，为了便于组织和管理，C#语言引入了命名空间（namespace，也称“名称空间”）这个概念。其实，命名空间就相当于一个容器，它包含一组定义的类或结构，而且，一个命名空间也可以嵌套在另一个命名空间中。具有相同名称的类如果在不同的命名空间中，调用时不会产生混淆。

.NET 类库提供了很多类，根据类的功能不同，又划分了很多命名空间，而这些命名空间大多数都有一个顶级的命名空间 System。表 5-1 中列出了.NET 类库中常用的 13 个命名空间及其对应的功能简介。

表 5-1　.NET 类库中常用的命名空间

命 名 空 间	类 的 功 能
System	包含基本类和基类，定义常用数据类型、数据转换、数学运算、异常处理
System.Collections.Generic	包含定义泛型集合的接口和类
System.Data	提供对表示 ADO.NET 结构的类的访问
System.IO	包含允许读写文件和数据流的类型以及提供基本文件和目录支持的类型
System.Drawing	提供对 GDI+基本图形功能的访问
System.Net	为网络上使用的多种协议提供简单的编程接口
System.Collections.Generic	包含定义泛型集合的接口和类，使用泛型集合来创建强类型集合
System.Net.Sockets	提供 Windows 套接字访问的方法
System.Text	包含 ASCII、Unicode、UTF-7、UTF-8 字符编码的类和用于字符处理的类

续表

命 名 空 间	类 的 功 能
System.Threading	提供一些使得可以进行多线程编程的类和接口
System.Windows.Forms	包含创建基于 Windows 应用程序的类，以利用操作系统中提供的界面功能
System.Web	提供使得可以进行浏览器与服务器通信的类和接口
System.Xml	提供对 XML 文档进行处理的类

要调用命名空间下的某个类提供的方法，可以使用下面的语法：

```
命名空间.命名空间.…命名空间.实例名称.方法名(参数,…);
```

例如，上述主窗体 MainForm 中的“退出系统”程序语句：

```
Application.Exit();
```

该语句调用了 System.Windows.Forms 命名空间下 Application 类的静态（static）方法 Exit，实现退出应用程序的功能。

在 C#应用程序中，一般在程序的开始，首先使用关键字 using 来引入命名空间：

```
using 命名空间;
```

然后就可以直接使用命名空间下的各种类。例如，上述的“退出系统”程序中之所以可以直接使用 Application 类，就是因为在程序的开始引入了相应的命名空间：

```
using System.Windows.Forms;
```

如果没有引入这个命名空间，那么这条语句就要写成：

```
System.Windows.Forms.Application.Exit();
```

说明： 利用 Visual Studio 创建一个新的应用程序项目时，程序的开始就已经引入了一些常用的命名空间，如 System、System.Data 以及 System.Windows.Forms 等。

在 C#程序中，可以创建多个命名空间。如示例程序 ExamSystem 中定义了一个名为 ExamSystem 的命名空间，这是 Visual Studio 自动用项目名称创建的。在这个命名空间中定义的类必须包含在大括号{}中。这个示例程序中还创建了一个类：MainForm，其中，class 是 C#语言中类定义的关键字。

C#语言的每个程序都是由一个或多个类组成的。需要说明的是，如果在同一项目的其他程序中使用这个类，可以采用两种方法：一是直接使用其全名；二是引用其命名空间。

5.6 代码的书写规范及其注释用法

尽管代码的规范与否或者注释的有无，并不会影响应用程序的具体功能，但是，规范的代码编写以及适时的代码注释，是所有程序设计人员都应具备的一个良好的编程习惯，因为，这样的做法不但可以提高程序的可读性，也便于今后对程序的升级和维护，特别是

有助于他人解读和维护我们所编写的程序。

5.6.1　代码书写规范

下面介绍一些最基本的代码书写规范：

- 沿着逻辑结构缩进代码，并且使用统一的缩进标准（如按 Tab 键形成的常规缩进）。
- 过长的代码应该分成多行编写，并使用相应语句连接符。
- 局部变量的声明，应该尽可能靠近使用它的代码位置。
- 大括号（{}）用于 if、while 、do 语句之后，{}中可以为空或只有一条语句，但“{”和“}”应与其外边的代码左对齐。
- 同一个程序文件中，只编写一个类，并尽量不要因代码行数过多，导致文件过大。
- 如果发生了异常，应该将其捕获处理，并给用户以友好的提示。
- 关键语句的编写或者变量的声明，都应该添加相应的注释。

5.6.2　代码注释方法

C#语言中常规的注释方法有两种，分别介绍如下。

1．单行注释

单行注释以“//”符号开始，本行中任何位于“//”之后的字符都是注释信息。这种注释主要用于注释信息文本较少且仅有一行的情况，例如：

```
Application.Exit();                                    //退出系统
```

或者

```
//退出系统
Application.Exit();
```

2．多行注释

多行注释以组合字符串“/*”作为注释的开始，以组合字符串“*/”作为注释的结束，在“/*”和“*/”之间的所有文本内容都将成为注释信息。这种注释主要用于注释信息文本较多且有多行的情况，例如：

```
/*********************************************************************
    该 Windows 程序设计实现一个简单的上机考试功能，为了简化设计，并没有引入数据库的应用，
定时器控件的使用，也仅用于考试计时显示和限时交卷。
*********************************************************************/
```

或者

```
/*-----------------------------------------------------------------
    该 Windows 程序设计实现一个简单的上机考试功能，为了简化设计，并没有引入数据库的应用，
定时器控件的使用，也仅用于考试计时显示和限时交卷。
-----------------------------------------------------------------*/
```

多行注释是 C/C++语言的风格，C#语言中常使用单行注释。另外需注意的是，代码注释虽然不能不用，但也不可滥用，且应尽量避免嵌套使用注释。

扩展学习：程序调试

一方面，应用程序的编写并非一蹴而就，往往会在最初的试运行时，出现这样或那样的问题或错误。其实，这种情况的出现是在所难免的，因为，即便是专业、高水平的程序员，他们在程序设计过程中也会有考虑不周甚至技术错用的可能，而对于编程初学者们来说，这方面的问题或错误出现就更不足为奇了。

另一方面，在程序设计过程中，我们还需要了解程序的运行状况，或者观察一些变量的内容或者某些对象的属性值的变化情况，以便于及时调整设计思路或改变技术应用。

上述两方面的基本需求，都可以通过 Visual Studio 集成开发工具所具备的程序调试功能来完成。

在 Visual Studio 2012 集成开发环境中，程序调试的基本步骤可概括如下。

（1）插入断点。将光标定位在要插入断点的语句行号最左边的 Visual Studio 集成开发环境的灰色条形区域，然后单击鼠标左键，可见插入断点那一行的第一条语句的背景变为棕色，并且在行号左边会出现一个红色圆点，表示断点插入成功；如果单击这个红色圆点，它将消失，表示该断点被删除。如图 5-3 所示为包含一个断点的程序调试运行界面。

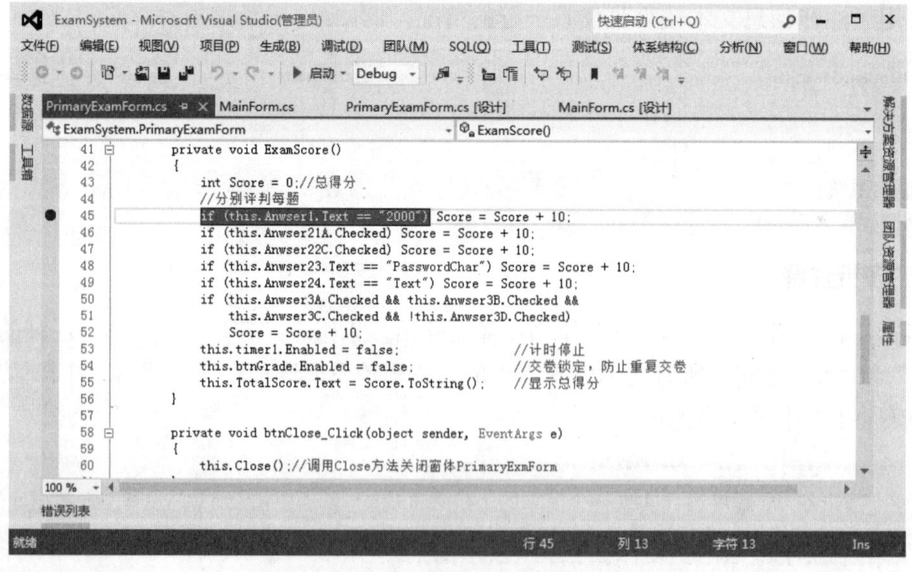

图 5-3　设置程序的断点

提示： 在欲插入断点的语句行单击鼠标右键，通过选择“断点”→“插入断点”（或者“删除断点”）快捷菜单命令可以插入（或删除）一个断点。另外，可以通过选择“调试”→“删除所有断点”命令一次性删除程序中的所有断点。

（2）启动程序调试。单击 Visual Studio 工具栏中的“启动”按钮（或按 F5 键），程序将运行到第一个断点位置并停止，如图 5-4 所示。此时断点所对应的语句背景会变成黄色，并且，对应当前断点的红色圆点中会出现一个黄色箭头。

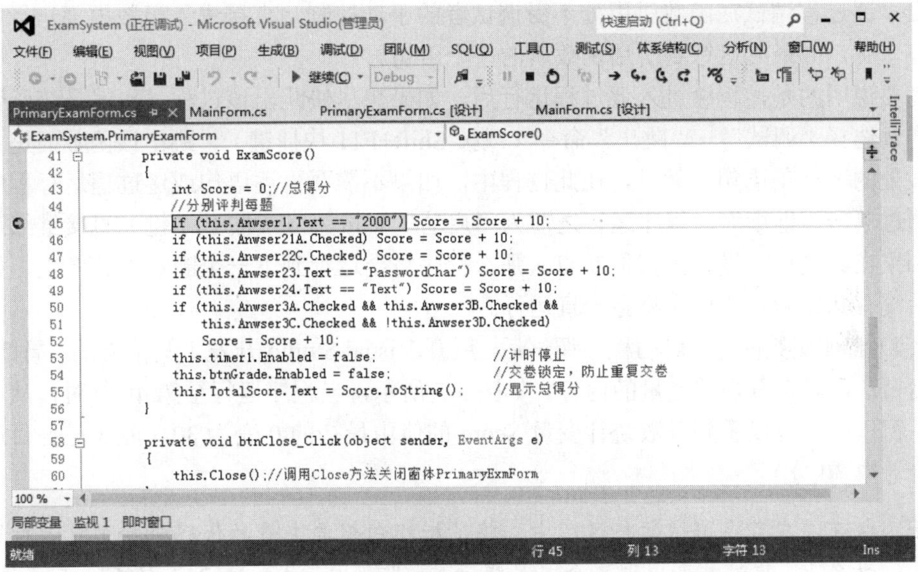

```
41  private void ExamScore()
42  {
43      int Score = 0;//总得分
44      //分别评判每题
45      if (this.Anwser1.Text == "2000") Score = Score + 10;
46      if (this.Anwser21A.Checked) Score = Score + 10;
47      if (this.Anwser22C.Checked) Score = Score + 10;
48      if (this.Anwser23.Text == "PasswordChar") Score = Score + 10;
49      if (this.Anwser24.Text == "Text") Score = Score + 10;
50      if (this.Anwser3A.Checked && this.Anwser3B.Checked &&
51          this.Anwser3C.Checked && !this.Anwser3D.Checked)
52          Score = Score + 10;
53      this.timer1.Enabled = false;                    //计时停止
54      this.btnGrade.Enabled = false;                  //交卷锁定，防止重复交卷
55      this.TotalScore.Text = Score.ToString();        //显示总得分
56  }
57
58  private void btnClose_Click(object sender, EventArgs e)
59  {
60      this.Close();//调用Close方法关闭窗体PrimaryExmForm
```

图 5-4　程序调试运行至断点位置

（3）继续程序调试。当程序停止于断点位置时，我们就可以通过选择“调试”→“逐语句”命令（或按 F11 键），或者通过选择“调试”→“逐过程”命令（或按 F10 键），继续程序的运行和调试，如图 5-5 所示为程序逐语句运行至第 48 行的状态，此时，一个黄色箭头指向该语句，并且该行语句的背景变为黄色。

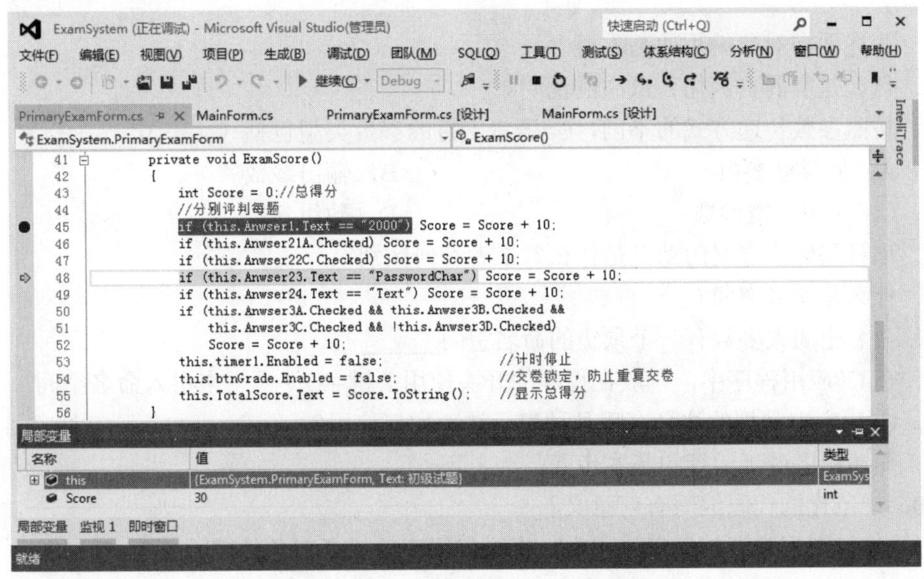

图 5-5　程序逐语句运行并显示变量内容

逐语句和逐过程调试程序的主要区别概括如下：

- 逐语句调试就是在调试者的手动控制下，逐行代码运行，在函数的引用处会进入函数内部运行，仍然逐行代码运行，直至该函数中的所有语句都运行结束。
- 逐过程调试在函数引用处不受调试者的手动控制，直接进入函数内部运行每行代码，并最终运行到引用函数后的一个语句。

需要说明的是，程序进入逐过程运行后，如果想尽快跳出该过程（也就是该函数），可以通过选择“调试”→“跳出”命令（或按 Shift+F11 快捷键），跳出该函数而进入引用该函数处的下一条语句。而且，在此过程中，如果不需要再逐语句或逐过程运行程序，也可以通过单击“继续”（程序运行之前为“启动”）按钮（或按 F11 键）直接继续运行程序，如果在此之后还设置了其他断点，那么程序将会运行到下一个断点处并停止，如果在此之后没有其他断点，程序将会一直运行。

（4）监视变量内容。启动程序调试后，展开 Visual Studio 开发工具下方的“局部变量”浮动窗口，可以查看当前变量的内容。如图 5-5 所示，当程序运行至第 48 行时，从“局部变量”窗口中，可以看到分数统计变量 Score 的值由最初的 0 变为 30（前 3 道题目选择正确，合计得 30 分）。

提示： 也可以在程序调试运行过程中，将鼠标指向想要查看的代码变量名或者对象的属性名上，此时就会出现一个工具提示（如监视 this.Anwser21A 的 Checked 属性值：this.Anwser21A.Checked true ），显示该变量或者对象属性的信息，其中包括该变量或者属性的当前值。

习　题

1. 简述面向对象编程的基本概念。
2. 什么是类的实例化？试举例说明。
3. 按照参数传递方式的不同，C#语言支持的参数类型包括（　　）。

   A. 值类型参数　　　　B. 输出参数

   C. 引用类型参数　　　D. 数组参数
4. 项目和解决方案的功能是什么？二者有何区别？
5. 什么是命名空间？
6. 命名空间大多数有一个顶级的命名空间_______。
7. 在 C#应用程序中，一般在程序的开头使用关键字_______来引入命名空间。
8. C#语言中常规的注释有哪几种表示法？如何使用？
9. 简述程序调试运行的基本步骤。
10. 规范化的代码编写有何意义？
11. 如何在程序调试运行过程中，查看代码变量或者对象的属性值？

第 6 章　Windows 窗体的显示模式与对话框

学习要点

- 掌握模态与非模态窗体的用法
- 了解通用对话框的基本类型及其创建方法
- 掌握 MessageBox 消息对话框和关于对话框的用法

本章在窗体设计的基础上，进一步介绍窗体的模态与非模态显示方式，并结合设计示例，介绍 MessageBox 消息对话框和关于对话框的基本用法。

6.1　Windows 窗体的显示模式简介

在 Windows 窗体应用程序中，根据打开的多个窗体之间是否存在相互制约关系，可将窗体的显示模式分为模态窗体和非模态窗体两种。因为在多窗体操作过程中，其中一个窗体通常用于与用户进行交互，或者捕获用户的输入数据或信息，所以，有时也将那些用于特定交互的窗体称为对话框。

1. 模态窗体

所谓的模态窗体（或模态对话框），是指该窗体打开时只能对其进行相应的操作，而不能转而去操作应用程序的其他功能，并且鼠标也不能单击该窗体以外的当前应用程序的其他区域。

以下是以模态方式打开窗体的示例程序设计：

```
private void Button1_Click(object sender, EventArgs e)
{
    ModelForm mForm = new ModelForm();
    mForm.ShowDialog();                                    //模态方式打开窗体
}
```

2. 非模态窗体

所谓的非模态窗体（或非模态对话框），是指该窗体打开时将始终显示在当前应用程序窗体的最上层。此时，既可在该窗体中进行操作，也可离开它，转而操作程序的其他功能部分。

以下是以非模态方式打开窗体的示例程序设计：

```
private void Button1_Click(object sender, EventArgs e)
{
```

```
        ModelForm mForm = new ModelForm();
        mForm.Show ();//非模态方式打开窗体
}
```

提示：可见，一个窗体的模态类型，并非由其本身的设计而决定，关键要看它是通过 ShowDialog()方法打开，还是通过 Show()方法打开。

6.2 Windows 通用对话框简介

在 Windows 应用程序中，经常会使用一些诸如“打开”、“保存”以及“打印”等功能的对话框，这些对话框统称为通用对话框，利用它们不仅可以快速创建与用户交互的窗体，也可以方便用户的操作，因此，应用其十分广泛。

在 C#中，通用对话框可通过两种方法创建：一种方法是，直接从工具箱中拖放对话框控件至窗体，Visual Studio 的“对话框”工具箱中包含的对话框控件有：颜色选择（ColorDialog）、文件夹浏览（FolderBrowserDialog）、字体设置（FontDialog）、打开文件（OpenFileDialog）和保存文件（SaveFileDialog）；另一种方法是，程序运行时创建对话框对象，设置它的属性并调用 ShowDialog()方法。前一种方法快速简单，但占用资源多一些；后一种方法稍显麻烦，但仅在使用过程中临时占用操作系统内存，因而更节省系统资源。

6.3 MessageBox 消息对话框简介及其应用

1．简介

除了 6.2 节中介绍的通用对话框，在 C#中还可以利用 MessageBox.Show()方法，创建一种消息对话框，并可利用 DialogResult 类型的变量来接收返回值，以此来判断用户的操作行为或功能选项，进而执行相应的任务。这种消息对话框的语法结构如下：

```
MessageBox.Show(作用域, "对话框内容", "对话框标题",按钮类型(返回值),图标类型)
```

在代码录入过程中，一旦在 MessageBoxButtons 或 MessageBoxIcon 后录入点号(.)，Visual Studio 将自动给出相应的列表提示，其意义一目了然，从中选择相应的参数值即可。

2．应用

在此将利用消息对话框，提醒用户是否确定要关闭上机考试系统的“初级自测试题”窗体。设计步骤如下：

（1）展开 PrimaryExamForm 窗体的属性面板，从其事件列表中选择 FormClosing 并双击，进入其代码区。

（2）编写窗体关闭确定提示的相应代码：

```
private void PrimaryExamForm_FormClosing_FormClosing(object sender,
FormClosingEventArgs e)
{
    //注：\n 表示文本换行
    if (MessageBox.Show(this, "确定要关闭当前窗体吗？是，请单击
            ‘确定’ \n 按钮；否则，请单击 ‘取消’ 按钮。", "提示",
        MessageBoxButtons.OKCancel, MessageBoxIcon.Question)
        == DialogResult.OK)
    {
        PrimaryExamForm    SFrm = new PrimaryExamForm();
        SFrm.Close();
    }
    Else
    {
        e.Cancel = true;
    }
}
```

提示：C#程序设计中的代码换行规则：（1）在逗号后换行。（2）在操作符前换行，并且，规则（1）优于规则（2）。

运行上机考试系统，打开“初级试题”窗体，然后单击其“关闭”按钮，此时消息对话框将提示确定是否要关闭当前窗体，如图 6-1 所示，并将根据“确定”或“取消”的选择，来执行关闭窗体或取消本次关闭的操作。

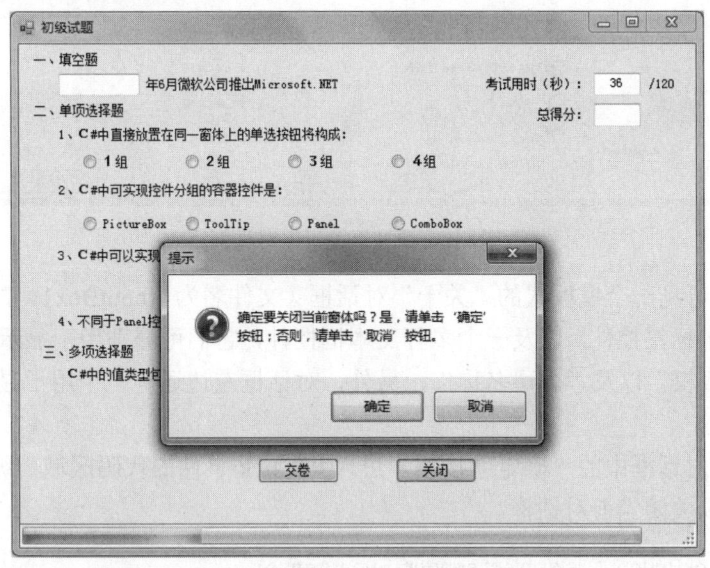

图 6-1　消息对话框提示确定是否关闭窗体

扩展学习：关于对话框简介及其应用

1. 简介

一个用于完成具体功能的软件，通常都要有一个关于该软件的介绍，例如，名称、版本号、版权以及或开发单位或作者等。这些基本的介绍信息，可以利用一个对话框来显示，这种对话框被称为“关于”对话框。

2. 应用

在此为上机考试系统设计一个“关于”对话框。设计步骤如下：

（1）选择“项目”→“添加 Windows 窗体”命令，弹出如图 6-2 所示的“添加新项”对话框，选择“‘关于’框”，然后单击“添加”按钮。

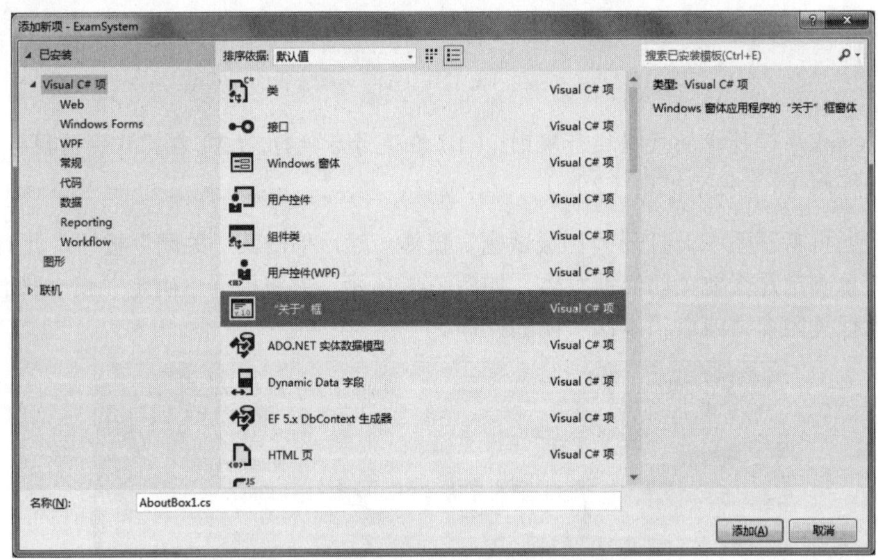

图 6-2　添加“关于”对话框

（2）此时可见一个模板式的“关于”对话框（文件名为 AboutBox1），请参看图 6-2。其中包含了 4 个标签控件，以及一个多行文本框控件，它们可分别用于显示“产品名称”、“版本”、“版权”以及“公司名称”，另外，对话框左边还有一个用于显示 LOGO 的图片控件。

（3）双击对话框中的“确定”按钮，进入其 Click 事件的代码区域，编写以下代码，使之单击后可以关闭当前对话框。

```
private void okButton_Click(object sender, EventArgs e)
{
    this.Close();
}
```

说明：在上一步编写“确定”按钮代码的同时，可以看到：在 InitializeComponent()方法的下面已经自动生成了 6 行代码，并且紧接这几行代码之下有一个“程序集特性访问器”，这些代码就是用来管理软件的“关于”信息的。在此为了降低初学难度，简化分析，采用直接设置控件属性值的方式来维护和管理软件的“关于”信息，并且注释了上述的 6 行代码，当然，也可以直接设置这 6 行代码中的控件属性值，而无须在属性面板中设置。

（4）根据需要，逐一设置关于软件信息的各控件的属性值，如表 6-1 所示。

表 6-1　“关于”对话框的属性设置

控件/对话框（Name）	属　性	属 性 新 值
AboutBox1	Text	关于上机考试系统
labelVersion	Text	上机考试系统
labelVersion	Text	版本 2.1
labelCopyright	Text	(C)2014 C# Project Group 保留所有权利
labelCompanyName	Text	C#高教程序开发项目组
textBoxDescription	Text	说明：本系统为教材的编程示例，功能有限，仅供参考。 作者 2014.10

说明：为了简化设计，这里并没有改变 LOGO 图，读者可以自行设置这个图片控件的属性值，使之显示希望的 LOGO 图。

（5）编写上机考试系统的“关于系统”菜单的代码，使之单击后可以打开软件的“关于”对话框。

```
private void 关于系统 ToolStripMenuItem_Click(object sender, EventArgs e)
{
    AboutBox1 aForm=new AboutBox1();
    aForm.ShowDialog();
}
```

运行上机考试系统，选择“帮助”→“关于系统”命令，打开软件的“关于上机考试系统”对话框，如图 6-3 所示。

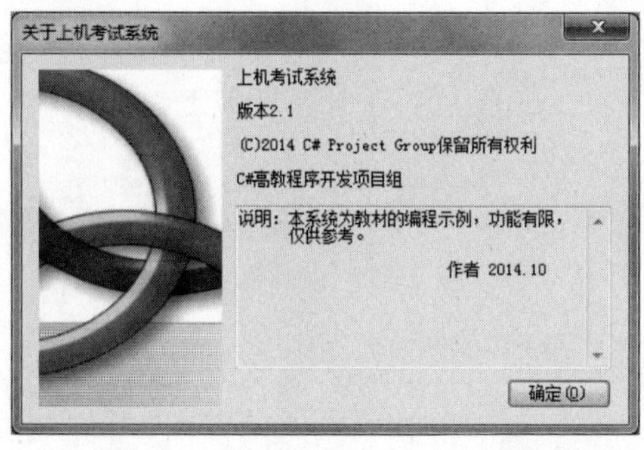

图 6-3　显示“关于上机考试系统”对话框

习　题

1．模态与非模态窗体的主要区别是什么？创建方法有什么不同？

2．ShowDialog()方法和 Show()方法的功能有何区别？

3．试举例说明什么是通用对话框。

4．MessageBox 消息对话框也像通用对话框一样，可以通过相应的组件来设计吗？

5．试举例说明什么情况下可以使用 MessageBox 消息对话框。

6．根据提示信息的不同，MessageBox 消息对话框中的图标应该如何选择？请分别简要说明。

7．软件的“关于”对话框的用途是什么？其通常包含哪些信息？

8．可以用几种方式来创建一个软件的“关于”对话框？

第 7 章　Windows 进程与线程程序设计

学习要点

- 理解进程与线程的关系与区别，了解并发的基本知识
- 掌握 C#进程应用程序设计
- 掌握 C#常用多线程互斥与同步的程序设计
- 掌握 C#跨线程访问控件的程序设计

早期的 DOS 还是一个单任务的操作系统，直到 Microsoft Windows 95 操作系统的出现，才将 CPU 的多任务特性解放出来，赋予了 CPU 真正的力量。特别是近年来随着计算机技术的飞速发展以及 CPU 功能的日益强大，操作系统及其应用程序更多地采用分时多任务的方式来设计，进程和线程概念的引入，正是实现这一功能的重要技术基础。

7.1　进程与线程简介

1. 进程

Windows 是一个多任务的系统，它能够同时运行多个程序，其中每一个正在运行的程序就称为一个进程。Windows 2000 及其以上版本，可以通过任务管理器查看系统当前运行的程序和进程。

2. 线程

对于同一个进程，又可以分成若干个独立的执行流，这样的流则被称为线程。线程是操作系统向其分配处理器时间的基本单位，可以独立占用处理器的时间片，同一进程中的线程可以共享该进程的资源和内存空间。每一个进程至少包含一个线程。

3. 并发

进程和线程技术的引入，为实现系统或应用程序的并行性提供了重要的技术基础。所谓的“并行”又被称为“并发”，是指系统或应用程序同时处理多个事务的运行过程。对于单处理器的计算机系统来说，由于单个 CPU 在同一时刻只能执行一个线程，所以，这种计算机系统的并发，实际上是通过操作系统在各个正在执行的线程之间切换 CPU，以分时处理的方式实现的表面形式上的并发，只是因为其切换的速度快且处理能力强，用户感觉不到而已。当然，对于多处理器的计算机系统，其多个 CPU 之间既有相互协作，又有独立分工，所以，在各自执行一个相应线程时可以互不影响、同时进行，进而实现真正意义上的并发处理。

7.2　进程程序设计

进程与程序不同，它是程序执行时的标志，而不是程序的静态版本。用户创建一个进程后，操作系统就将程序的一个副本装入计算机中，然后启动一个线程执行该程序。

在 C#中，可通过两种方法来开发进程程序：

- C#的 System.Diagnostics 命名空间下的 Process 类专门用于完成系统的进程管理任务，通过实例化一个 Process 类，就可以启动一个独立进程。
- C#的进程组件（Process）提供了对本地和远程进程的访问功能，并启用本地进程的开始和停止功能。

以下示例分别利用上述两种方法，开发一个利用进程控制应用程序的设计示例，通过单击相应的按钮，既能方便地控制（打开或关闭）Windows 操作系统附件中的“计算器”，当然也可以采用类似的技术，控制其他程序。

※ 示例源码：Chpt7\CsProcess

具体的设计步骤如下：

（1）新建一个名为 CsProcess 的 C#语言 Windows 窗体应用程序项目，然后，从“公共组件”工具箱中拖放 3 个按钮控件到新建的窗体 Form1 上，并将这 3 个按钮的 Text 属性分别改为“启动计算器（方法 1）”、“启动计算器（方法 2）”和“关闭全部计算器”，如图 7-1 所示。

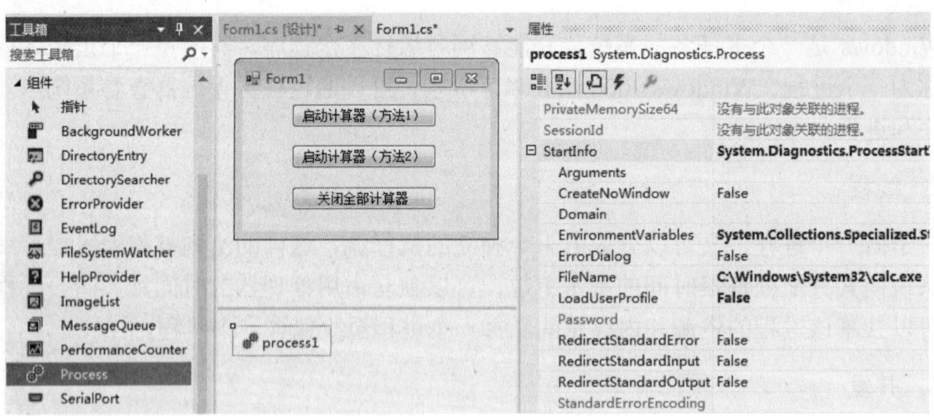

图 7-1　利用进程控制应用程序的窗体设计

（2）从“组件”工具箱中拖放一个 Process 组件到该窗体上，并将其 StartInfor\FileName 属性值设置为 Windows 计算器的可执行文件 C:\Windows\System32\calc.exe。

提示： 如果已知被启动的应用程序文件所在的具体位置，也可以通过文件浏览的方式来设置进程的启动信息，这样更快速、准确。

（3）添加命名空间引用：

```
using System.Diagnostics;
using System.IO;
```

（4）分别编写 3 个按钮启动和关闭计算器的代码如下：

```
//启动一个 Windows 计算器（方法 1）
private void button1_Click(object sender, EventArgs e)
{
    process1.Start();
}
//启动一个 Windows 计算器（方法 2）
private void button2_Click(object sender, EventArgs e)
{
    FileInfo fInfo = new FileInfo(@"C:\Windows\System32\calc.exe");
    if (fInfo.Exists)
    {
        //实例一个 Process 类，启动一个独立进程
        Process prcsSelfExam = new Process();
        prcsCalc.StartInfo.FileName = fInfo.FullName;  //指定启动的程序文件
        prcsCalc.Start();                              //启动进程
    }
    else
    {
        MessageBox.Show("文件：" + fInfo.FullName + "不存在！");
    }
}
//关闭所有已打开的 Windows 计算器
private void button3_Click(object sender, EventArgs e)
{
    Process[] cp;                                  //创建一个 Process 组件的数组
    cp = Process.GetProcessesByName("calc");       //将数组与指定名称的所有进程相关联
    foreach (Process instance in cp)          //遍历当前启动程序，查找包含指定名称的进程
    {
        instance.CloseMainWindow();                //终止当前进程，关闭应用程序窗体
    }
}
```

（5）运行测试程序，分别单击 3 个按钮，测试各按钮的功能，如图 7-2 所示。

图 7-2　利用进程控制计算器应用程序

7.3 线程程序设计基础知识

1. 命名空间引用

.NET 将关于多线程的功能定义在 System.Threading 命名空间中。因此，要使用多线程，必须先引用此命名空间（using System.Threading;）。在这个命名空间下，包含了用于创建和控制线程的类 Thread。一个 Thread 的实例表示一个线程，也就是一个执行序列。通过实例化一个 Thread 对象，就可以创建一个线程。

2. 线程创建与控制

在 System.Threading.Thread 类中，包含了以下几种方法，用于创建和控制线程。

（1）创建线程

在 C#中使用 Thread 类创建线程时，只需提供线程入口即可（线程入口使程序知道该让这个线程去做什么）。线程入口是由 ThreadStart 代理（delegate）提供的，可以把 ThreadStart 理解为一个函数指针，指向线程要执行的函数，示例代码如下：

```
Thread thread1 = new Thread(new ThreadStart(Method1));
```

其中的 Method1 是将要被新线程执行的函数。

（2）启动线程

顾名思义，启动线程就是启动一个新建的线程。当调用 C#的 Start()方法后，线程就开始执行 ThreadStart 所代表或者所指向的函数，示例代码如下：

```
thread1.Start();
```

（3）销毁线程

因为计算机的资源是有限的，所以，当一个线程的任务完成后，如果此后将不再使用，就应及时释放其所占用的系统内存，也即销毁该线程。可以通过调用 Abort()方法销毁一个线程。为了不徒劳去销毁一个非活线程，在销毁一个线程之前通常先利用 IsAlive 属性来判断它是否还处于活动状态，而后再采取销毁措施，示例代码如下：

```
if (thread1．IsAlive== true)
{
      thread1．Abort();
}
```

（4）休眠线程

开发线程时，有时不希望它一直连续运行，而是以一定的周期运行，或者想让它延迟一段时间，以等待其他线程运行，这时可利用 Sleep()方法将当前线程临时终止或休眠一段时间（毫秒）。如代码“Thread.Sleep(1000);”，就是让当前线程休眠 1 秒钟。

（5）挂起线程

Suspend()方法用来挂起一个正在运行的线程。只有在调用 Resume()方法后，此线程才可以继续执行。如果线程已被挂起，则此方法不起作用，所以，在准备执行线程挂起操作之前，先要判断其当前是否处于运行状态，示例代码如下：

```
if (thread1.ThreadState = ThreadState.Running)
    {
        thread1.Suspend();
    }
```

（6）恢复线程

Resume()方法用来恢复已经挂起的线程，让它继续执行。但若线程并未挂起，则此方法不会起作用，所以，在准备执行线程挂起操作之前，先要判断其当前是否处于挂起状态，示例代码如下：

```
if (thread1.ThreadState = ThreadState.Suspended)
    {
        thread1.Resume();
}
```

（7）终止线程

Thread.Interrupt()方法用来终止处于 Wait、Sleep 或 Join 状态的线程。

（8）阻塞线程

Join()方法用来阻塞调用线程，直到某个线程终止时为止。

3. Thread 的公共属性

Thread 类实例的公共属性如表 7-1 所示。

表 7-1　Thread 的公共属性

属 性 名 称	说　明
ApartmentState	获取或设置线程的单元状态
CurrentContext	获取线程正在执行的当前上下文
CurrentCulture	获取或设置线程的区域性
CurrentPrincipal	获取或设置线程当前负责人
CurrentThread	获取当前正在运行的线程
CurrentUICulture	获取或设置资源管理器使用的当前区域性
IsAlive	获取一个值，该值指示当前线程的执行状态。如果此线程已启动并且尚未正常终止或中止，则为 true；否则为 false
IsBackGround	获取或设置一个值，该值指示某个线程是否为后台线程
IsThreasPoolThread	判断是否是线程池线程
Name	获取或设置线程名称
Priority	获取或设置一个值，该值指示线程的调度优先级
ThreadState	获取一个值，该值包含当前线程的状态

4．ThreadState 属性

C#中的 System.Threading.Thread.ThreadState 属性定义了线程执行时的状态，在不同的执行情况下，ThreadState 将具有不同的属性，如表 7-2 所示。

表 7-2　ThreadState 的属性

属　性　值	说　　明
Aborted	线程已停止
AbortRequested	线程的 Thread.Abort()方法已被调用，但是线程还未停止
Background	线程在后台执行，与属性 Thread.IsBackground 有关；不妨碍程序的终止
Running	线程正在正常运行
Stopped	线程已被停止
StopRequested	线程正在被要求停止
Suspended	线程已被挂起（此状态下，可以通过调用 Resume()方法使之重新运行）
SuspendRequested	线程正在要求被挂起，但是未来得及响应
Unstarted	未调用 Thread.Start()开始线程的运行
WaitSleepJoin	线程因调用了 Wait()、Sleep()或 Join()等方法处于封锁状态

提示： 线程从创建到终止，一定处于某一个状态。当线程被创建时，它处在 Unstarted 状态，Start()方法将使线程状态变为 Running 状态。一旦线程被销毁或者终止，线程将处于 Stopped 状态，处于这个状态的线程将不复存在。线程还有一个 Background 状态，它表明线程运行在前台还是后台。

5．线程优先级

操作系统在线程之间循环分配 CPU 时间，当线程之间争夺 CPU 时间片时，CPU 将按照线程的优先级给予服务，高优先级的线程通常会比低优先级的线程得到更多的 CPU 时间，低优先级的线程在执行时遇到了高优先级的线程，它将让出 CPU 给高优先级的线程。

C#中的 Thread 类中有一个 ThreadPriority 属性，可用来设置线程的优先级，但不能保证操作系统会接受该优先级。在 C#中，一个线程的优先级由高到低可分为 5 种：Highest、AboveNormal、Normal、BelowNormal 和 Lowest。对于新创建但未指定优先级的线程，系统默认设置其优先级为 Normal。线程的优先级设置的示例代码如下：

```
thread1.Priority = ThreadPriority.Highest;        //将线程的优先级设置为最高优先级
```

6．示例程序设计

在应用程序开发过程中经常会遇到线程的例子，例如，某个后台操作比较耗费时间，我们就可以启动一个线程去执行这个费时的操作，同时仍可使当前程序继续执行。

以下是一个简单的线程应用程序开发示例，在这个程序中，有两个相互独立的线程，各自进行 0～999 的累加计数并显示，每次计数到最大值（999）时，将暂停 3 秒，而后又重新开始 0～999 的计数和显示。在此期间，如果单击“终止线程”按钮，计数将停止；否则，上述过程将循环往复。

※ 示例源码：Chpt7\ThreadTest

具体的设计步骤如下：

（1）新建一个名为 ThreadTest 的 C#语言 Windows 应用程序项目，并从“公共组件”工具箱中拖放两个标签控件、两个文本框控件和一个按钮控件到该窗体上，并分别修改标签和按钮的 Text 属性值，如图 7-3 所示。

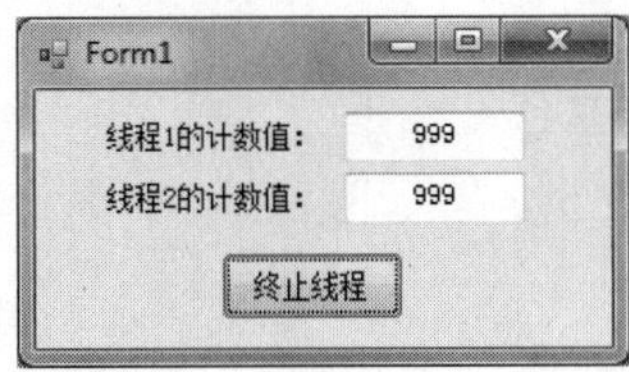

图 7-3　多线程计数器

（2）在文件头添加命名空间引用：

```
using System.Threading;
```

（3）在窗体 Form1 类中添加禁用异常（Windows 窗体控件的跨线程访问的其他方法可参见 7.5 节或者本章的扩展学习）：

```
CheckForIllegalCrossThreadCalls = false;
```

（4）程序设计的完整代码如下：

```
namespace ThreadTest
{
    public partial class Form1 : Form
    {
        public Form1()
        {
            InitializeComponent();
            CheckForIllegalCrossThreadCalls = false;        //禁用此异常
        }
        private Thread thread1= null;                       //创建用来计数的线程对象
        private Thread thread2= null;
        private void Form1_Load(object sender, EventArgs e)
        {
            thread1 = new Thread(new ThreadStart(counter1)); //线程初始化
            thread2 = new Thread(new ThreadStart(counter2));
            thread1.Start();                                //启动线程
            thread2.Start();
        }
        //线程 1（thread1）的计数方法
        private void counter1()
        {
            while (true)
            {
                int i;
```

```
                for (i = 0; i < 1000; i++)
                {
                    textBox1.Text = i.ToString();
                }
                Thread.Sleep(3000);                        //线程休眠 3 秒
            }
        }
        //线程 2（thread2）的计数方法
        private void counter2()
        {
            while (true)
            {
                int j;
                for (j = 0; j < 1000; j++)
                {
                    textBox2.Text = j.ToString();
                }
                Thread.Sleep(3000);
            }
        }
        private void button1_Click(object sender, EventArgs e)
        {
            thread1.Abort();                               //销毁线程
            thread2.Abort();
            button1.Enabled = false;
        }
    }
}
```

（5）运行测试该程序，可以看到，两个文本框中的计数值快速累加变化，其间，如果单击“终止线程”按钮，计数将停止，而且会发现，两个计数值未必相等。另外，还会发现，如果未经“终止线程”就关闭窗体，该程序仍将处于运行状态，并且有时会抛出“未处理 ObjectDisposedException”异常错误，这个问题的解决方法将在后续章节中介绍。

7.4 多线程程序设计

7.4.1 多线程简介

实际上，在 7.3 节的线程开发示例 ThreadTest 中就包含了多个线程（两个线程分别实现累加计数的功能）。

1. 多线程

所谓多线程，是指程序中包含多个执行流，即在一个程序中可以同时运行多个不同的线程来执行不同的任务，也就是说允许单个程序创建多个并行执行的线程来完成各自的任务。浏览器就是一个典型的多线程的例子。在浏览器中，用户可以在下载文件的同时滚动

页面，也可在打开一个新页面的同时播放动画和声音，甚至打印网页等。

2．多线程的好处

多线程的好处在于可以提高 CPU 的利用率，因为在多线程程序中，一个线程必须等待时，CPU 可以运行其他的线程而不是等待，这样就大大提高了程序的效率。

3．多线程的不利

然而，我们也必须认识到线程本身可能影响系统性能的不利方面，这些方面主要包括：

- 线程也是程序，所以须要占用内存，线程越多占用内存也越多。
- 多线程需要协调和管理，所以需要占用 CPU 时间来跟踪线程。
- 线程之间对共享资源的访问会相互影响，必须解决竞用共享资源的问题。
- 线程太多会导致控制太复杂，最终可能造成很多 Bug。

7.4.2　多线程互斥与同步简介

1．多线程互斥

在多线程的应用程序中，由于受资源的有限性限制，或者为了避免多个线程同时访问共享资源而产生信息处理矛盾或错误，必须采取排他性的资源访问方式，一次只允许一个线程访问共享资源，这就是多线程的互斥。

互斥无法限制线程对资源的访问顺序，即访问是无序的。

2．多线程同步

在多线程的应用程序中，多个线程之间可能需要相互协作，以便共同完成相应的任务，即某些线程需要其他线程提供的资源，或反之。这种多个线程之间相互配合、协同工作的方式，就是多线程的同步。

通常情况下，同步已经实现了互斥，特别是所有写入资源的情况必定是互斥的。少数情况下可以允许多个线程同时访问资源。

当然，有的多线程应用程序虽然也包含了多个线程，但这些线程各自独立地完成自己的任务，相互之间不存在资源访问的共享与冲突问题，所以，也就无须考虑多线程的同步或互斥问题。这种多线程的开发相对也简单些，如 7.3 节的示例 ThreadTest 就是这种多线程的应用程序开发。

7.4.3　多线程互斥程序设计

在 C#中，可以利用 lock 关键字、Monitor 类（监视器）、Mutex 类（互斥器）以及 ReaderWriterLock 类等多种方法实现多线程的互斥。

1．lock

1）概述

lock 是 C#中的关键字，它将语句块标记为一个临界区，确保当一个线程位于代码的临界区时，另一个线程不进入该临界区。如果其他线程试图进入锁定的代码，则它将一直等待（即被阻止），直到该对象被释放。其执行过程是先获得给定对象的互斥锁，然后执行相应语句，任务完成后再释放该锁。

通常应避免锁定 public 类型的对象，否则实例将超出代码的控制范围。最佳做法是定义 private 对象来锁定，或定义 private static 对象变量来保护所有实例所共有的数据。

2）用法

关键字 lock 定义如下：

```
lock(expression);  … //互斥代码块
```

或者：

```
lock(expression)
{
    … //互斥代码块
}
```

expression 代表希望跟踪的对象，通常是对象引用。一般地，如果要保护一个类的实例，可以使用 this；如果要保护一个静态变量（如互斥代码块），可以使用类名。互斥段的代码在一个时刻内只可能被一个线程执行。

3）示例程序设计

在此示例中，当单击“启动线程”按钮后，程序将通过两个线程同时向同一个文本框分别写入字符 a 和 A，而当单击“停止线程”按钮后，写入过程将随之停止。显然，这个共用的文本框就相当于一个共享资源，程序执行过程中如果不运用必要的线程互斥技术，将可能出现访问冲突或数据处理错误的问题，为此，必须运用必要的线程互斥技术。

※ 示例源码：Chpt7\ThreadLock

具体的设计步骤如下：

（1）新建一个名为 ThreadLock 的 C#语言 Windows 应用程序项目，并从“公共组件”工具箱中拖放一个 RichTextBox 控件和两个 Button 控件到该窗体上。适当调整窗体及各控件的尺寸和位置，设置窗体的 Text 属性值为“多线程互斥（lock）”，分别设置两个按钮控件的 Text 属性值为“启动线程”和“终止线程”，并设置“终止线程”按钮的 Enable 属性为 false，如图 7-4 所示。

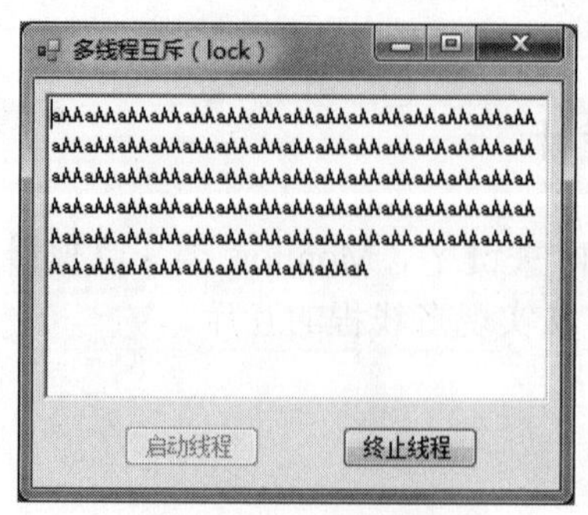

图 7-4　lock 在多线程互斥中的应用

提示：RichTextBox 控件与 TextBox 控件的主要区别是，前者可以使用文本字符、图形图像或链接等，功能较强，而后者只能使用纯文本。

（2）由于需要跨线程访问窗体的 RichTextBox 控件，在此仍采用非线程安全方式，即在 Form1 类中添加禁用异常“CheckForIllegalCrossThreadCalls = false;”。另外，后叙的跨线程窗体控件访问方法同此，不再赘述。

（3）程序设计的完整代码如下：

```
using System.Threading;                                    //添加命名空间引用
namespace ThreadLock
{
    public partial class Form1 : Form
    {
        public Form1()
        {
            InitializeComponent();
            CheckForIllegalCrossThreadCalls = false;    //禁用此异常
        }
        //创建显示字符的线程对象
        private Thread thread1 = null;
        private Thread thread2 = null;
        //显示字符
        private void ShowChar(char ch)
        {
            lock(this)
            {
                richTextBox1.Text += ch;
            }
        }
        //线程 thread1 调用的方法（显示字符 a）
        private void thread1Show()
        {
            while(true)
            {
                ShowChar('a');
                Thread.Sleep(60);
            }
        }
        //线程 thread2 调用的方法（显示字符 A）
        private void thread2Show()
        {
            while(true)
            {
                ShowChar('A');
                Thread.Sleep(30);
            }
        }
        //线程初始化，并启动线程
        private void button1_Click(object sender, EventArgs e)
```

```
        {
            thread1 = new Thread(new ThreadStart(thread1Show));
            thread2 = new Thread(new ThreadStart(thread2Show));
            thread1.Start();
            thread2.Start();
            button1.Enabled = false;
            button2.Enabled = true;
        }
        //终止线程
        private void button2_Click(object sender, EventArgs e)
        {
            thread1.Abort();
            thread2.Abort();
            button1.Enabled = true;
            button2.Enabled = false;
        }
        //关闭窗体时终止线程（否则，Visual Studio 调试程序仍将处于运行状态）
        private void Form1_FormClosing(object sender, FormClosingEventArgs e)
        {
            if (thread1 != null) thread1.Abort();
            if (thread2 != null) thread2.Abort();
        }
    }
}
```

（4）运行测试该程序，如图 7-4 所示。可以看出，文本框中的字符 a 或 A 将不断被写入，并且可见，由于负责写入 A 的线程休眠时间为负责写入 a 的线程的一半，所以，文本框中的字符 A 是以 2 倍于 a 的频率被写入。

提示： 可以将 lock(this)锁去除或注释，再观察程序运行出现的异常结果，以加深对多线程互斥的理解。

2．Monitor

1）概述

Monitor 提供了与 lock 类似的功能，它通过向单个线程授予对象锁来控制对该对象的访问。

2）用法

Monitor 类的两个常用方法如表 7-3 所示。

表 7-3　Monitor 类的常用方法

方　法	说　明
Enter()	在指定对象上获取排他锁
Exit()	释放指定对象上的排他锁

提示： 如果在独占代码块中引起了异常，可能会使当前锁定的对象不被释放，导致程序进入持久等待状态，所以要在独占代码块中进行必要的异常处理。

Monitor 类的基本用法如下：

```
//obj 是一个 private 级的内部变量，不表示任何意义，只是作为一种“令牌”的角色
//如果要锁定一个类的实例，可以使用 this
private System.Object obj = new object();
…    //其他相应代码
System.Threading.Monitor.Enter(obj);
try
{
    … //互斥代码块
}
//对象非正常释放
catch (ThreadAbortException 等异常)
{
    System.Threading.Monitor.Exit(obj);
}
//对象正常释放
System.Threading.Monitor.Exit(obj);
```

与 lock 相比，lock 的代码块（{}包含的代码）就相当于 Monitor 的 Enter()和 Exit()方法的一个封装，所以，lock 用法更简洁。但是，Monitor 能更好地控制同步块。因为，在 Monitor 中，可以通过 Pulse()和 PulseAll()方法向一个或多个等待线程发送信号。该信号通知等待线程锁定对象的状态已更改，并且锁的所有者准备释放该锁。等待线程被放置在对象的就绪队列中以便可以最后接收对象锁。一旦线程拥有了锁，就可以检查对象的新状态，以查看是否达到所需状态。Wait()方法则释放对象上的锁以便允许其他线程锁定和访问该对象。在其他线程访问对象时，该调用线程将一直处于等待状态。

3）示例程序设计

※ 示例源码：Chpt7\ThreadMonitor

具体的设计步骤如下：

（1）新建一个名为 ThreadMonitor 的 C#语言 Windows 应用程序项目，窗体设计类似图 7-4（具体设计此略），另外，设置窗体的 Text 属性值为“多线程互斥（Monitor）”。

（2）程序设计的完整代码如下：

```
using System.Threading;                                    //添加命名空间引用
namespace ThreadMonitor
{
    public partial class Form1 : Form
    {
        public Form1()
        {
            InitializeComponent();
            CheckForIllegalCrossThreadCalls = false;    //禁用此异常
        }
        //创建显示字符的线程对象
        private Thread thread1 = null;
        private Thread thread2 = null;
```

```
//线程 thread1 调用的方法（显示字符 a）
private void thread1Show()
{
    while (true)
    {
        Monitor.Enter(this);
        try
        {
            richTextBox1.Text += "a";
        }
        catch (ThreadAbortException)
        {
            Monitor.Exit(this);
            //MessageBox.Show("线程终止异常");
        }
        Monitor.Exit(this);
        Thread.Sleep(60);
    }
}
//线程 thread2 调用的方法（显示字符 A）
private void thread2Show()
{
    while (true)
    {
        Monitor.Enter(this);
        try
        {
            richTextBox1.Text += "A";
        }
        catch (ThreadAbortException)
        {
            Monitor.Exit(this);
        }
        Monitor.Exit(this);
        Thread.Sleep(30);
    }
}
//线程初始化，并启动线程
private void button1_Click(object sender, EventArgs e)
{
    thread1 = new Thread(new ThreadStart(thread1Show));
    thread2 = new Thread(new ThreadStart(thread2Show));
    thread1.Start();
    thread2.Start();
    button1.Enabled = false;
    button2.Enabled = true;
}
//终止线程
private void button2_Click(object sender, EventArgs e)
```

```
        {
            thread1.Abort();
            thread2.Abort();
            button1.Enabled = true;
            button2.Enabled = false;
        }
        //关闭窗体时终止线程
        private void Form1_FormClosing(object sender, FormClosingEventArgs e)
        {
            if (thread1 != null) thread1.Abort();
            if (thread2 != null) thread2.Abort();
        }
    }
}
```

（3）运行测试该程序，观察字符“a”和“A”的写入状况。

提示：可以注释或去除异常处理（try…catch…）代码，反复单击“启动线程”和“停止线程”按钮，观察程序运行状况，进而加深对异常处理功能的理解。

3．Mutex

1）概述

在使用方法上，Mutex 与 Monitor 类似。但是，由于 Mutex 不具备 Wait()、Pulse()和 PulseAll()几种方法，因此，不能实现类似 Monitor 的唤醒功能。另外，因为互斥体 Mutex 属于内核对象，进行线程同步时，线程需在用户模式和内核模式间切换，所以，需要的互操作转换较耗资源，效率较低。不过 Mutex 有一个比较大的特点，即 Mutex 是跨进程的，因此可以在同一台机器甚至远程机器上的多个进程上使用同一个互斥体。

2）用法

类似于 Monitor，在 Mutex 类中也有两个常用方法，如表 7-4 所示。

表 7-4　Mutex 类的常用方法

方　法	说　明
WaitOne()	捕获互斥对象
ReleaseMutex()	释放被捕获的对象

同样需注意，如果在独占代码段中引起了异常，可能会使被捕获的对象不被释放，导致程序进入持久等待状态，所以也要在独占代码段中进行必要的异常处理。

Mutex 类的基本用法也与 Monitor 类似，如下所示：

```
//实例化一个 Mutex 对象（不需声明一个“令牌”）
private Mutex mut = new Mutex();
… //其他相应代码
mut.WaitOne();
try
{
```

```
    … //互斥代码块
}
//对象非正常释放
catch (ThreadAbortException 等异常)
{
    mut.ReleaseMutex();
}
mut.ReleaseMutex();//对象正常释放
```

3）示例程序设计

※ 示例源码：Chpt7\ThreadMutex

具体的设计步骤如下：

（1）新建一个名为 ThreadMutex 的 C#语言 Windows 应用程序项目，窗体设计类似图 7-4（具体设计此略），另外，设置窗体的 Text 属性值为“多线程互斥（Mutex）”。

（2）程序设计的完整代码如下：

```
using System.Threading;                                    //添加命名空间引用
namespace ThreadMutex
{
    public partial class Form1 : Form
    {
        public Form1()
        {
            InitializeComponent();
            CheckForIllegalCrossThreadCalls = false;    //禁用此异常
        }
        //创建显示字符的线程对象
        private Thread thread1 = null;
        private Thread thread2 = null;
        //实例化一个 Mutex 对象
        private Mutex mut = new Mutex();
        //线程 thread1 调用的方法（显示字符 a）
        private void thread1Show()
        {
            while (true)
            {
                mut.WaitOne();
                try
                {
                    richTextBox1.Text += "a";
                }
                catch (ThreadAbortException)
                {
                    mut.ReleaseMutex();
                }
                mut.ReleaseMutex();
                Thread.Sleep(60);
            }
```

```
        }
        //线程 thread2 调用的方法（显示字符 A）
        private void thread2Show()
        {
            while (true)
            {
                mut.WaitOne();
                try
                {
                    richTextBox1.Text += "A";
                }
                catch (ThreadAbortException)
                {
                    mut.ReleaseMutex();
                }
                mut.ReleaseMutex();
                Thread.Sleep(30);
            }
        }
        //线程初始化，并启动线程
        private void button1_Click(object sender, EventArgs e)
        {
            thread1 = new Thread(new ThreadStart(thread1Show));
            thread2 = new Thread(new ThreadStart(thread2Show));
            thread1.Start();
            thread2.Start();
            button1.Enabled = false;
            button2.Enabled = true;
        }
        //终止线程
        private void button2_Click(object sender, EventArgs e)
        {
            thread1.Abort();
            thread2.Abort();
            button1.Enabled = true;
            button2.Enabled = false;
        }
        //关闭窗体时终止线程
        private void Form1_FormClosing(object sender, FormClosingEventArgs e)
        {
            if (thread1 != null) thread1.Abort();
            if (thread2 != null) thread2.Abort();
        }
    }
}
```

（3）运行测试该程序，观察字符“a”和“A”的写入状况。

4．ReaderWriterLock

（1）概述

.NET 提供的 ReaderWriterLock 定义了支持单个写线程和多个读线程的锁，用于同步对资源的访问。利用读/写锁，在任一特定时刻，允许多个线程同时进行读操作，或者允许单个线程进行写操作。在资源不经常发生更改的情况下，ReaderWriterLock 所提供的吞吐量比简单的一次只允许一个线程进行读取操作的锁（如 Monitor）更高。特别是在多数操作为读取、少数操作为编写，且持续时间也比较短的情况下，ReaderWriterLock 的性能最好。

（2）方法

ReaderWriterLock 类的 4 个常用方法如表 7-5 所示。

表 7-5　ReaderWriterLock 类的常用方法

方　法	说　明
AcquireWriterLock(int millisecondsTimeout)或 AcquireWriterLock(TimeSpan timeout)	超时值使用整数或者 TimeSpane： -1 表示线程将无限期等待直到获得锁为止，对于指定整数超时的方法，可以使用常数 Infinite 0 表示线程不等待获取锁，如果无法立即获取锁，方法将返回大于 0 表示要等待的毫秒数
AcquireReaderLock(int millisecondsTimeout)或 AcquireReaderLock(TimeSpan timeout)	超时值用法同 AcquireWriterLock()方法
ReleaseWriterLock()	释放编写锁
ReleaseReaderLock()	释放读取锁

ReaderWriterLock 的基本用法如下：

```
//创建阅读器和编写器锁
private ReaderWriterLock rwl = new ReaderWriterLock();
… //其他相应代码
rwl.AcquireWriterLock(); //写操作
try
{
    … //互斥代码块
}
//写对象非正常释放
catch (ThreadAbortException 等异常)
{
    rwl.ReleaseWriterLock();
}
rwl.ReleaseWriterLock(); //写对象正常释放
…   //其他相应代码
rwl.AcquireReaderLock(); //读操作
try
{
    … //互斥代码块
}
```

```
//读对象非正常释放
catch (ThreadAbortException 等异常)
{
    rwl.ReleaseReaderLock();
}
rwl.ReleaseReaderLock(); //读对象正常释放
```

（3）示例程序设计

具体设计此略，读者可试着编写一个包含 4 个线程的多线程应用程序，其中的两个线程向一个文本框中写入信息，另外两个线程从该文本框读取信息并分别显示在各自对应的两个文本框中，利用 ReaderWriterLock 类实现多线程之间的同步。

7.4.4　多线程同步程序设计

1．线程同步类比简析

如图 7-5 所示，是一个多工种协同进行的生产过程，它类似于一个应用程序中的多线程同步。在这个生产过程中，有两个机械手（相当于两个线程），一个机械手负责将原材料加工成工件，加工完成后，将其放置于工件托盘等待装运；另一个机械手则负责将工件托盘中的工件装运至运输车上。显然，工件托盘是一个共用资源（相当于共享数据），两个机械手必须按序地向其进行“放”和“取”的操作（相当于共享数据的读和写）。

正常的生产过程应该是：加工一个，装运一个，两个机械手协调一致，互不冲突。

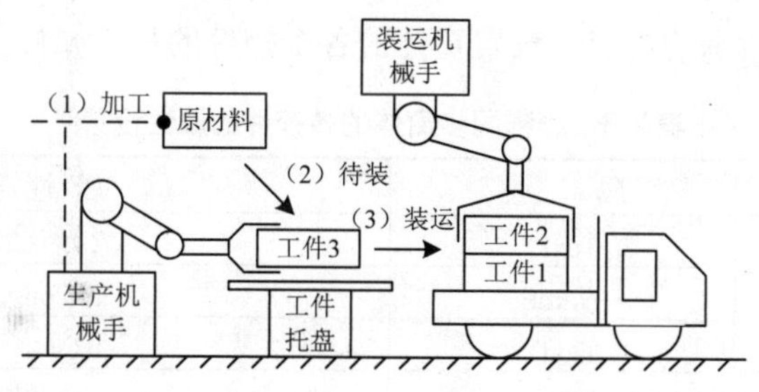

图 7-5　多工种协同生产示意图

2．线程同步示例简析

在此，开发一个应用程序，如图 7-6 所示，通过两个同步线程共享一个数据资源的过程来模拟上述的多工种协同生产。“生产数量”相当于生产机械手加工工件的计数；“待装数量”相当于工件托盘中的工件数量；“已装数量”则相当于装运机械手已完成工件装运的数量。初始状态时，这 3 个数量均为 0。

当单击“启动线程”按钮后，每当“待装数量”为 1，同时“生产数量”累加 1 时，表示一个新工件加工完成并等待装运；随后，“待装数量”被减 1（变为 0），同时“已装数量”累加 1，表示一个新工件被取走并完成装运。而且，“生产数量”和“已装数量”以列表方式顺序向下延展，形象地模拟了生产的同步工程。

但是，程序执行过程中，如果“待装数量”出现负值或大于 1 的值，或者“生产数量”

与“已装数量”的同一行列表值之差超过 1，均属非正常工作过程。

3．线程同步示例程序设计

同样，在 C#中，也可以利用 7.4.3 节中实现多线程互斥的方法来实现多线程的同步。下面将综合利用 lock 关键字和 Monitor 类，开发一个如图 7-6 所示的包含多线程同步的应用程序。

※ 示例源码：Chpt7\ThreadSynchronize

具体的设计步骤如下：

（1）新建一个名为 ThreadSynchronize 的 C#语言 Windows 应用程序项目，结合 Ctrl 键和鼠标拖拽，从“公共组件”工具箱中拖放 4 个 Label 控件、两个 RichTextBox 控件和两个 Button 控件到新建窗体 Form1 上，并合理进行控件布局，如图 7-6 所示。

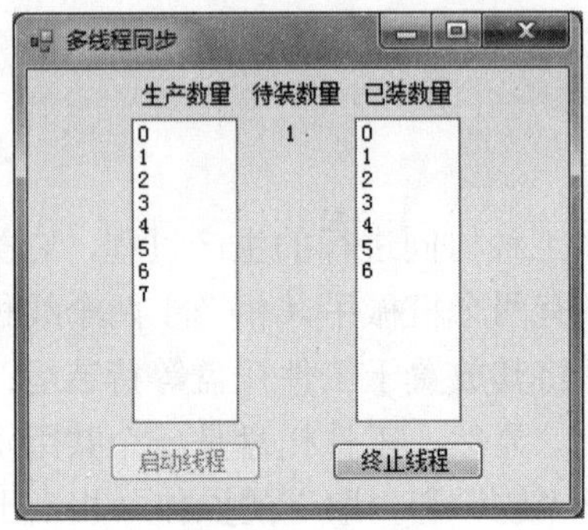

图 7-6　多线程同步

（2）按照表 7-6 所示的内容，设置窗体的各个控件的相应属性值。

表 7-6　线程同步窗体的各控件的属性设置

控件（Name）	属　性	属性新值
label1	Text	待装数量
label2	Name	lbConvey
	Text	0
label3	Text	生产数量
label4	Text	已装数量
richTextBox1	Name	lstProduction
	Text	0
richTextBox2	Name	lstConvey
	Text	0
button1	Name	btnStart
	Text	启动线程
button2	Name	btnStop
	Text	终止线程

（3）程序设计的完整代码如下：

```
//添加命名空间引用
using System.Threading;
```

```
namespace ThreadSynchronize
{
    public partial class Form1 : Form
    {
        public Form1()
        {
            InitializeComponent();
            CheckForIllegalCrossThreadCalls = false; //禁用此异常
        }
        static object product = new object();          //创建一个互斥体对象（“令牌”）
        int iMaxProduct=10;                            //最大生产数量
        int iNewProduct = 0;                           //待装数量
        int iConvey = 0;                               //装运数量统计
        bool blStopProduce = false;                    //停止生产和装运标记
        //创建生产和装运线程对象
        private Thread thrdProduce = null;
        private Thread thrdConvey = null;
        //生产线程调用的方法
        private void Produce()
        {
            while (!blStopProduce)
            {
                lock (product)
                for (int i = 1; i < iMaxProduct+1; i++)
                {
                    this.lstProduction.Items.Add(i.ToString());
                    iNewProduct++;
                    this.lbConvey.Text = iNewProduct.ToString();
                    if (i == iMaxProduct)
                    {
                        this.lstProduction.Items.Add("生产结束");
                        blStopProduce = true;
                    }
                    Thread.Sleep(500);              //延时 0.5 秒，以便观察程序执行过程
                    Monitor.Pulse(product);
                    Monitor.Wait(product);
                }
            }
        }
        //装运线程调用的方法
        private void Convey()
        {
            while (true)
            {
                lock (product)
                {
                    iConvey = iConvey + iNewProduct;
                    this.lstConvey.Items.Add(iConvey.ToString());
                    iNewProduct--;
```

```
                    this.lbConvey.Text = iNewProduct.ToString();
                    if (blStopProduce)
                    {
                        this.lstConvey.Items.Add("装运完成");
                    }
                    Thread.Sleep(500); //延时 0.5 秒，以便观察程序执行过程
                    Monitor.Pulse(product);
                    Monitor.Wait(product);
                }
            }
        }
        //线程初始化并启动
        private void btnStart_Click(object sender, EventArgs e)
        {
            thrdProduce = new Thread(new ThreadStart(Produce));
            thrdConvey = new Thread(new ThreadStart(Convey));
            thrdProduce.Start();
            thrdConvey.Start();
            btnStart.Enabled = false;
            btnAbort.Enabled = true;
        }
        //终止线程，并重新初始化各参数
        private void btnAbort_Click(object sender, EventArgs e)
        {
            thrdProduce.Abort();
            thrdConvey.Abort();
            btnStart.Enabled = true;
            btnAbort.Enabled = false;
            this.lstProduction.Items.Clear();
            this.lstProduction.Items.Add("0");
            this.lstConvey.Items.Clear();
            this.lstConvey.Items.Add("0");
            this.lbConvey.Text = "0";
            blStopProduce = false;
            iNewProduct = 0;
            iConvey = 0;
        }
    }
}
```

（4）运行并测试该程序，可以看到正在进行中的“生产与装运”过程，并可随时终止过程再重新开始。另外，当生产量达到最大值（当前程序设置为 10），并且装运也已完成后，生产和装运随即停止。

7.5 Windows 窗体控件的跨线程访问

学习至此，我们已经体会到了 C#程序设计中线程的重要性，然而，访问 Windows 窗

体控件本质上却不是线程安全的。因为，如果有两个或多个线程同时操作某一控件的情况，则可能会迫使该控件进入一种不一致的状态，还可能出现其他与线程相关的 Bug，包括争用和死锁。因此，在 C#程序设计中，确保正确、可靠地访问控件是非常重要的。

7.5.1　非线程安全的窗体控件访问简介

在 C#中也可以采用非线程安全调用的方法对窗体控件进行访问，.NET Framework 有助于在以非线程安全方式访问控件时检测到这一问题。在调试器中运行应用程序时，如果在创建某控件的线程之外的其他线程（辅助线程）试图直接调用该控件，Visual Studio 调试器就会引发一个 InvalidOperationException，警告对控件的调用不是线程安全的，并提示："从不是创建控件 control name 的线程访问它。"

可以通过将 CheckForIllegalCrossThreadCalls 属性的值设置为 false 来禁用此异常（如 7.3 节和 7.4 节的示例程序），如果程序的各线程之间没有互相争抢控件资源的情况，可以考虑采用这个办法。

7.5.2　线程安全的窗体控件访问简介

在 C#中对于 Windows 窗体控件的跨线程访问，可以采用以下两种方法。

1．利用封送处理进行的线程安全调用

鉴于控件总是由主执行线程所有，所以，从属线程中对控件的任何调用都需要封送处理调用。而封送处理是跨线程边界移动调用的行为，需要消耗大量的系统资源，因此，为了使需要进行的封送处理量减到最小，并确保以线程安全方式处理调用，应使用 Control.BeginInvoke 或者 Control.Invoke 方法来调用主执行线程上的方法。并且，在该方法调用之前，先查询相应控件的 InvokeRequired 属性，以此来判断是否正在从创建这个控件的线程访问该控件，进而采取相应的调用处理。即：

（1）查询控件的 InvokeRequired 属性。

（2）如果 InvokeRequired 返回 true，则使用实际调用控件的委托来调用 Invoke。

（3）如果 InvokeRequired 返回 false，则直接调用控件。

2．使用 BackgroundWorker 进行的线程安全调用

在应用程序中实现多线程的首选方式是使用 BackgroundWorker 组件。BackgroundWorker 组件使用事件驱动模型实现多线程。

辅助线程运行 DoWork 事件处理程序，创建控件的线程运行 ProgressChanged 和 RunWorkerCompleted 事件处理程序。

扩展学习：线程安全的窗体控件访问程序设计

在此，利用上述的两种线程安全的窗体控件访问方法，对 7.3 节的示例进行适当改进，

并在功能方面做部分调整，即将原示例中的第 2 个计数文本框 textBox2 用作计数线程的状态显示。

※ 示例源码：Chpt7\ThreadSafe

具体的设计步骤如下：

（1）新建一个名为 ThreadSafe 的 C#语言 Windows 应用程序项目，并从“公共组件”工具箱中拖放两个标签控件、两个文本框控件和一个按钮控件到该窗体上，并分别设置标签和按钮的 Text 属性值，如图 7-7 所示。

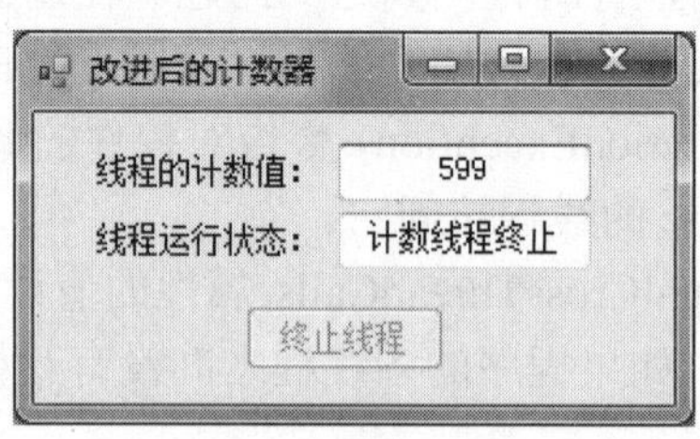

图 7-7　改进后的多线程计数器设计

（2）从“组件”工具箱拖放一个后台工作者控件（BackgroundWorker）至当前窗体。双击其属性面板事件列表中的 backgroundWorker1_RunWorkerCompleted 事件，编写该事件处理代码，并进一步编写按钮 Click 事件的代码。

改进后的计数器应用程序的全部代码如下：

```
namespace ThreadSafe
{
    public partial class Form1 : Form
    {
        public Form1()
        {
            InitializeComponent();
        }
        //此 delegate 通过异步操作方式设置控件 TextBox1 的 Text 属性
        delegate void SetTextDelegate(string text);
        private Thread thread = null;                              //创建用来计数的线程对象
        private void Form1_Load(object sender, EventArgs e)
        {
            thread = new Thread(new ThreadStart(counter)); //线程初始化
            thread.Start();                                        //启动计数线程
        }
        private void counter()                                     //线程（thread）的计数方法
        {
            while (true)
            {
                int i;
                for (i = 0; i < 1000; i++)
                {
```

```
                this.SetText(i.ToString());                //调用工作线程
            }
            Thread.Sleep(3000);                            //线程休眠 3 秒
        }
    }
    //名为 SetTextDelegate 的委托类型封装 SetText()方法
    private void SetText(string text)
    {
        //InvokeRequired 比较线程 ID 以及创建控件的线程 ID，如果不同，则返回 true
        if (this.textBox1.InvokeRequired)
        {
            SetTextDelegate d = new SetTextDelegate(SetText);
            this.Invoke(d, new object[] { text });
        }
        else
        {
            this.textBox1.Text = text;
        }
    }
    private void button1_Click(object sender, EventArgs e)
    {
        thread.Abort();                                    //销毁计数线程
        /*调用 RunWorkerAsync()方法启动 BackgroundWorker，
        控件 TextBox2 的 Text 属性设置将在 BackgroundWorker
        发生 RunWorkerCompleted 事件之后完成*/
        this.backgroundWorker1.RunWorkerAsync();
        button1.Enabled = false;
    }
    //通过调用创建控件的线程来更改控件属性，所以是线程安全的
    private void backgroundWorker1_RunWorkerCompleted(object sender,
        RunWorkerCompletedEventArgs e)
    {
        this.textBox2.Text = "计数线程终止";
    }
  }
}
```

（3）运行测试程序，观察对比上述改进前后的两个示例的计数效果，可以发现：对控件采用线程安全调用的程序执行速度要比采用非安全调用的程序执行速度快得多。

习　　题

1．进程与线程有何区别与联系？

2．C#中有几种方式可用来启动一个应用程序？

3．在多线程应用程序中，（　　）类被用来构建和访问独立线程。

A．System.Thread　　B．System.Threading

C．System.Thread.Threading　　D．System.Thread.Thread

4．为了使包含多线程的应用程序中指定的一个线程进入运行状态，应该调用（　　）方法。

A．Resume()　　B．Sleep()

C．Start()　　D．Abort()

5．在线程应用程序开发中，（　　）语句可以使当前线程 thread1 休眠 3 秒。

A．thread1.Sleep(3000);　　B．thread1.Sleep(3);

C．Thread.Sleep(3000);　　D．Thread.Sleep(3);

6．C#中通常可用哪几种方法开发包含多线程互斥的应用程序？

第 8 章　数据库访问程序设计

学习要点

- 📖 了解数据库的基础知识，掌握 SQL Server 数据库的创建方法
- 📖 熟练掌握数据库访问的基本 SQL 语句
- 📖 掌握 ADO.NET 数据库访问的常用类及其用法

数据库是计算机技术应用中的重要组成部分，许多应用程序的开发都与数据库密不可分。Microsoft 在.NET 编程环境中优先使用的数据访问接口 ADO.NET，提供了平台互用性和可伸缩的数据访问，为与数据库相关的应用程序开发提供了极大的便利。本章将在介绍数据库知识的基础上，重点讲述 ADO.NET 数据库组件的基本功能及其使用方法。

8.1　数据库应用基础

8.1.1　数据库概述

1. 数据库与数据表

直观地解释，数据库（Database）就是计算机中存储数据的仓库；抽象地说，它是一个由一批数据构成的有序集合，这个集合通常被保存为一个或多个彼此相关的文件，这些数据被分门别类地存放在一些结构化的数据表（Table）中。

数据库包含关系数据库、面向对象数据库及新兴的 XML 数据库等多种类型。如果数据库中的数据表之间具有相应的交叉引用关系，那么，存在于数据表之间的这种关系（Relation）就使数据库被称为关系（型）数据库（Relation Database）。目前应用最广泛的就是关系数据库，如：

- ❑ 大、中型数据库，如 Oracle、Sybase、DB2、SQL Server 等。
- ❑ 小型数据库，如 Access、MySQL、FoxPro 等。

2. 字段、记录、索引及键

❑ 字段与记录

关系型数据表的每一列被称为字段(Field)；每一行被称为一条数据记录(Data Record)，简称记录。每个字段所能存储的信息类型（存储格式）具有一定的要求（例如，姓名通常要用文本类型字段；年龄需用数值类型字段；生日则需用日期类型字段）。

❑ 索引与关键字

索引（Index）是一种辅助性的数据表，它们只包含一种信息：原始数据记录的排序情

况。索引还经常被人们称为关键字或键（Key）。在读取数据时，索引可以提高效率；但在输入和修改数据时，索引却会降低效率。

有一种特殊的索引称为主索引（Primary Index）或主键（Primary Key），与其他索引的区别在于主索引必须保证每条记录的索引值是独一无二的。主索引可以显著加快对数据的访问速度。主键可以是一个字段，但主键有时由多个字段组成，通常称为复合主键。

8.1.2 Access 数据库简介

Access 是微软公司推出的基于 Windows 的桌面关系数据库管理系统（即 Relational Database Management System，RDBMS），是 Office 系列应用软件之一。它提供了表、查询、窗体、报表、页、宏、模块共 7 种用来建立数据库系统的对象；提供了多种向导、生成器、模板，把数据存储、数据查询、界面设计、报表生成等操作规范化；为建立功能完善的数据库管理系统提供了方便，也使得普通用户几乎不必编写代码，就可以完成大部分的数据管理任务。

Access 是一个桌面级的数据库，其全部数据以及各种对象都存放在一个文件中。

8.1.3 SQL Server 数据库简介及其应用

1．SQL Server 数据库简介

基于 Windows 系统的 SQL Server 数据库，提供了功能强大的客户/服务器平台。客户/服务器结构的数据库管理系统可以将 Access、Visual Basic、.NET C#以及 Visual C++等作为客户端开发工具，而将 SQL Server 作为存储数据的后台服务器软件。随着 SQL Server 产品性能的不断提高和功能的不断完善，它已经在数据库系统领域占有非常重要的地位。

SQL Server 使用 Transact-SQL 语言来维护和访问数据库，Transact-SQL 是 SQL 的一个子集标准。用户还可以用多种实用程序对 SQL Server 进行本地管理或远程管理。

SQL Server 不仅具有良好的扩展性和可靠性，还能迅速开发新的互联网系统。尤其是它可以直接存储 XML 数据，将搜索结果以 XML 格式输出，提高了异构系统的互操作性，奠定了面向互联网的企业应用和服务基石。这些特点在.NET 战略中发挥着重要作用。

2．SQL Server 数据库应用

在此以微软公司的 SQL Server 2008 数据库为例，创建一个用于保存邮件用户信息的数据库及其数据表。

（1）SQL Server 2008 的安装与启动

SQL Server 2008 的安装比较简单，无须复杂配置，进入安装主界面后，安装向导会在安装过程中为用户提供可选方案，引导用户快速完成系统安装（具体安装方法此略）。

选择“开始”→“所有程序”→Microsoft SQL Server 2008→SQL Server Management Studio 命令，进入 SQL Server 2008。但在进入之前，对每个 SQL Server 2008 连接实例都要求进行身份验证，如图 8-1 所示。用户可以以 Windows 身份验证的方式登录到

SQL Server 2008 管理工具中，也可以使用 SQL Server 身份验证的方式登录。相比之下，SQL Server 身份验证的方式更加安全。

图 8-1　SQL Server 2008 连接实例的身份验证

登录后进入 Microsoft SQL Server Management Studio 管理工具的界面，如图 8-2 所示。

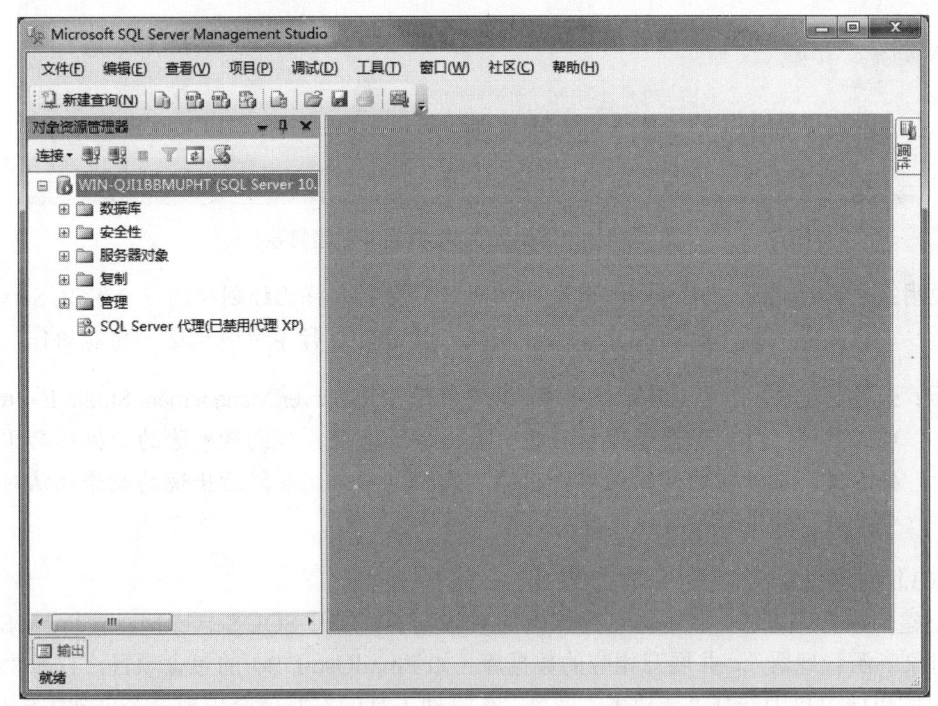

图 8-2　Microsoft SQL Server Management Studio 管理工具界面

（2）创建数据库

在 SQL Server Management Studio 左侧的“对象资源管理器”的“数据库”选项上单击鼠标右键，在弹出的快捷菜单中选择“新建数据库”命令，系统显示数据库创建对话框，如图 8-3 所示。通常需指定将要创建的数据库的逻辑名称以及数据库存放的物理地址，并且可以选择数据库的初始大小、最大值以及设置增量等。单击“确定”按钮后系统就会创建相应的数据库（在此命名为 EmailUserDB）。

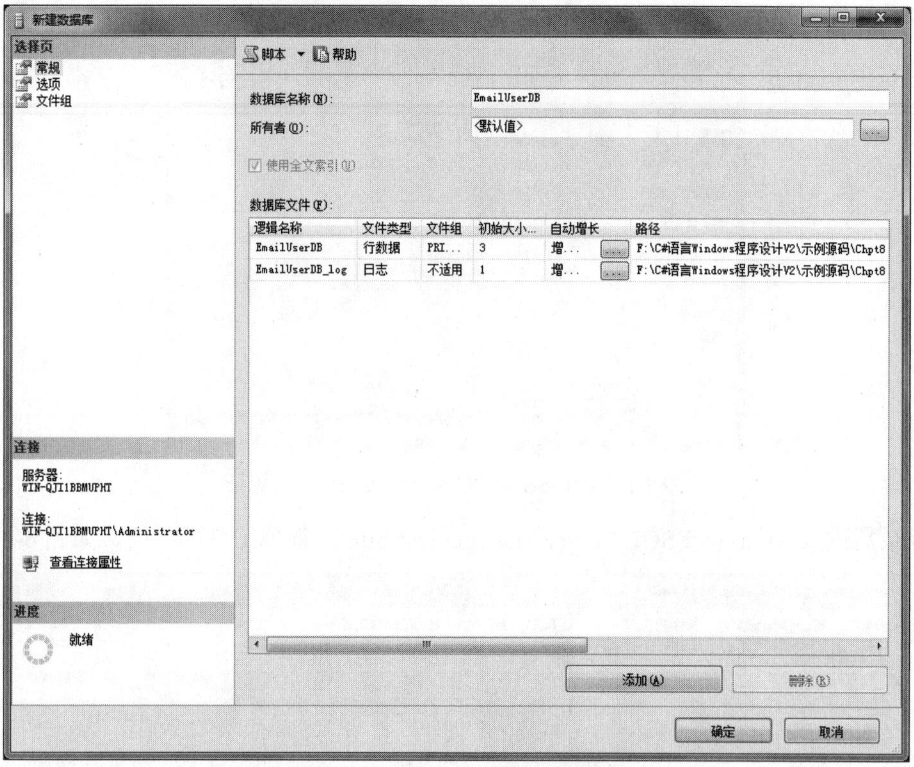

图 8-3　SQL Server 2008 数据库创建向导

说明： 也可以利用 SQL Server 系统的“附加”功能，将已经创建的一个 SQL Server 数据库导入到本机的 SQL Server 系统，读者可自行学习测试这一功能操作。

提示： 如果要删除某个已创建的数据库，只要展开 SQL Server Management Studio Express 管理工具的“对象资源管理器”的“数据库”选项，找到欲删除的数据库后单击鼠标右键，在弹出的快捷菜单中选择“删除”命令，在随后出现的删除确认对话框中单击“确定”按钮即可。

（3）创建数据表

创建了数据库之后，就可以创建该库的数据表了。展开 SQL Server Management Studio 的“对象资源管理器”，并展开相应的数据库（如 EmailUserDB）的包含项目，右击“表”，在弹出的快捷菜单中选择“新建表”命令，在管理工具的右侧就会出现一个创建表的窗口。在定义表的结构中，需要输入表的列（字段），并且需要指定这些列的名称和数据类型，如图 8-4 所示为邮件用户信息表的设计。

数据表设计完成后，单击“保存”按钮，命名（EmailUsers）后单击“确定”按钮即可保存所创建的表。

说明： 作为简单示例，在此仅创建了一个数据表，实际应用时通常要创建多个数据表。

图 8-4　设计邮件用户信息表

（4）登录属性设置

创建数据库后，通常需要设置它的登录属性以便应用程序登录访问。展开 SQL Server Management Studio“对象资源管理器”的“安全性”的“登录名”选项，双击其中的 sa 用户名，打开其登录属性对话框，输入“密码”和“确认密码”（如 pas），设置“默认数据库”为 EmailUserDB，再单击“确定”按钮即可完成设置。

8.1.4　SQL 简介

SQL 是 Structure Query Language 的缩写，即结构化查询语言。它最早是圣约瑟研究实验室为其关系数据库管理系统 SYSTEMR 开发的一种查询语言。如今，无论是 SQL Server、Oracle、Sybase、Informix，还是 DB2 等大型的数据库管理系统，还是 Access、Visual FoxPro 以及 PowerBuilder 等常用的数据库开发系统，都支持 SQL 语言作为其查询语言。

SQL 允许用户在高层数据结构上工作，不要求用户指定对数据的存放方法，也不需要用户了解具体的数据存放方式，所以具有完全不同的底层结构的不同数据库系统都可以使用相同的 SQL 语言作为其数据输入与管理的接口。它以记录集作为操作对象，所有 SQL 语句接受集合作为输入，返回集合作为输出，而且，这种集合特性允许用一条 SQL 语句的输出作为另一条 SQL 语句的输入，所以 SQL 语言可以嵌套，这也使 SQL 语句具有极大的灵活性和强大的功能。

1．SQL 对记录集的操作

SQL 中利用 select、update、delete 和 insert 这 4 种语句，对数据表的记录集进行各种操作，基本用法分别介绍如下。

（1）select 语句

select 语句用于对数据表记录的筛选。

基本条件查询的语句格式：

```
sql="select * from 表名 where 字段名=字段值 order by 字段名[desc]"
```

模糊查询的语句格式：

```
sql="select * from 表名 where 字段名 like '%字段值%' order by 字段名 [desc]"
```

限定记录数量的查询语句格式：

```
sql="select top10 * from 表名 order by 字段名[desc]"
```

条件匹配的查询语句格式：

```
sql="select * from 表名 where 字段名 in('值 1','值 2','值 3')"
```

指定范围的查询语句格式：

```
sql="select * from 表名 where 字段名 between 值 1 and 值 2"
```

包含计算的查询语句格式：

```
sql="select sum(字段名) as 别名 from 表名 where 条件表达式"
```

（2）update 语句

update 语句用于更新数据表记录。

基本更新语句格式：

```
sql="update 表名 set 字段 1=值 1,字段 2=值 2,…,字段 n=值 n where 条件表达式"
```

（3）delete 语句

delete 语句用于删除数据表记录。

条件删除的语句格式：

```
sql="delete from 表名 where 条件表达式"
```

无条件删除数据表所有记录的语句格式：

```
sql="delete from 表名"
```

（4）insert 语句

insert 语句用于向数据表中添加记录。

单条记录添加的语句格式：

```
sql="insert into 表名 (字段 1,字段 2,字段 3,…)values(值 1,值 2,值 3,…)"
```

将一个数据表（源数据表）的记录添加到另一个数据表（目标数据表）的语句格式：

```
sql="insert into 目标表名 select * from 源表名"
```

2．SQL 对数据表的操作

虽然目前的数据库系统都可以利用其相应的工具可视化地创建数据表，但在管理系统的应用过程中可能需要动态地创建一个新的数据表或者删除一个已经存在的数据表，所以，SQL 也具有对数据表进行操作的功能。

SQL 中利用 create、drop 和 alter 这 3 种语句，对数据表本身进行各种操作，基本用法分别介绍如下。

（1）create 语句

create 语句用于创建一个新的数据表。

其常用语句格式：

```
CREATE TABLE 表名 (字段 1 类型 1(长度),字段 2 类型 2(长度),…)
```

（2）drop 语句

drop 语句用于删除一个已经存在的数据表。

其常用语句格式：

```
DROP TABLE 表名
```

（3）alter 语句

alter 语句用于修改一个已经存在的数据表。

其常用语句格式：

```
ALTER TABLE 表名 ADD 新添加的字段 i 类型 i(长度) DROP 被删除的字段 j 类型 j(长度) ALTER
被修改的字段 k 类型 k(长度)
```

提示： 在应用 SQL 时，可以先借助 Access 创建一个可视化的查询，然后再转到该查询的 SQL 画面，复制其 SQL 语句至编程环境并适当修改。这样既可以避免因缺乏 SQL 知识而导致其应用错误，又可提高初学者的 SQL 语句编写效率。

8.2　ADO.NET 简介

8.2.1　ADO.NET 功能简介

ADO.NET 提供了对 SQL Server 和 XML 等数据源以及通过 OLE DB 和 XML 公开的数据源的一致的访问接口。数据共享使用者的应用程序可以使用 ADO.NET 来连接这些数据源，并检索、处理和更新所包含的数据。在.NET 应用程序开发中，C#和 VB.NET 都可以使用 ADO.NET。

可以将 ADO.NET 看作是一个介于数据源和数据使用者之间的转换器，如图 8-5 所示。

ADO.NET 接收使用者语言中的命令，如连接数据库、返回数据集等，然后将这些命令转换成可以在数据源中正确执行的语句。

图 8-5　ADO.NET 功能示意图

ADO.NET 通过支持对数据的松耦合访问，减少了与数据库的活动连接数目，即减少了多个用户争用数据库服务器有限资源的可能性，从而实现了最大程度的数据共享。另外，ADO.NET 还具有网络流量小以及客户端应用程序与数据源之间需要的层数少的特点。

8.2.2　ADO.NET 数据提供程序

在 ADO.NET 中，.NET Framework 数据提供程序是一组连接数据源，并且能够对数据执行命令，获取数据的程序结构。.NET Framework 提供了 4 组数据提供程序，用于访问 4 类数据源。

- SQL Server.NET Framework 数据提供程序：该程序只能访问 SQL Server 7.0 或更高版本，更早版本的只能通过 OLE DB 数据提供程序访问。它的命名空间是 System.Data.SqlClient。
- OLE DB.NET Framework 数据提供程序：用于访问 OLE DB 数据提供程序，该程序不支持 OLE DB 2.5 版接口。它的命名空间是 System.Data.OleDb。
- ODBC.NET Framework 数据提供程序：用于访问 ODBC 数据提供程序。它的命名空间是 System.Data.Odbc。
- Oracle.NET Framework 数据提供程序：用于访问 Oracle 数据，该程序需要 Oracle 客户端软件 8.1.7 或更高版本的支持。它的命名空间是 System.Data.OracleClient。

8.2.3　ADO.NET 数据提供程序的核心对象

.NET Framework 数据提供程序包含了如表 8-1 所示的 4 个核心对象，分别用于对数据源的连接、数据操作、数据读取以及数据源的填充更新。

表 8-1　.NET Framework 数据提供程序的核心对象

命 名 空 间	说　明
Connection	建立与数据源的连接
Command	对数据源执行的一个 Transact-SQL 语句或存储过程
DataReader	从数据源读取行的只进且只读数据流
DataAdapter	用数据源填充 DataSet 并解析更新

表 8-1 所列出的是通用对象，实际应用时，需要针对具体的数据源选用相对应的数据提供程序对象，如表 8-2 所示为对应具体数据源所采用的数据提供程序核心对象。

表 8-2　具体.NET Framework 数据提供程序核心对象的选用

通 用 对 象	SQL Server 数据源	OLE DB 数据源	ODBC 数据源	Oracle 数据源
Connection	SqlConnection	OleDbConnection	OdbcConnection	OracleConnection
Command	SqlCommand	OleDbCommand	OdbcCommand	OracleCommand
DataReader	SqlDataReader	OleDbDataReader	OdbcDataReader	OracleDataReader
DataAdapter	SqlDataAdapter	OleDbDataAdapter	OdbcDataAdapter	OracleDataAdapter

8.3　ADO.NET 数据库访问

从本节开始，将结合 8.1.3 节创建的 SQL Server 数据库（EmailUserDB），设计一个利用 ADO.NET 实现邮箱（或其他系统）登录用户基本信息管理的窗体应用程序。

※ 示例源码：Chpt8\EmailUsersMIS

具体的设计步骤如下：

（1）新建一个名为 EmailUsersMIS 的 C#语言 Windows 应用程序项目，并分别从“公共组件”、“容器”和“数据”工具箱中拖动相应的控件到新建的窗体（Form1）上，具体设计如下：

- 一个 DataGridView 控件用以显示数据表的记录。
- 两个 GroupBox 控件用以分别组合 3 个字段控件和 4 个数据操作按钮控件。
- 3 个 Label 控件用以显示“用户名”、“密码”和“真实姓名”标题。
- 一个 ComboBox 控件用作“用户名”的选项列表，其 Name 属性设置为 cbUsername。
- 两个 TextBox 控件用作“密码”和“真实姓名”的内容输入，其 Name 属性分别设置为 tbPwd 和 tbRealname。
- 4 个 Button 控件用作对数据库的“增加”、“删除”、“修改”和“查询”操作，其 Name 属性分别设置为 btnAdd、btnDelete、btnUpdate 和 btnQuery。

（2）将窗体的 Text 属性修改为“邮件用户管理信息系统”，该窗体的最终设计效果如图 8-6 所示。

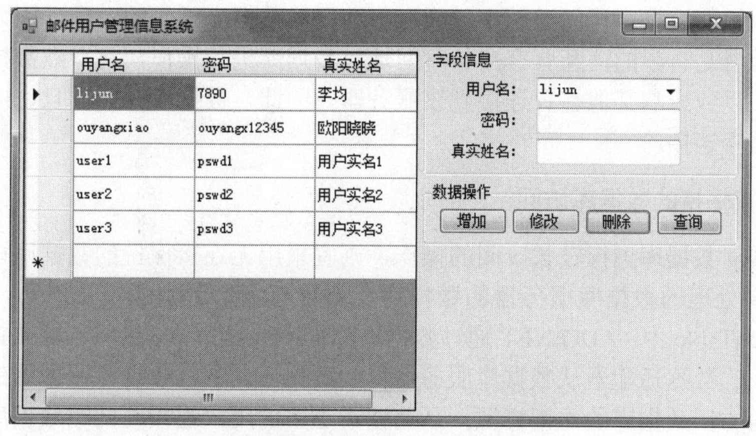

图 8-6　邮件用户信息管理窗体设计

该窗体的功能设计包含了对数据库的最基本的 4 种操作。

- 增加：将“用户名”（username）、“密码”（password）和“真实姓名”（realname）作为追加一条记录的内容输入，同时，查询追加记录后数据表中的全部记录，并显示在 DataGridView 中。
- 修改：以“用户名”为条件，修改数据表中对应该用户名的“密码”和“真实姓名”，同时，查询记录修改后数据表中的全部记录，并显示在 DataGridView 中。
- 删除：以“用户名”为条件，删除数据表中对应该用户名的全部记录，同时，查询记录删除后数据表中的全部记录，并显示在 DataGridView 中。
- 查询：以“用户名”为条件，从其下拉列表中选择，然后查询数据表中对应该用户名的记录并显示在 DataGridView 中。可在其中输入“*”，查询数据表中的全部记录，并显示在 DataGridView 中。

8.3.1 ADO.NET 数据库访问基础知识

ADO.NET 提供了两种访问数据库的方式：有连接保持方式和无连接保持方式。

1．有连接保持的数据库访问

这种方式的数据库访问，在取得数据库连接之后将一直保持与数据库的连接状态直至执行关闭连接的操作。这种访问通过向数据库发送 SQL 命令等方式实时地更新数据库，基本步骤如下：

（1）通过数据库连接类（Connection）连接到数据库，如 SQL Server 数据库服务器或 Access 数据库文件等。

（2）通过数据库命令类（Command）在数据库上执行 SQL 语句，实现对数据库的插入（InsertInto）、删除（Delete）、更新（Update）以及查询（Select）等操作。

（3）如果是选择查询的 SQL 语句，还可以通过数据读取器类（DataReader）进行数据记录的向前只读操作。

（4）数据库操作完成后，再通过连接类（Connection）关闭当前的数据库连接。

在连接保持的数据库访问过程中，应尽量缩短对数据库操作的时间，因为数据库的客户访问连接数量是有限的，某些客户长时间地对数据库进行操作，将导致数据库服务器被长时间占用，以致影响其他客户连接到该服务器。因此，数据库操作一旦完成，应及时关闭对应的数据库连接。

2．无连接保持的数据库访问

如果需要对数据库进行较长时间的操作，则宜采用无连接保持的数据库访问。在这种访问中，需要处理的数据库服务器的数据将在本地有一个副本（虚拟表），通常保存在 Dataset 或 DataTable 中，ADO.NET 通过数据适配器（DataAdapter）将本地数据与数据库服务器相关联。当数据适配器从数据库服务器得到数据后，其与数据库服务器的连接就断开了，也就不再占用数据库的访问资源，从而便于更多的用户连接访问该数据库服务器。通过本地的 Dataset 即可实施对数据的修改，然后再通过数据适配器更新到数据库服务器中，基本步骤如下：

（1）通过数据库连接类（Connection）连接到数据库。

（2）创建基于当前数据库连接的数据适配器（DataAdapter），数据适配器通过数据库命令类（Command）在数据库上执行 SQL 语句，包括更新（Update）、插入（InsertInto）、删除（Delete）以及查询（Select）等，实现从数据库获取数据或将本地数据修改、更新到数据库服务器中的操作。

（3）通过 DataAdapter 从数据库服务器获取数据到本地 Dataset 或 DataTable 中。

（4）使用或更新本地的 Dataset 或 DataTable 中的数据。

（5）通过 DataAdapter 将本地数据修改或更新到数据库服务器，然后关闭与数据库的连接。

无连接保持的数据库访问，具有执行效率高、数据库连接占用时间短、内容修改容易和记录可回滚等优点，但也存在数据更新不及时的缺点。

8.3.2　利用 SqlConnection 类连接数据库

ADO.NET 通过 ADOConnection 连接到数据库，ADOConnection 包括 Open()方法和 Close()方法，分别用于打开和关闭数据库连接。已经打开的数据库连接使用完成后，都应及时关闭其连接。

1. 连接 SQL Server 数据库

ADO.NET 中可采用两种方式连接 SQL Server 数据库，一种是 SQL Server 登录方式，另一种是集成登录方式。

（1）SQL Server 登录方式

登录前不管 Windows 是否通过了身份验证，都需要提供相应的 SQL Server 用户名和密码，才能登录到 SQL Server 数据库。

SQL Server 登录方式连接本地的 ScoreMIS 数据库的示例代码如下：

```
string strCon;                                    //声明连接字符串
//编写连接字符串：server 为“服务器 IP 地址（或名称）”，database 为“数据库名称”，uid 为
“数据库用户名”，pwd 为“数据库密码”
strCon = "server='(local)';database='EmailUserDB';uid='sa';pwd='pas';";
SqlConnection sqlCon = new SqlConnection(strCon); //新建 SQL Server 连接
try
{
    sqlCon.Open();                                //打开 SQL 连接
    …   //连接数据库成功后的相应数据库操作
    sqlCon.Close();                               //关闭 SQL 连接
}
catch
{
    …   //连接数据库失败的需要处理
}
```

（2）集成登录方式

这是一种信任登录，即 SQL Server 数据库服务器信任 Windows 系统，如果 Windows 系统通过了身份验证，则 SQL Server 将不再进行身份验证，也就不需要提供用户名和密码了。

集成登录方式连接本地的 EmailUserDB 数据库的示例代码如下：

```
SqlConnection sqlCon= new SqlConnection("Data Source= localhost;
    Initial Catalog=EmailUserDB; Integrated Security=true");
```

提示：也可以在 Visual Studio 的菜单栏中选择"数据"→"添加新数据源"命令，打开"数据源配置向导"对话框，然后在向导的指引下逐步完成创建数据库的连接。

以下将重点介绍利用 ADO.NET 访问 SQL Server 数据库的各项基本知识。利用 ADO.NET 对 Access 数据库所进行的访问，需要使用 OleDbCommand 类，其用法类似于 SqlCommand 类，在此不做具体介绍。

2. 利用 SqlConnection 连接 SQL Server 应用示例的程序设计

以下继续进行 EmailUsersMIS 示例的相应程序设计。在此编程中，设计了一个对数据库进行各项操作时均可调用的数据库连接的公共方法（DBConnect()），简化了程序设计，也便于代码维护。程序代码编写如下：

（1）添加命名空间引用：

```
using System.Data.SqlClient;
```

（2）定义全局变量，声明连接字符串和 SqlConnection 对象：

```
string strCon;
SqlConnection sqlCon;
```

（3）编写数据库连接公共方法：

```
private void DBConnect()
{
    //编写数据库连接字符串：server 为"服务器 IP 地址（或名称）"，database 为"数据库名称"，
uid 为"数据库用户名"，pwd 为"数据库密码"
    strCon = "server='localhost';"+"database='EmailUserDB';uid='sa'; pwd='pas';";
    sqlCon = new SqlConnection(strCon); //新建 SQL Server 连接
}
```

8.3.3 DataSet 数据集与 DataAdapter 数据适配器简介及应用

以无连接的方式访问数据库时，需要在内存中创建一个 DataSet 对象。DataSet 是数据的集合（数据集），表示来自一个或多个数据源数据的本地副本，在内存中被缓存，所以也可以看作是一个虚拟的表。一个 DataSet 表示整个数据集，其中包括对数据进行包含、排序和约束的表和表间的关系。DataSet 能够提高程序的性能，因为 DataSet 从数据源中加载数据后，就会断开与数据源的连接，开发人员可以直接使用和处理这些数据。然而 DataSet 必须要与一个或多个数据源进行交互，DataAdapter 就如一座桥梁提供了 DataSet 对象与数

据源之间的连接。

为了实现这种交互，.NET 提供了 SqlDataAdapter 类和 OleDbDataAdapter 类，分别适用于不同情况。

- SqlDataAdapter 类：专用于 SQL Server 数据库，在 SQL Server 数据库中使用该类能够提高性能，SqlDataAdapter 与 OleDbDataAdapter 相比，无须使用 OLEDB 提供程序，可直接在 SQL Server 上使用。
- OleDbDataAdapter 类：适用于由 OLEDB 数据适配器公开的任何数据源，包括 SQL Server 数据库和 Access 数据库。

1．利用 DataAdapter 将数据填充到 DataSet

使用 DataAdapter 属性指定需要执行的操作，这个属性可以是一条 SQL 语句或者存储过程，再通过 DataAdapter 对象的 Fill()方法，即可将返回的数据存放到 DataSet 数据集中。利用 DataAdapter 将数据填充到 DataSet 数据集的基本步骤如下：

（1）创建 DataAdapter 对象

示例代码如下：

```
SqlDataAdapter da = new SqlDataAdapter("select * from EmailUsers", con);
```

DataAdapter 对象的构造函数允许传递两个初始化参数，第 1 个参数为 SQL 查询语句，第 2 个参数为数据库连接的 SqlConnection 对象。

（2）创建数据集

也可以直接利用.NET 的 DataSet 数据适配器控件，示例代码如下：

```
DataSet ds = new DataSet();
da.Fill(ds, "tablename");                                    //Fill()方法填充
```

DataSet 可以被看作是一个虚拟的表或表的集合，这个表的名称在 Fill()方法中可任意命名（如 tablename）。

（3）显示 DataSet 的数据

当返回的数据被存放到数据集中后，可以通过循环语句遍历和显示数据集中的信息。当需要显示表中某一行字段的值时，可以通过 DataSet 对象获取相应行的某一列的值，示例代码如下：

```
ds.Tables["tablename"].Rows[0]["name"].ToString();//获取数据集
```

上述代码从 DataSet 对象中的虚表 tablename 中的第 0 行中获取 name 列的值，当需要遍历 DataSet 时，可以使用 DataSet 对象中的 Count 来获取行数，示例代码如下：

```
//遍历 DataSet 数据集
for (int i = 0; i < ds.Tables["tablename"].Rows.Count; i++)
{
    listBox1.Items.Add(ds.Tables["tablename"].Rows[i]["name"].ToString());
}
```

（4）绑定 DataSet 数据集到列表控件或数据显示控件上

为了更方便地显示数据，也可以将 DataSet 数据集绑定到 DataGridView、ListBox 或 ComboBox 控件上。

❑ 将 DataSet 数据集绑定到 DataGridView，示例代码如下：

```
dataGridView1.DataSource = ds.Tables[0];
```

❑ 将 DataSet 数据集绑定到 ComboBox，示例代码如下：

```
//指定列表中要显示的数据表的具体字段
cbUsername.DisplayMember = "username";
//指定最终实际存储的数据表的具体字段（与列表显示的字段也可能不同）
cbUsername.ValueMember = "username";
//绑定数据源
cbUsername.DataSource = ds.Tables[0].DefaultView;
```

2．DataAdapter 与 DataSet 在示例程序设计中的应用

以下继续进行 EmailUsersMIS 示例的相应程序设计。在此编程中，设计了一个对数据库进行各项操作时均可调用的数据刷新及显示的公共方法，简化了程序设计，也便于代码维护。程序代码编写如下：

（1）刷新及显示相关数据的方法：

```
private void CommonDataView()
{
    try
    {
        DBConnect();
        //连接数据库成功后的操作
        //创建 DataAdapter 对象
        SqlDataAdapter da = new SqlDataAdapter("select username as 用户名,"
         + " password as 密码,realname as 真实姓名 from EmailUsers", sqlCon);
        //创建数据集（也可以直接利用.NET 的 DataSet 数据适配器控件）
        DataSet ds = new DataSet();
        //Fill()方法填充
        da.Fill(ds, "tablename");
        //将 DataSet 数据集绑定到 DataGridView
        dataGridView1.DataSource = ds.Tables[0];
        //将 DataSet 数据集绑定到 ComboBox
        //指定列表中要显示的数据表的具体字段
        cbUsername.DisplayMember = "username";
        //指定最终实际存储的数据表的具体字段（与列表显示的字段可能不同）
        cbUsername.ValueMember = "username";
        //绑定数据源
        cbUsername.DataSource = ds.Tables[0].DefaultView;
    }
    catch (SystemException ex)
    {
        //连接数据库失败提示
        MessageBox.Show("错误：" + ex.Message, "错误提示",
```

```
            MessageBoxButtons.OKCancel, MessageBoxIcon.Information);
        }
        finally
        {
            //如果处于与数据库连接状态
            if (sqlCon.State==ConnectionState.Open)
            {
                sqlCon.Close();                         //关闭 SQL 连接
                sqlCon.Dispose();                       //释放所占用的资源
            }
        }
}
```

（2）在窗体加载时显示数据表原始数据，并初始化列表项的数据：

```
private void Form1_Load(object sender, EventArgs e)
{
    CommonDataView();
}
```

运行示例程序，对其进行部分功能的测试，如图 8-6 所示。此时窗体的数据表格中应该显示数据表 EmailUsers 的全部原始数据，并且可以看到用户名列表项中包含了对应数据表 EmailUsers 的全部用户名。需要说明的是，因为还未编写对当前数据库记录进行操作的 4 个按钮的功能代码，所以还不能通过本示例程序向数据表 EmailUsers 添加记录，但为了当前的程序测试，可暂时直接在 SQL Server 数据库中添加几条记录。

8.3.4　利用 SqlCommand 类访问数据库

SqlCommand 类可用于对 SQL Server 数据库执行一个 Transact-SQL 语句或存储过程，如执行对数据表数据的插入、修改或删除操作，也可对数据表进行创建、修改或删除等操作。

1．SqlCommand 类的常用属性和方法

SqlCommand 类的常用公共属性和方法分别如表 8-3 和表 8-4 所示。

表 8-3　SqlCommand 类的常用公共属性

属　　性	说　　明
CommandText	获取或设置要对数据源执行的 Transact-SQL 语句或存储过程
CommandTimeout	获取或设置在终止执行命令的尝试并生成错误之前的等待时间
CommandType	获取或设置一个值，该值指示如何解释 CommandText 属性（有 3 个选项）
Connection	获取或设置 SqlCommand 对象使用的 SqlConnection
Parameters	获取 SqlParameterCollection
Transaction	获取或设置在其中执行 SqlCommand 的 SqlTransaction
UpdatedRowSource	获取或设置命令结果在由 DbDataAdapter 的 Update()方法使用时，如何应用于 DataRow

表 8-4　SqlCommand 类的常用公共方法

方　　法	说　　明
Cancel()	试图取消 SqlCommand 的执行
CreateParameter()	创建 SqlParameter 对象的新实例
ExecuteNonQuery()	对连接执行 Transact-SQL 语句并返回受影响的行数
ExecuteReader()	将 CommandText 发送到 Connection 并生成一个 SqlDataReader 对象
ExecuteScala()	执行查询，并返回查询结果集中第一行的第一列。忽略额外的行或列
ExecuteXmlReader()	将 CommandText 发送到 Connection 并生成一个 XmlReader 对象
Prepare()	在 SQL Server 的实例上创建命令的一个准备版本

2．SqlCommand 类在示例程序设计中的应用

以下继续进行 EmailUsersMIS 示例的相应程序设计，实现 4 个按钮对数据库进行的增加、删除、修改和查询的基本功能。程序代码编写如下：

（1）增加记录

```
private void btnAdd_Click(object sender, EventArgs e)
{
    DBConnect();
    sqlCon.Open();
    SqlCommand cmd = new SqlCommand("insert into EmailUsers values ('"
    + cbUsername.Text+"','"+tbPwd.Text+"','"+tbRealame.Text+"')", sqlCon);
    cmd.ExecuteNonQuery();          //执行 SQL 语句，增加记录
    sqlCon.Close();                 //关闭数据库连接
    CommonDataView();               //刷新记录显示
}
```

（2）删除记录

```
private void btnDelete_Click(object sender, EventArgs e)
{
    DBConnect();
    sqlCon.Open();
    SqlCommand cmd = new SqlCommand("delete from EmailUsers where "
        + " username = '" + cbUsername.Text + "'", sqlCon);
    cmd.ExecuteNonQuery();          //执行 SQL 语句，删除记录
    sqlCon.Close();
    CommonDataView();
}
```

（3）更改记录

```
private void btnUpdate_Click(object sender, EventArgs e)
{
    DBConnect();
    sqlCon.Open();
    SqlCommand cmd = new SqlCommand("UPDATE EmailUsers SET password = '"
        + tbPwd.Text + "', Realname = '" + tbRealame.Text
        + "' WHERE username='" + cbUsername.Text + "'", sqlCon);
```

```
        cmd.ExecuteNonQuery();//执行 SQL 语句，更改记录
        sqlCon.Close();
        CommonDataView();
}
```

（4）查询记录

```
private void btnQuery_Click(object sender, EventArgs e)
{
        //建立数据库连接并打开连接
        DBConnect();
        sqlCon.Open();
        //创建 DataAdapter 对象
        SqlDataAdapter da = new SqlDataAdapter("select username as 用户名,"
                + " password as 密码,realname as 真实姓名 from EmailUsers"
                + " WHERE username like '%" + " cbUsername.Text + "%'", sqlCon);
        //创建数据集（也可以直接利用.NET 的 DataSet 数据适配器控件）
        DataSet ds = new DataSet();
        //Fill()方法填充数据
        da.Fill(ds, "tablename");
        //将 DataSet 数据集绑定到 DataGridView
        dataGridView1.DataSource = ds.Tables[0];
        //断开数据库连接
        sqlCon.Close();
}
```

可运行示例程序，测试其增加、修改、删除和查询记录的基本功能，并且可以看到，进行以上 4 项操作后，数据视图和列表项中的数据也会随之实时更新。

8.3.5　DataReader 类简介

除了可以利用上述的 DataSet 类来获取数据以外，还可以利用 DataReader 类来获取数据。与 DataSet 类相比，DataReader 类具有快速数据库访问、只进和只读数据并可减少服务器资源等特点。

以下是利用 DataReader 获取只读数据，并将指定字段的数据添加到 ListBox 控件的列表项中的示例程序设计：

```
//创建连接字符串
SqlConnection sqlCon = new SqlConnection("Data Source=localhost; Initial"
+ " Catalog=EmailUserDB; Integrated Security=true");
sqlCon.Open();                                          //打开连接
//创建 Command 对象
SqlCommand cmd = new SqlCommand("select * from EmailUsers", sqlCon);
SqlDataReader dr = cmd.ExecuteReader();                 //创建 DataReader 对象
//遍历读取数据表中行的信息，并添加到列表控件中
while (dr.Read())
{
        listBox1.Items.Add(dr["realname"].ToString());
```

```
}
sqlCon.Close();//关闭连接
```

提示：DataReader 对象的 Read()方法不仅可以判断 DataReader 对象中的数据是否还有下一行，以便将游标下移一行，还可以判断 DataReader 对象的数据是否读取结束。

DataReader 类与 DataSet 类的主要区别概括如下：

- 两者的对象都可以从数据库读取数据，但它们是有区别的。
- DataReader 本身是通过 SqlCommand 对象的 ExecuteReader()方法进行构建的；而 DataSet 则是通过 DataAdapter 对象的 Fill()方法进行填充。
- DataReader 是在线处理数据，当连接关闭后就不能读取数据了；DataSet 可以离线处理数据，它将数据从数据库复制到本地并存储，在关闭连接的情况下仍然可以在 DataSet 中处理数据。
- DataReader 只能正向读取数据，且不能修改数据；DataSet 可以按任意顺序读取行，并且可以灵活地搜索、排序和过滤这些行，甚至可以改变这些行，然后将这些改变同步到数据库中。
- 从 DataReader 读取数据的速度快于 DataSet。
- 由于 DataSet 是离线处理，当在事务处理中要锁定数据库时，便不可以再使用。因为当 DataSet 被填充以后，会自动断开与数据库的连接，此时不可能再对数据库进行锁定。
- DataReader 是在线处理，得到的是数据库当前的真实数据，但由于长时间在线，增加了网络的通信负担；DataSet 是离线处理，数据被复制在本地，不仅可以减轻网络负担，而且程序处理数据更加方便，但若离线时间过长，所得数据可能不是真实数据。

8.3.6 利用 DataTable 类和 DataView 类更新数据及控制视图

DataTable 表示一个内存表，类似于数据库中的表，不但可以由 Fill()方法来填充，也可以自己创建。一个 DataSet 可以包含多个 DataTable。

DataView 是一个数据视图，其定义与数据库中的视图是一致的，表示用于排序、筛选、搜索、编辑和导航的 DataTable 的可绑定数据的自定义视图。很多情况下，在 DataSet 中的 DataTable 的页面的数据显示不直接由 DataTable 提供，而是由 DataView 提供，这是因为 DataTable 不支持对数据的筛选等控制。

在此前设计的 EmailUsersMIS 示例中，对数据表的增加、删除、修改及查询的操作都是通过相应的列表框或文本框来进行的，而不能直接对窗体中的 DataGridView 进行各种操作。所以，本节将结合运用 DataTable，实现通过 DataGridView 直观化地对数据表进行增加、删除、修改及查询的操作，而且还利用 DataView 实现非常实用的数据筛选和排序功能。

※ 示例源码：Chpt8\EmailUsersMIS

继续进行程序设计，具体步骤如下：

（1）在图 8-6 所示的窗体设计基础上，继续增加以下设计：

- 3 个 RadioButton 控件作为“排序”或“筛选”的操作选项。
- 3 个 Button 控件用作对视图的“排序”、“筛选”和数据操作的“编辑数据/保存数据”，这 3 个控件的 Name 属性分别设置为 btnSort、btnFilter 和 btnSave。
- 一个 GroupBox 控件（Text 属性为“记录排序”）用以组合以上的 3 个 RadioButton 和两个“排序”和“筛选”Button 控件。
- 另外一个 GroupBox 控件（Text 属性为“数据编辑/导出”）用以组合数据操作（编辑数据/保存数据）和导出为 Excel。

于是，该窗体的最终设计如图 8-7 所示。

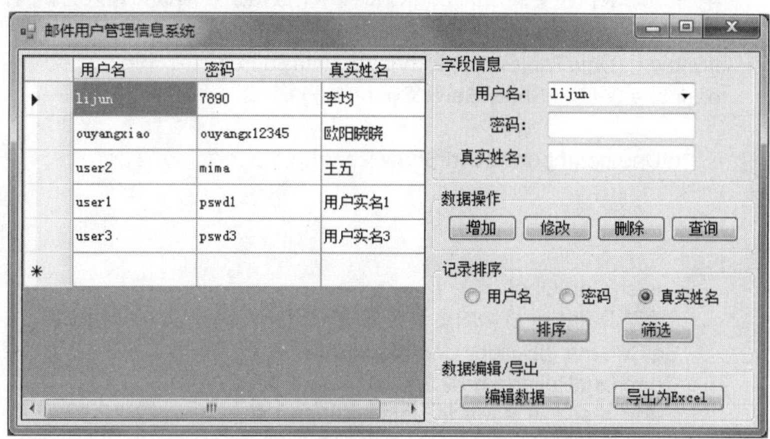

图 8-7　DataGridView 可编辑的用户信息管理窗体

说明：如图 8-7 所示的窗体设计中，实际上还添加了一个文本为“导出为 Excel”的按钮，这是为后续的扩展学习准备的窗体设计。

（2）以下给出程序的源代码：

```
using System.Data.SqlClient;                                  //添加命名空间引用
namespace ScoreMIS
{
    public partial class Form1 : Form
    {
        SqlConnection sqlCon;                                 //声明 SqlConnection 对象
        SqlDataAdapter sda;                                   //声明 SqlDataAdapter 对象
        public Form1()
        {
            InitializeComponent();
        }
        //在窗体加载时显示数据表原始数据，并初始化列表项的数据
        private void Form1_Load(object sender, EventArgs e)
        {
            CommonDataView();
        }
        //将 dataGridView1 数据操作更新到数据库
        private Boolean dbUpdate()
```

```
{
    string strSql = "select username as  用户名," +" password as  密码,
            realname as  真实姓名  from EmailUsers";
    //新建一个用于将 dataGridView1 数据操作更新到数据库的内存表
    DataTable dtUpdate = new DataTable();
    //利用 sda 初始化 dtUpdate 的表结构（和数据）
    sda = new SqlDataAdapter(strSql, sqlCon);
    sda.Fill(dtUpdate);
    //初始化的数据需清除，以存放更新后的 dataGridView1 数据
    dtUpdate.Rows.Clear();
    //再建一个表，将更新后的 dataGridView1 数据逐条读取并存入更新内存表中
    DataTable dtShow = new DataTable();
    dtShow = (DataTable)dataGridView1.DataSource;
    for (int i = 0; i < dtShow.Rows.Count; i++)
    {
        dtUpdate.ImportRow(dtShow.Rows[i]);
    }
    try
    {
        this.sqlCon.Open();
        //使对 DataSet 所做的更改与关联的 SQL Server 数据库相协调
        SqlCommandBuilder CommandBuiler;
        CommandBuiler = new SqlCommandBuilder(sda);
        //通过该 sda 将更新后的 dataGridView1 数据
        //（即已复制的 dtUpdate）更新到数据库
        sda.Update(dtUpdate);
        sqlCon.Close();
    }
    catch (Exception ex)
    {
        MessageBox.Show("数据库操作失败："+ ex.Message.ToString(),"提示",
            MessageBoxButtons.OK, MessageBoxIcon.Exclamation);
        return false;
    }
    dtUpdate.AcceptChanges();
    return true;
}
//视图排序
private void btnSort_Click(object sender, EventArgs e)
{
    //创建数据集
    sqlCon = new SqlConnection("server='YGFWIN2K'; database="
            + "'EmailUserDB';uid='sa';pwd='pas';");
    sda = new SqlDataAdapter("select username as  用户名, password "
            + "as  密码, realname as  真实姓名  from EmailUsers", sqlCon);
    DataSet ds = new DataSet();
    sda.Fill(ds, "tablename");
    //创建视图
    DataView dv;
```

```
        dv = ds.Tables["tablename"].DefaultView;
        //排序选项判断
        if (radioButton1.Checked)
        {
            dv.Sort = "用户名";
        }
        else if (radioButton2.Checked)
        {
            dv.Sort = "密码";
        }
        else
        {
            dv.Sort = "真实姓名";
        }
        dataGridView1.DataSource = dv;              //开始排序
        btnSave.Text = "编辑数据";                  //提示按钮的状态：编辑数据
    }
    //视图筛选
    private void btnFilter_Click(object sender, EventArgs e)
    {
        //创建数据集
        sqlCon = new SqlConnection("server='localhost'; database="
            + "'EmailUserDB';uid='sa';pwd='pas';");
        sda = new SqlDataAdapter("select username as 用户名, password "
            + "as 密码, realname as 真实姓名 from EmailUsers", sqlCon);
        DataSet ds = new DataSet();
        sda.Fill(ds, "tablename");
        //创建视图
        DataView dv;
        dv = ds.Tables["tablename"].DefaultView;
        //筛选选项判断
        if (radioButton1.Checked)
        {
            dv.RowFilter = "用户名 like '%" + cbUsername.Text + "%'";
        }
        else if (radioButton2.Checked)
        {
            dv.RowFilter = "密码 like '%" + tbPwd.Text + "%'";
        }
        else
        {
            dv.RowFilter = "真实姓名 like '%" + tbRealname.Text + "%'";
        }
        //开始筛选
        dv.RowStateFilter = DataViewRowState.CurrentRows;
        dataGridView1.DataSource = dv;
        btnSave.Text = "编辑数据";                  //转为编辑数据状态
    }
    //保存数据操作到数据库中
```

```
            private void btnSave_Click(object sender, EventArgs e)
            {
                if (btnSave.Text=="保存数据编辑")
                {
                    if (dbUpdate())
                    {
                        MessageBox.Show("数据库操作成功！", "提示",
                        MessageBoxButtons.OK, MessageBoxIcon.Information);
                    }
                    btnSave.Text = "编辑数据";
                }
                else
                {
                    //刷新 dataGridView1 数据显示，以便对其进行数据编辑
                    CommonDataView();
                    btnSave.Text = "保存数据";//提示按钮的状态：保存数据
                }
            }
        }
}
```

（3）运行该示例程序，对 DataGridView 控件中的数据直接进行增加、删除或修改操作，然后单击“保存数据”按钮，就可以将当前的数据编辑状况更新到数据库，同时当前按钮的文本变为“编辑数据”，为继续的数据编辑做准备。

说明： 以上仅将单一字段作为条件进行了筛选，当然也可以将多个字段作为条件并进行筛选。而且，在筛选的同时，还可以进行记录的排序。

扩展学习：将 DataGridView 控件的数据导出为 Excel

本节将介绍如何将 DataGridView 控件的数据导出为 Excel。示例程序首先通过调用 Microsoft Excel 自动化对象模型的 Workbooks 对象的 Add()方法，创建一个新的工作簿，然后通过设置 Excel 对象的 Cells 属性，向该工作簿中添加从 DataGridView 中读取的数据。

※ 示例源码：Chpt8\EmailUsersMIS

具体的设计步骤如下：

（1）在图 8-8 所示的窗体设计的基础上，再添加一个按钮控件到该窗体上，并设置按钮的 Text 属性值为“导出为 Excel”。

（2）右键单击当前项目，通过“添加引用”对话框的 COM 选项卡，添加对 Excel 动态链接库的引用。如果 COM 选项卡没有相应的 Excel 动态链接库，可以从网上下载 Interop.Excel.dll，再通过“添加引用”对话框中的“浏览”按钮，选择文件并引用之。

（3）编写“导出为 Excel”按钮的程序及其调用的数据导出方法的程序：

```
private void button1_Click(object sender, EventArgs e)
{
```

```
        DataGridviewToExcel(dataGridView1, true);          //调用数据导出方法
}
//DataGridView 数据导出为 Excel 方法
public bool DataGridviewToExcel(DataGridView dtgv, bool isShowExcle)
{
        if (dtgv.Rows.Count == 0)
        {
                return false;
        }
        Excel.Application excel = new Excel.Application();   //实例化一个 Excel 对象
        excel.Application.Workbooks.Add(true);               //确定新建 Excel
        excel.Visible = isShowExcle;                         //导出时显示 Excel
        //遍历 DataGridView 列，生成 Excel 字段名称
        for (int i = 0; i < dtgv.ColumnCount; i++)
        {
                excel.Cells[1, i + 1] = dtgv.Columns[i].HeaderText;
        }
        //遍历 DataGridView 行和列数据，并填充到 Excel 的对应单元格中
        for (int i = 0; i < dtgv.RowCount - 1; i++)
        {
                for (int j = 0; j < dtgv.ColumnCount; j++)
                {
                        //向 Excel 添加数据
                        excel.Cells[i + 2, j + 1] = dtgv[j, i].Value.ToString();
                }
        }
        return true;
}
```

运行示例程序，单击“导出为 Excel”按钮，即可看到图 8-8 所示的从 DataGridView 控件中导出的 Excel 表。

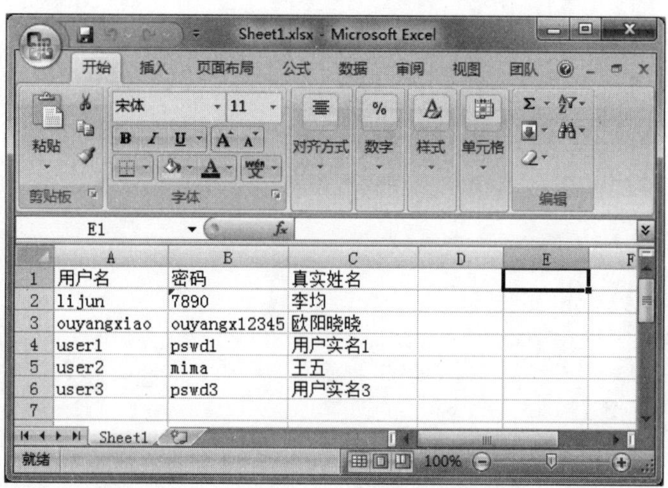

图 8-8　从 DataGridView 控件导出的 Excel 表

习　　题

1. 什么是 SQL？对数据库的 4 种基本操作的 SQL 语句是什么？
2. 简述有连接保持和无连接保持这两种数据库访问方式的优缺点。
3. 数据提供程序的功能是什么？
4. DataSet 数据集用在有连接保持还是无连接保持方式的数据库访问中？
5. 可用于数据排序和筛选的类是（　　）。

   A．DataTable　　B．DataSet

   C．DataReader　　D．DataView
6. SqlDataAdapter 包含在（　　）命名空间中。

   A．System.Data.SqlClient　　B．System.IO

   C．System.Net　　D．System.Data
7. 在 ADO.NET 中用以填充 DataSet 的对象是（　　）。

   A．SqlDataAdapter　　B．SqlConnection

   C．SqlCommand　　D．SqlParameter

第 9 章　LINQ 技术及其应用

学习要点

- 了解 LINQ 体系结构及其功能特点
- 掌握利用 LINQ to SQL 操作 SQL Server 数据库的技术

LINQ 是 Visual Studio 2008 和.NET Framework 3.5 版中引入的一项创新功能，本章将结合示例程序，重点介绍如何利用 LINQ 技术操作 SQL Server 数据库。

9.1　LINQ 简介

1. 简介

LINQ 是 Language Integrated Query 的缩写，即语言集成查询，是.NET 提供的一组数据访问技术，它在对象领域和数据领域之间架起了一座桥梁，并引入了标准、易学的数据查询和更新模式，提供了统一的编程概念和语法，使开发者可以采用同样的访问方式来访问关系型数据库、XML 数据或者是远程的对象等。LINQ 技术的体系结构如图 9-1 所示。

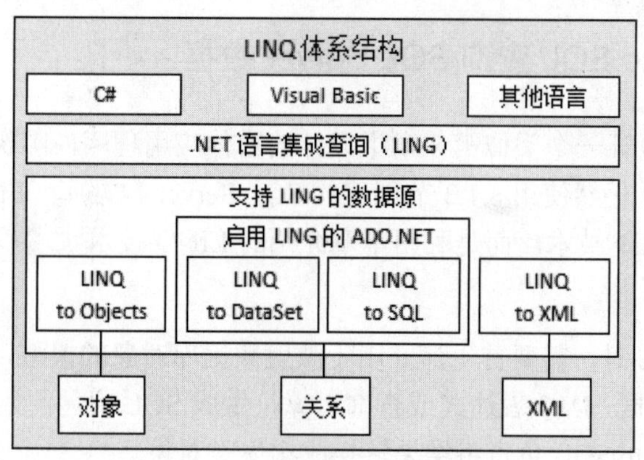

图 9-1　LINQ 的体系结构

传统上，数据的查询都是以简单的字符串表示，而没有编译时类型检查或 IntelliSense 支持。此外，针对各种数据源（如 SQL 数据库、XML 文档、各种 Web 服务等），开发者还必须学习相应的各种不同的查询语言。LINQ 使查询成为 C#和 Visual Basic 中的一流语言构造。开发者可以使用语言关键字和熟悉的运算符，针对强类型化对象集合编写查询。

2. 语句结构

LINQ 采用类似于 SQL 语句的句法，它的句法结构是以 from 子句开始，以 select 或者 group 子句结束。from 子句可以跟 0 个或多个 from 或 where 子句。每个 from 子句都是一个产生器，它引入一个迭代变量在序列上搜索；每个 where 子句是一个过滤器，它从结果中排除一些数据。最后的 select 或者 group 子句指定了迭代变量得出的结果的外形。另外，select 或者 group 子句之前可以有一个 orderby 子句，用于指定返回结果的数据排序方式。

9.2 LINQ to SQL 简介

LINQ to SQL 全称是基于关系数据的.NET 语言集成查询，是.NET Framework 3.5 版的一个组件，提供用于将关系数据作为对象管理的运行时基础结构。在 LINQ to SQL 中，关系数据库的数据模型映射到开发者所用的编程语言表示的对象模型，当程序运行时，LINQ to SQL 将对象模型中的语言集成查询转换为 SQL，然后将其发送到数据库中执行，当数据库返回结果时，LINQ to SQL 将其转换回开发者用自己的编程语言处理的对象。

使用 Visual Studio 的开发人员通常使用对象关系设计器，它提供了用于实现许多 LINQ to SQL 功能的用户界面。

9.3 LINQ to SQL 应用

本章将结合示例程序，分别介绍如何利用 LINQ to SQL，实现对 SQL Server 数据库进行最基本、最常用的访问：数据查询、数据增加、数据修改和数据删除。

9.3.1 利用 LINQ to SQL 查询 SQL Server 数据

从本节开始，将设计一个类似第 8 章中设计的窗体应用程序，实现对登录用户基本信息进行管理的功能，并且仍然使用 8.1.3 节创建的 SQL Server 数据库（EmailUserDB），当然，在此不再利用 ADO.NET 技术，而是利用本章介绍的 LINQ 技术。

1. 技术基础

使用 LINQ to SQL 时，需要首先建立用于映射数据库对象的模型，也就是实体类。在运行时，LINQ to SQL 根据 LINQ 表达式或查询运算符生成 SQL 语句，发送到数据库进行操作。数据库返回后，LINQ to SQL 负责将结果转换成实体类对象。

建立实体类的方法有很多，其中最方便的是使用 LINQ to SQL 设计器。

2. 技术应用

※ 示例源码：Chpt9\EmailUsersMIS2

具体的设计步骤如下：

（1）新建一个名为 EmailUsersMIS2 的 C#语言 Windows 应用程序项目，并分别从“公共组件”、“容器”和“数据”工具箱中拖放相应的控件到新建的窗体（Form1）上，设计一个图 8-6 所示的功能窗体（具体设计方法可参考 8.3 节）。

（2）创建 LINQ to SQL 类文件，即用鼠标右键单击当前项目，在弹出的快捷菜单中选

择“添加”→“新建项”命令，弹出如图 9-2 所示的“添加新项”对话框，选择“LINQ to SQL 类”，在“名称”文本框中输入“linq2SQL.dbml”，然后单击“添加”按钮。

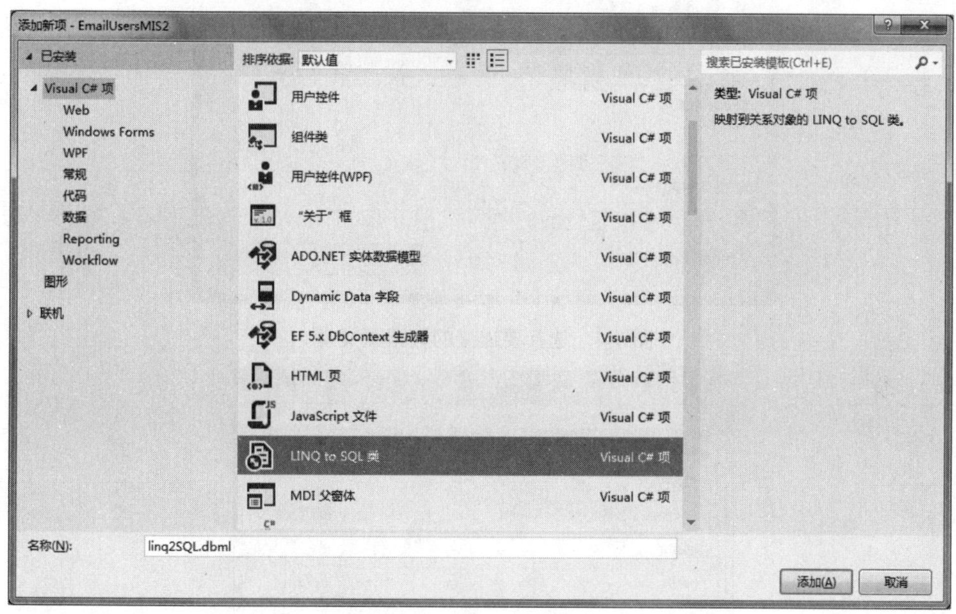

图 9-2　添加 LINQ to SQL 类

（3）用鼠标右键单击“服务器资源管理器”中的“数据连接”，在弹出的快捷菜单中选择“添加连接”命令，如图 9-3 所示。

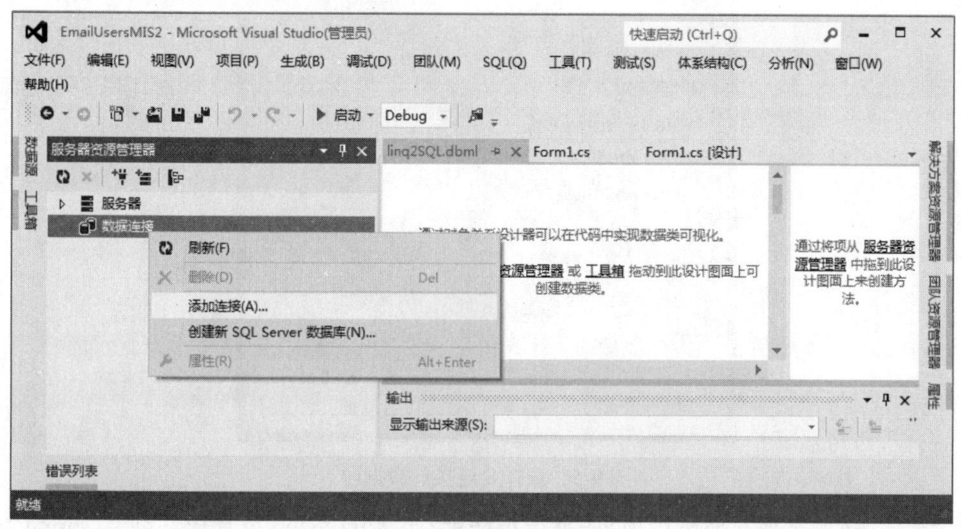

图 9-3　添加数据源连接

（4）选择对话框中的 Microsoft SQL Server 选项，并单击“继续”按钮，如图 9-4 所示。

（5）在弹出的如图 9-5 所示的对话框中，完成要连接的“服务器名”和“选择或输入数据库名称”的输入或选择，然后单击“确定”按钮。

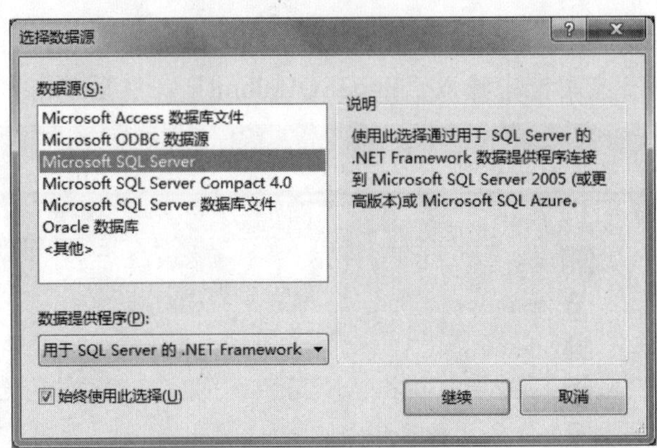

图 9-4　选择要连接的数据源类型

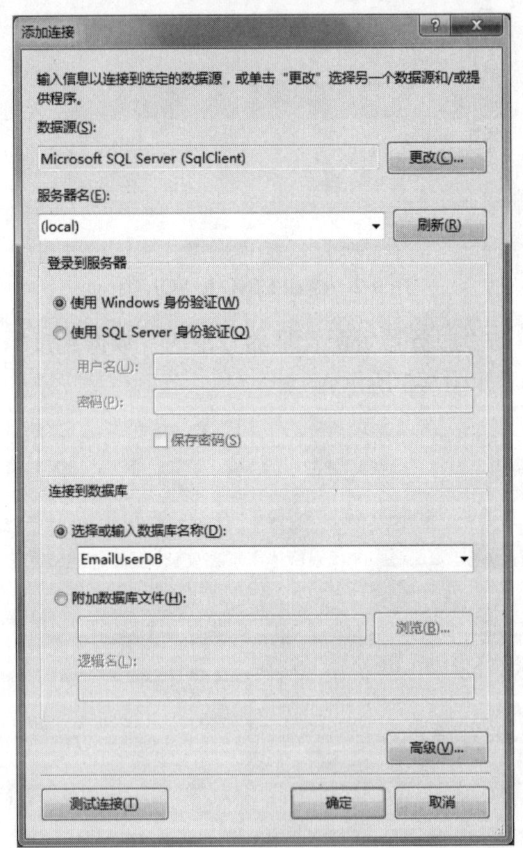

图 9-5　选择要连接的数据源

（6）选中“服务器资源管理器”中要连接的表（EmailUsers），将其拖动到 linq2SQL.dbml 的设计页面中，如图 9-6 所示。进行此拖放操作之前，该页面将显示“通过对象关系设计器可以在代码中实现数据类可视化。通过将项从‘服务器资源管理器’或工具箱拖动到此设计图可创建数据类。”

设计至此，就生成了一个强类型 DataContext，用于在实体类与数据库之间发送和接收

数据。从而为后续的 LINQ to SQL 在示例程序中的应用奠定了基础。

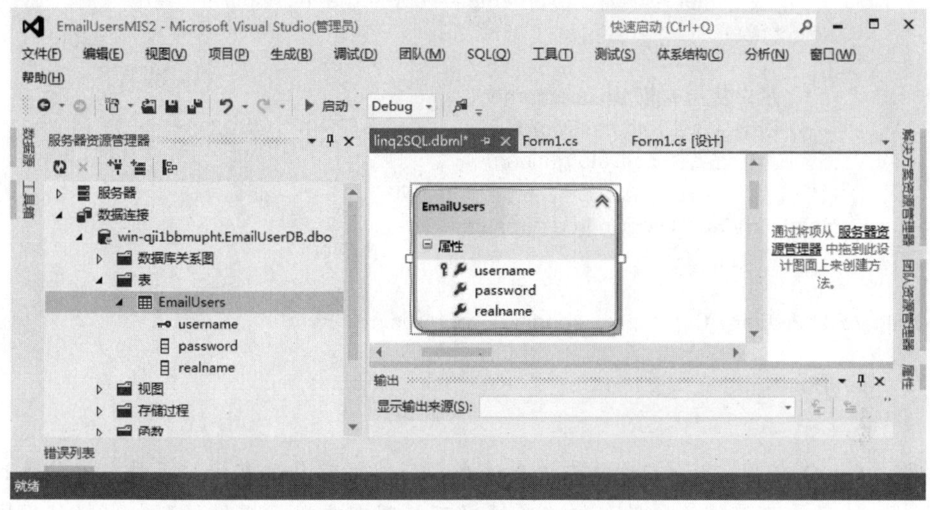

图 9-6　创建 linq2SQL.dbml 的连接表

（7）编写实现数据查询功能的程序，源代码如下：

```
String strCon = "server='localhost';database='EmailUserDB';uid='sa';
pwd='pas';";                                                   //定义数据库连接字符串
linq2SQLDataContext linq;                                      //声明 Linq 连接对象
private void Form1_Load(object sender, EventArgs e)
{
    linq = new linq2SQLDataContext(strCon);                    //实例化 Linq 连接对象
    cbUsername.DataSource = from sqlData in linq.EmailUsers
                            select sqlData.username;           //用户名列表框数据查询
}
//查询并显示数据
private void queryData()
{
    linq = new linq2SQLDataContext(strCon);                    //实例化 Linq 连接对象
    if (cbUsername.Text == "")
    {
        //ascending：ascending；descending：降序
        var result = from sqlData in linq.EmailUsers           //sqlData 是表的别名
                orderby sqlData.username ascending             //升序查询
        select new
        {
            用户名 = sqlData.username,
            密码 = sqlData.password,
            真实姓名 = sqlData.realname
        };
        dataGridView1.DataSource = result;                     //查询结果绑定到控件
    }
    else
    {
```

```
            var result = from sqlData in linq.EmailUsers
                    where sqlData.username == cbUsername.Text //条件查询
            select new
            {
                用户名 = sqlData.username,
                密码 = sqlData.password,
                真实姓名 = sqlData.realname
            };
            dataGridView1.DataSource = result;
        }
}
private void btnQuery_Click(object sender, EventArgs e)
{
    queryData();
}
```

📖说明：LINQ 使用 C#语言构造查询表达式，所以很容易被掌握。另外，查询表达式中的变量都是强类型的，但许多情况下并不需要显示提供类型，一般使用匿名类型 var，编译器可以自己推断类型，这也给开发者提供了很多方便。

（8）运行该示例程序，测试其实现数据查询的基本功能。

9.3.2 利用 LINQ to SQL 添加 SQL Server 数据

本节将在 9.3.1 节示例程序设计的基础上，继续利用 LINQ to SQL，实现对 SQL Server 数据的添加操作。

1. 技术基础

利用 LINQ to SQL，实现对 SQL Server 数据的添加，需要使用 LINQ 的以下两个方法：

（1）InsertOnSubmit()方法

该方法用于将处于 pending insert 状态的实体添加到 SQL 数据表中。其语法格式如下：

```
void InsertOnSubmit(Object entity);
```

其中，参数 entity 表示要添加的实体。

（2）SubmitChanges()方法

该方法计算要插入、更新或删除的已修改对象的集，并执行相应命令以实现对数据库的更改。其语法格式如下：

```
public void SubmitChanges();
```

2. 技术应用

※ 示例源码：Chpt9\EmailUsersMIS2

具体的设计步骤如下：

（1）双击“增加”按钮，进入其鼠标单击事件的编码区域，编写实现数据添加功能的

程序，源代码如下：

```
private void btnAdd_Click(object sender, EventArgs e)
{
    if (cbUsername.Text == "" || tbPwd.Text == "")
    {
        MessageBox.Show("用户名或密码都不能为空，请输入。");
    }
    else
    {
        linq = new linq2SQLDataContext(strCon);           //实例化 Linq 连接对象
        EmailUsers users = new EmailUsers();
        users.username = cbUsername.Text.Trim();
        users.password = tbPwd.Text.Trim();
        users.realname = tbRealname.Text.Trim();
        try
        {
            linq.EmailUsers.InsertOnSubmit(users);        //提交添加数据
            linq.SubmitChanges();                         //执行数据修改
            dropdownlistData();
            queryData();
            MessageBox.Show("数据添加成功。");
        }
        catch
        {
            MessageBox.Show("数据添加失败。");
        }
    }
}
```

（2）运行该示例程序，测试其实现数据添加的基本功能。

9.3.3　利用 LINQ to SQL 修改 SQL Server 数据

本节将在 9.3.2 节示例程序设计的基础上，继续利用 LINQ to SQL 实现对 SQL Server 数据的修改操作。

1．技术基础

利用 LINQ to SQL 实现对 SQL Server 数据的修改，需要使用 LINQ 的 SubmitChanges() 方法，该方法在 9.3.2 节中已经介绍过，在此不再赘述。

2．技术应用

※ 示例源码：Chpt9\EmailUsersMIS2

具体的设计步骤如下：

（1）双击“修改”按钮，编写实现数据修改功能的程序，源代码如下：

```
private void btnUpdate_Click (object sender, EventArgs e)
{
```

```
    if (cbUsername.Text == "" || tbPwd.Text == "")
    {
        MessageBox.Show("用户名或密码都不能为空，请输入。");
    }
    else
    {
        linq = new linq2SQLDataContext(strCon);//实例化 Linq 连接对象
        var result = from sqlData in linq.EmailUsers
                    where sqlData.username == cbUsername.Text.Trim()
                    select sqlData;
        foreach (EmailUsers users in result)
        {
            users.username = cbUsername.Text.Trim();
            users.password = tbPwd.Text.Trim();
            users.realname = tbRealname.Text.Trim();
        };
        try
        {
            linq.SubmitChanges();                              //执行数据修改
            dropdownlistData();
            queryData();
            MessageBox.Show("数据修改成功。");
        }
        catch
        {
            MessageBox.Show("数据修改失败。");
        }
    }
}
```

（2）运行该示例程序，测试其实现数据修改的基本功能。

9.3.4 利用 LINQ to SQL 删除 SQL Server 数据

本节将在 9.3.3 节示例程序设计的基础上，继续利用 LINQ to SQL，实现对 SQL Server 数据的删除操作。

1. 技术基础

利用 LINQ to SQL，实现对 SQL Server 数据的删除，需要使用 LINQ 的 SubmitChanges()方法和 DeleteAllOnSubmit()方法，其中，SubmitChanges()方法在 9.3.3 节中已经介绍过，在此不再赘述。以下主要介绍 DeleteAllOnSubmit()方法。

该方法用于将集合中的所有实体置于 pending delete 状态。其语法格式如下：

```
void DeleteAllOnSubmit(Ienumerable entities);
```

其中，参数 entities 表示要删除的实体。

2．技术应用

※ 示例源码：Chpt9\EmailUsersMIS2

具体的设计步骤如下：

（1）双击“删除”按钮，进入其鼠标单击事件的编码区域，编写实现数据删除功能的程序，源代码如下：

```
private void btnDelete_Click (object sender, EventArgs e)
{
    if (cbUsername.Text == "")
    {
        MessageBox.Show("用户名不能为空，请输入。");
    }
    else
    {
        linq = new linq2SQLDataContext(strCon);                //实例化 Linq 连接对象
        var result = from sqlData in linq.EmailUsers
                     where sqlData.username == cbUsername.Text
                     select sqlData;
        linq.EmailUsers.DeleteAllOnSubmit(result);             //提交删除数据
        linq.SubmitChanges();                                  //执行数据删除
        dropdownlistData();
        queryData();
        MessageBox.Show("数据删除成功。");
    }
}
```

（2）运行该示例程序，测试其实现数据删除的基本功能。

扩展学习：利用 LINQ to SQL 实现聚合查询

类似于 SQL 中的各种聚合查询，LINQ to SQL 也支持 Average、Count、Max、Min 和 Sum 等聚合运算符，分别用来实现对查询数据的取平均、计数、找最大值（或最小值）以及求和等运算。

本节将通过分组查询（Group 子句）并利用 Count 聚合运算符，统计以上示例中用户表（EmailUsers）中的用户总数量。

※ 示例源码：Chpt9\EmailUsersMIS2

具体的设计步骤如下：

（1）在图 8-6 所示窗体设计的基础上，再添加一个按钮控件到窗体上，并设置该按钮的 Text 属性值为“用户数量统计”，如图 9-7 所示。

（2）双击“用户数量统计”按钮，进入其鼠标单击事件的编码区域，编写实现数据聚合查询功能的程序，源代码如下：

```
private void btnCount _Click(object sender, EventArgs e)
{
```

```
        linq = new linq2SQLDataContext(strCon);                    //实例化 Linq 连接对象
        var UsersCount = from sqlData in linq.EmailUsers
              group sqlData by sqlData.username into g              //分组查询
              select g.Count();                                     //统计数量
        MessageBox.Show("用户数量的统计结果是："+UsersCount.Count().ToString());
}
```

（3）运行示例程序，单击“用户数量统计”按钮，即可弹出如图 9-7 所示的对话框，其中显示用户数量统计的结果。

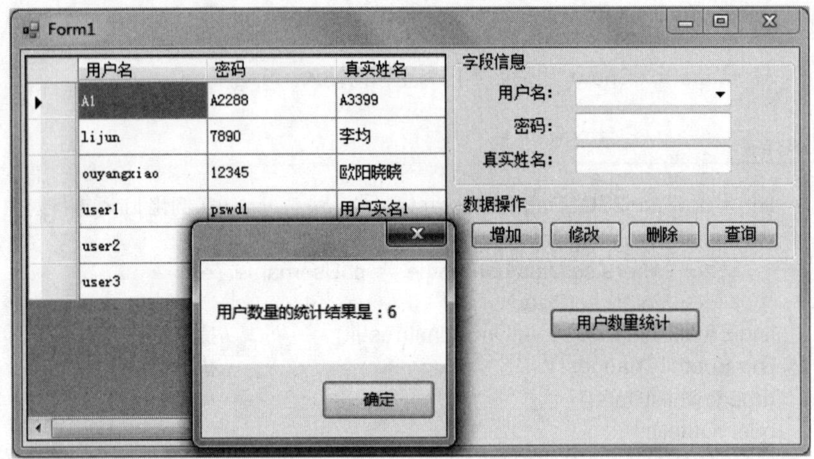

图 9-7　LINQ to SQL 的聚合查询

习　题

1．什么是 LINQ？它与 SQL 有什么区别？

2．简要介绍 LINQ to SQL 类的用途以及其创建方法。

3．简要介绍 LINQ 常用的聚合查询运算符。

4．select 语句用来选择需要显示的字段，查询显示全部字段和部分字段的语法结构有何区别？请举例说明。

5．利用 LINQ to SQL 添加 SQL Server 数据，需要使用的方法是（　　）。

A．InsertOnSubmit　　B．SubmitChanges

C．DeleteOnSubmit　　D．DeleteAllOnSubmit

6．order by 语句用来按顺序显示数据，默认是数据的升序，这种情况下，是否仍然需要使用升序关键词 ascending？

第 10 章　GDI+图文绘制程序设计

学习要点

- 掌握 GDI+图文绘制的 C#程序设计
- 掌握 GDI+动画创作的 C#程序设计
- 了解 GDI+图像处理的 C#程序设计基础

图形绘制与图像处理在目前的软件开发中经常使用，如网络游戏、股票走势图以及监控系统中的设备或生产过程的图形化模拟显示等。本章介绍的 GDI+，将在 Windows 应用程序的窗体上绘制图形或呈现文本，并将它们作为对象进行相应的控制。

10.1　GDI+简介

GDI（Graphics Device Interface，即图形设备接口）是 Windows API 的一个重要组成部分。而 GDI+则是 GDI 的升级版本，是微软公司在 Windows 2000 以后的操作系统中提供的新的图形设备接口，它在 GDI 的基础上做了大量的优化和改进。一方面，GDI+提供了一些新的功能（如渐变画刷 Gradient Brushes 以及混合 Alpha Blending 等）；另一方面，GDI+修订了编程模式，将图形硬件和应用程序相互隔离，使得开发人员可以更加容易地编写与设备无关的应用程序。GDI+的体系结构如图 10-1 所示。

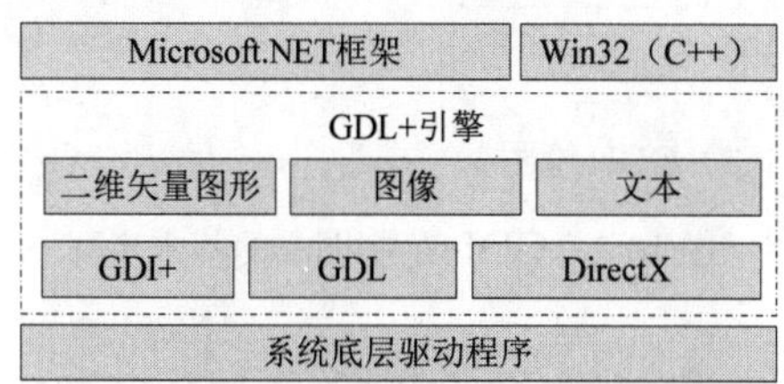

图 10-1　GDI+的体系结构

注：GDL（Graphic Display Library）表示“图形显示库”。

GDI+主要提供了以下功能。

- 二维矢量图形：GDI+提供了存储图形基元自身信息的类（或结构）、存储图形基元绘制方式信息的类以及实际进行绘制的类。
- 图像处理：多数图像都难以或不可能使用矢量图形表示，所以，GDI+提供了 Bitmap 和 Image 等类，用于显示、操作和保存 BMP、JPEG、GIF 或 PNG 等格式的图像。
- 文本显示：在 GDI+中，文本信息也是“绘制”的，并且可以使用各种字体、字号以及样式。

10.2　GDI+绘制图文的基本步骤

GDI+绘图的基本步骤如图 10-2（a）所示，为了便于读者更好地理解该步骤，图 10-2（b）中形象化地列出了与图 10-2（a）每一步相对应的现实绘图操作。接下来就将结合图 10-2（a），逐步分析介绍 GDI+绘图的基础知识及其程序设计。

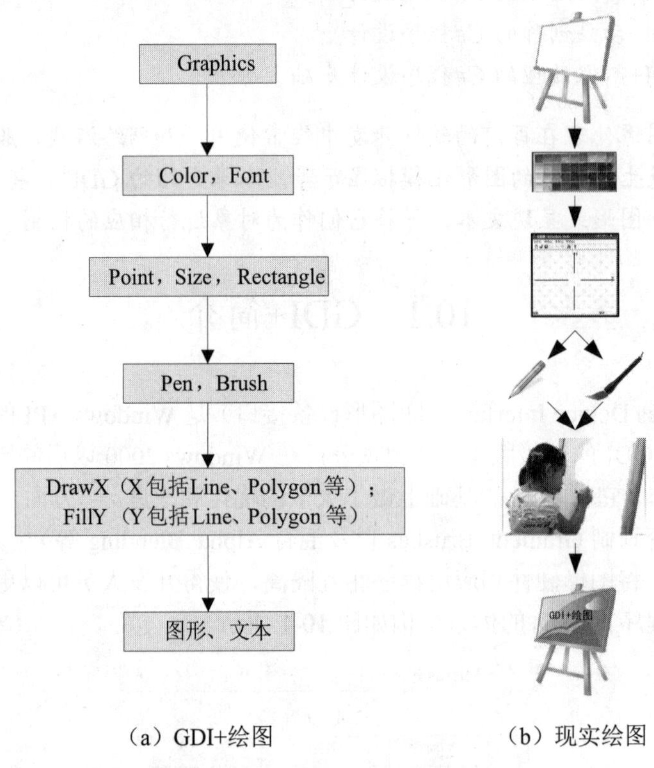

（a）GDI+绘图　　　　（b）现实绘图

图 10-2　GDI+绘制图文的基本步骤

10.3　GDI+绘制图文的技术基础

10.3.1　.NET 图形图像处理命名空间

使用 GDI+之前，首先要引用相应的命名空间，.NET 的所有图形图像处理功能都包含在以下命名空间中：

- System.Drawing 命名空间，提供对 GDI+基本图形功能的访问，主要有 Graphics 类、Bitmap 类以及从 Brush 类继承来的 Font 类、Image 类、Pen 类和 Color 类等。
- System.Drawing.Drawing2D 命名空间，提供高级的二维图形和矢量图形功能。此命名空间包含渐变画笔、Matrix 类（用于定义几何变换）和 GraphicsPath 类。

- System.Drawing.Imaging 命名空间，提供高级 GDI+图像处理功能。
- System.Drawing.Text 命名空间，提供高级 GDI+字体和文本排版功能。

10.3.2　Graphics 类

由图 10-2 可知，画纸的准备是绘图的前提。对于 GDI+绘图来说，准备画纸就是创建 Graphics 对象，该对象表示当前的绘图界面。Graphics 类封装了一个 GDI+绘图界面，提供将对象绘制到显示设备的方法。可以采用以下几种方式创建一个 Graphics 对象。

1．在窗体或控件的 Paint 事件中直接引用 Graphics 对象

每个窗体或控件都有一个 Paint 事件，该事件参数中包含了当前窗体或控件的 Graphics 对象，在为窗体或控件编写绘图代码时，一般使用此方法来获取图形对象的引用。例如：

```
private void Form1_Paint(object sender, PaintEventArgs e)
{
    Graphics g = e.Graphics;
    …   //图文绘制代码
}
```

2．调用当前窗体或控件的 CreateGraphics()方法

调用当前窗体或控件的 CreateGraphics()方法以获取对 Graphics 对象的引用。如果要在已存在的窗体或控件上绘图，可以使用这种方法。例如：

```
Graphics g = this.CreateGraphics();
…   //图文绘制代码
```

3．调用 Graphics 类的 FromImage 静态方法

调用 Graphics 类的 FromImage 静态方法，从继承自图像的任何对象创建 Graphics 对象，此方法通常用于更改已存在的图像。例如：

```
Bitmap bitmap = new Bitmap(@"C:\CProgame\b1.bmp");
Graphics g = Graphics.FromImage(bitmap);
```

或者：

```
Image img = Image.FromFile(g1.gif);
Graphics g = Graphics.FromImage(img);
```

提示：由于图像对象占用较多的系统资源，所以当不再使用这些对象时，应该使用 Dispose()方法及时将其占用的资源释放，以免影响系统的性能。

10.3.3　颜色

创建了类似于画纸的 Graphics 对象后，还不能立即“执笔而画”，因为还没准备好“颜

料”，正如绘画要有墨或多种颜料一样。这对于 GDI+绘图来说，就是颜色的选定问题。

颜色是进行图形操作的基本要素。任何一种颜色的表现效果都可以由 3 个色彩分量和一个透明度参数来确定，每个分量占 1B。三原色及色彩透明度的取值设定分别如下。

- R：红色，取值范围为 0～255，255 为饱和红色。
- G：绿色，取值范围为 0～255，255 为饱和绿色。
- B：蓝色，取值范围为 0～255，255 为饱和蓝色。
- A：即 Alpha 值，表示一种颜色的透明度，取值范围为 0～255，0 为完全透明，255 为完全不透明。在 GDI+中，颜色封装在 Color 结构中，可用以下几种方法创建颜色对象。

1. 利用 FromArgb 指定任意颜色

利用 FromArgb 指定任意颜色，这种方法可使用 3 个参数或 4 个参数两种形式。

（1）使用 3 个参数

通过 3 个参数指定颜色的构造函数如下：

```
public static Color FromArgb(int red,int green,int blue);
```

例如：

```
Color red = Color.FromArgb(255,0,0);                //纯红色
Color green = Color.FromArgb(0, 255,0);             //纯绿色
Color rblue = Color.FromArgb(0,0, 0xff);            //纯蓝色（也可采用十六进制表示）
```

以上 3 种颜色设置中，Alpha 使用了默认值 255，即完全不透明。

（2）使用 4 个参数

通过 4 个参数指定颜色的构造函数如下：

```
public static Color FromArgb(int alpha,int red,int green,int blue);
```

例如：

```
Color red = Color.FromArgb(128,255,0,0);            //半透明的纯红色
```

2. 直接使用系统预定义的颜色

在 Color 结构中已经预定义了 141 种颜色，可以直接使用。例如：

```
Color myColor;
MyColor = myColor.Red;                              //红色
MyColor = myColor.Brown;                            //棕色
```

10.3.4 坐标系统

“画纸”有了，“颜料”也准备好了，这时似乎可以“执笔”了。其实不然，因为还需要先运筹一下和“在哪里”下笔或者“在什么范围”下笔的问题。这对 GDI+来说，就是

坐标系统的确定问题。GDI+使用 Point、Size 和 Rectangle 结构来进行绘图时的坐标定位和尺寸确定。

（1）Point 结构

GDI+的 Point 表示一个二维平面上的点，可以使用一些公共属性获取或设置 Point 的 X 和 Y 坐标。声明和构造 Point 的示例代码如下：

```
Point p = new Point(85,100);
```

（2）Size 结构

GDI+使用 Size 表示一个尺寸（单位：像素），Size 结构包含宽度和高度两个参数。可以使用一些公共属性获取或设置 Point 的 X 坐标和 Y 坐标。声明和构造 Size 的示例代码如下：

```
Size s = new Size(50,80);
```

（3）Rectangle 结构

Rectangle 可以采用两种构造函数，一种是指定矩形左上角的 X 和 Y 坐标以及矩形的宽和高，声明和构造 Rectangle 的示例代码如下：

```
Rectangle rct = new Rectangle(10,20,150,300);
```

另外，Rectangle 也可以结合运用 Point 和 Size 这两个结构，例如以上的示例，也可采用以下代码实现：

```
Point p = new Point(10,20);
Size s = new Size(150,300);
Rectangle rct = new Rectangle(p,s);
```

10.3.5　画笔与画刷

具备了上述的条件后，此时终于要“执笔”了。但问题是，究竟执哪一种笔呢？在现实绘画艺术中有毛笔、硬笔或水彩笔等多种笔，而在 GDI+中则将其绘图的工具分为笔和画刷两种。

（1）笔（Pen）

笔是 Pen 类的实例，用于绘制线条或空心图形。通过笔的 With 属性可以设置其宽度，Color 属性可以设置其颜色，StartCap 和 EndCap 属性设置其起点或终点的样式，DashStyle 属性则可以设置其线样式，如实线、虚线或点划线等。实例化笔对象的示例代码如下：

```
Pen pen1 = new Pen(Color.Red);                    //1 个像素宽的红色笔
Pen pen2 = new Pen(Color.Black,5);                //5 个像素宽的黑色笔
```

另外，也可以从画刷（详见画刷介绍）对象实例化笔，示例代码如下：

```
SolidBrush brush1 = new SolidBrush (Color.Red);   //1 个像素宽的红色画刷
Pen pen1 = new Pen(brush1);                       //1 个像素宽的红色笔
Pen pen2 = new Pen(brush1,5);                     //5 个像素宽的红色笔
```

（2）画刷（Brush）

画刷是从 Brush 类派生的任何类的实例，可与 Graphics 对象一起使用来创建实心图形或呈现文本对象。还可以用于填充各种图形，如矩形、椭圆或多边形等。

实例化画刷对象的方法与实例化笔对象类似，示例代码此略。

10.4 绘制基本图形

至此，一切准备就绪，可以执笔绘画了。Graphics 类中包含多种方法成员，可用来绘制各种图形，如直线、矩形以及椭圆等，下面将分别介绍这些绘图方法。

10.4.1 绘制直线

GDI+中有两种绘制直线的方法：DrawLine()方法和 DrawLines()方法。前者一次只绘制一条直线，后者一次可绘制多条直线。

（1）先定义一对坐标点，再将其作为起点和终点进行划线。其构造函数如下：

```
public void DrawLine(Pen pen,Point startPoint,Point endPoint);
```

示例代码如下：

```
private void Form1_Paint(object sender, PaintEventArgs e)
{
    Graphics g = e.Graphics;
    Pen pen = new Pen(Color.Blue,3);
    Point startPoint = new Point(20,20);
    Point endPoint = new Point(200,90);
    g.DrawLine(pen,startPoint,endPoint);
}
```

运行结果如图 10-3 所示。

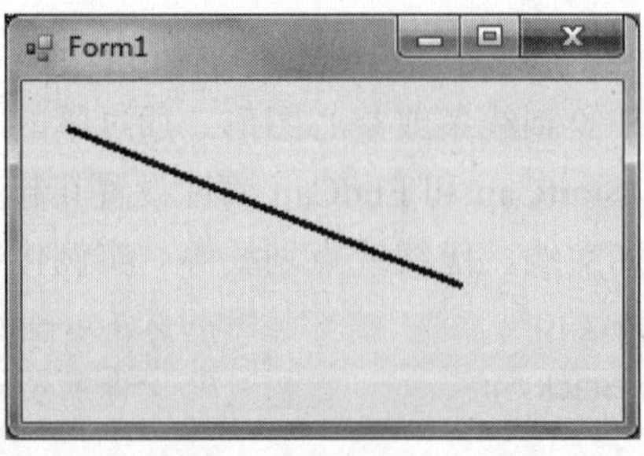

图 10-3　绘制直线

（2）直接定义一对起点和终点坐标并进行划线。其构造函数如下：

```
public void DrawLine(Pen pen, nt x1, int x2, int y1, int y2);
```

则以上示例代码可改写如下：

```
private void Form1_Paint(object sender, PaintEventArgs e)
{
    Graphics g = e.Graphics;
    Pen pen = new Pen(Color.Blue,3);
    g.DrawLine(pen,20,20,200,90);
}
```

（3）定义多对坐标点，再将它们作为首尾相连的起始点连接划线。其构造函数如下：

```
public void DrawLine(Pen pen, Point[] points);
```

示例代码如下：

```
private void Form1_Paint(object sender, PaintEventArgs e)
{
    Graphics g = e.Graphics;
    Pen pen = new Pen(Color.Red,2);
    Point[] points =
    {
        new Point(15,20),
        new Point(30,120),
        new Point(100,180),
        new Point(260,50)
    };
    g.DrawLines(pen, points);
}
```

提示：注意 points 的{}内外标点符号的用法，也可以将其全部坐标点写在同一行中。

运行结果如图 10-4 所示，其中包含了水平线、垂直线和斜线 3 种基本线形。

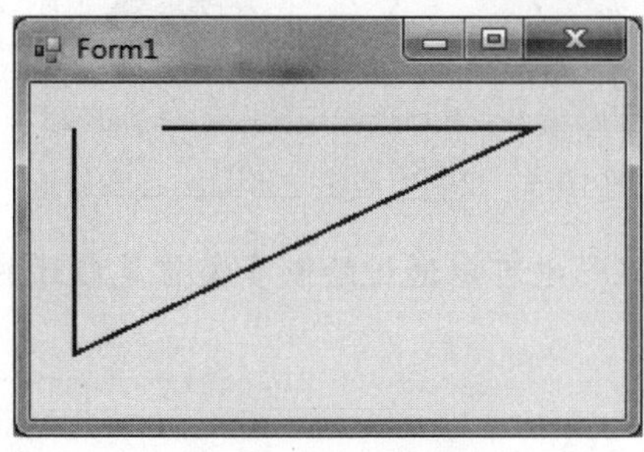

图 10-4　绘制多条直线

10.4.2　绘制多边形

多边形既有轮廓又是封闭的，所以，可以将多边形划分为空心多边形和实心多边形（有填充）两种。GDI+中与之对应的绘图方法分别为 DrawPolygon()方法和 FillPolygon()方法。不过要注意，DrawPolygon()方法需使用笔，FillPolygon()方法需使用画刷，这样才可分别绘制空心或实心的多边形。

示例代码如下：

```
private void Form1_Paint(object sender, PaintEventArgs e)
{
    Graphics g = e.Graphics;
    Pen pen = new Pen(Color.Blue,2);
    Point[] points1 =
    {
        new Point(70,20),
        new Point(20,130),
        new Point(120,130)
    };
    g.DrawPolygon(pen, points1);
    Brush brush = new SolidBrush(Color.Red);
    Point[] points2 =
    {
        new Point(210,20),
        new Point(160,130),
        new Point(260,130)
    };
    g.FillPolygon(brush, points2);
}
```

运行结果如图 10-5 所示。

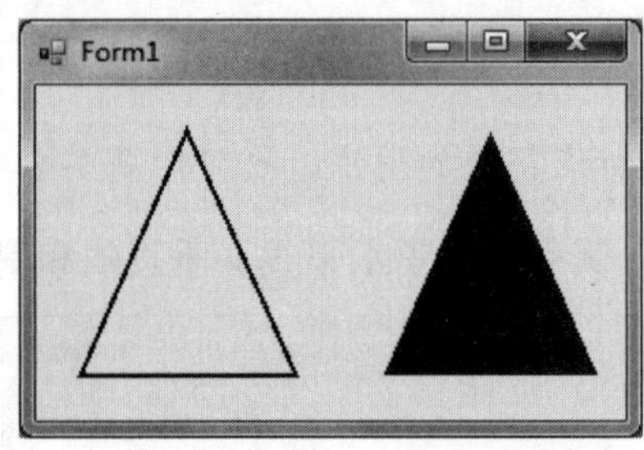

图 10-5　绘制空心多边形与实心多边形

提示：对于空心多边形，显然也可以通过绘制多条首尾相连的直线来实现。

10.4.3　绘制曲线

GDI+中可以分别使用 DrawCurve()方法和 DrawClosedCurve()方法绘制自定义的开口曲线和封闭曲线；还可以使用 DrawBezier()方法绘制一段或多段贝塞尔曲线。自定义曲线的绘制可用如下两种构造函数。

（1）使用默认弯曲强度 0.5 进行绘图。其构造函数如下：

```
public void DrawCurve(Pen pen, Point[] points);
```

（2）指定弯曲强度进行绘图。其构造函数如下：

```
public void DrawCurve(Pen pen, Point[] points,float tension);
```

其中，tension 参数指定弯曲强度，取值范围为 0.0~1.0f，超出其范围将产生异常，取值为 0 时，绘制直线。

示例代码如下：

```
private void Form1_Paint(object sender, PaintEventArgs e)
{
    Graphics g = e.Graphics;
    Pen pen1 = new Pen(Color.Blue,2);
    Point[] points1 =
    {
        new Point(20,140),
        new Point(60,10),
        new Point(100,130),
        new Point(140,20),
        new Point(180,130),
        new Point(220,30),
        new Point(260,120)
    };
    g.DrawCurve(pen1, points1, 0f);
    Pen pen2 = new Pen(Color.Red, 2);
    Point[] points2 =
    {
        new Point(20,140),
        new Point(60,10),
        new Point(100,130),
        new Point(140,20),
        new Point(180,130),
        new Point(220,30),
        new Point(260,120)
    };
    g.DrawCurve(pen2, points2, 0.6f);
}
```

运行结果如图 10-6 所示。

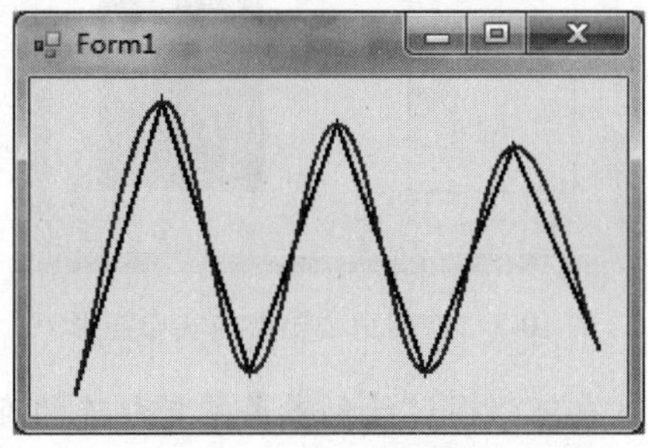

图 10-6　绘制不同弯曲强度的自定义曲线

10.4.4　绘制矩形

由于矩形也是既有轮廓且封闭，所以也可将其划分为空心矩形和实心（有填充）矩形两种。GDI+中与之对应的绘图方法分别为 DrawRectangle()方法（或 DrawRectangles）和 FillRectangle()方法（或 FillRectangles）。同样需要注意，轮廓方法需使用笔，填充方法需使用画刷。绘制空心矩形可用如下 3 种构造函数。

（1）利用 Rectangle 结构确定矩形的边界，一次绘制一个矩形。其构造函数如下：

```
public void DrawRectangle(Pen pen, Rectangle rect);
```

（2）指定矩形的宽和高及其左上角坐标。其构造函数如下：

```
public void DrawRectangle(Pen pen, int x, int y, int width, int height);
```

（3）利用 Rectangle 结构确定矩形边界，且一次可绘制多个矩形。其构造函数如下：

```
public void DrawRectangles(Pen pen, Rectangle[] rects);
```

说明：利用画笔和 FillRectangle()方法绘制实心矩形的 3 种构造函数与绘制空心矩形的构造函数类似，在此不再赘述，读者可自行分析。

绘制空心矩形和实心矩形的示例代码如下：

```
private void Form1_Paint(object sender, PaintEventArgs e)
{
    Graphics g = e.Graphics;
    Pen pen = new Pen(Color.Blue, 2);
    g.DrawRectangle(pen, 20, 20, 80, 100);
    Brush brush = new SolidBrush(Color.Red);
    g.FillRectangle(brush, 170, 20, 80, 100);
}
```

运行结果如图 10-7 所示。

图 10-7　绘制空心矩形与实心矩形

提示：对于空心矩形，显然也可以通过绘制多条首尾相连的直线实现。

10.4.5　绘制椭圆（或圆）

由于椭圆（或圆）也是既有轮廓且封闭，所以，也可将其划分为空心椭圆（或圆）和实心（有填充）椭圆（或圆）两种。GDI+中与之对应的绘图方法分别为 DrawEllipse()方法和 FillEllipse()方法。绘制空心椭圆（或圆）可用如下两种构造函数。

（1）利用 Rectangle 结构确定绘图边界，绘制一个椭圆（或圆）。其构造函数如下：

```
public void DrawEllipse(Pen pen, Rectangle rect);
```

（2）指定椭圆（或圆）的宽和高及其左上角坐标。其构造函数如下：

```
public void DrawEllipse (Pen pen, int x, int y, int width, int height);
```

说明： 利用画笔绘制填充椭圆（或圆）的两种构造函数与绘制空心椭圆（或圆）的类似，在此不再赘述，读者可自行分析。

绘制空心椭圆和实心圆的示例代码如下：

```
private void Form1_Paint(object sender, PaintEventArgs e)
{
    Graphics g = e.Graphics;
    Pen pen = new Pen(Color.Blue, 2);
    g.DrawEllipse(pen, 20, 20, 120, 80);
    Brush brush = new SolidBrush(Color.Red);
    g.FillEllipse(brush, 180, 20, 80, 80);
}
```

运行结果如图 10-8 所示。

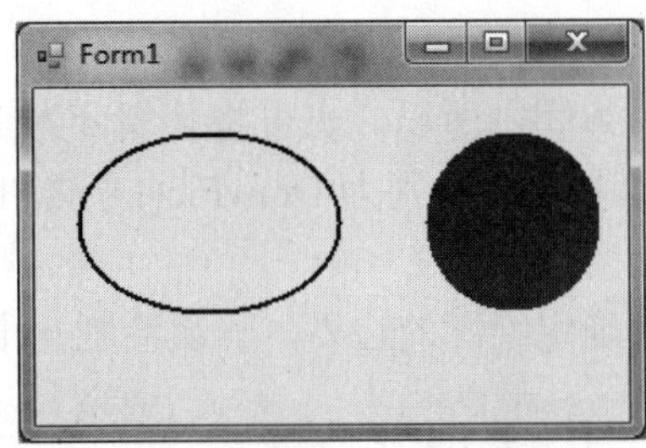

图 10-8　绘制空心椭圆与实心圆

10.4.6　绘制圆弧

GDI+中通过调用 DrawArc()方法来绘制一段圆弧。绘制圆弧可用如下两种构造函数。

（1）利用 Rectangle 结构确定圆弧的范围。其构造函数如下：

```
public void DrawArc(Pen pen, Rectangle rect, int startAngle, int sweepAngle);
```

其中，startAngle 表示从 x 轴到弧线的起始点沿着顺时针的方向度量的角度（以度为单

位）；sweepAngle 表示从 startAngle 到弧线的结束点沿着顺时针的方向度量的角度（以度为单位）。

（2）指定圆弧的宽和高及其左上角坐标。其构造函数如下：

```
public void DrawArc(Pen pen, int x, int y, int width, int height, int startAngle, int sweepAngle);
```

绘制圆弧的示例代码如下：

```
private void Form1_Paint(object sender, PaintEventArgs e)
{
    Graphics g = e.Graphics;
    Pen pen = new Pen(Color.Blue, 2);
    Rectangle rec = new Rectangle(40, 20, 200, 160);
    g.DrawArc(pen, rec, 210, 120);
}
```

运行结果如图 10-9 所示。

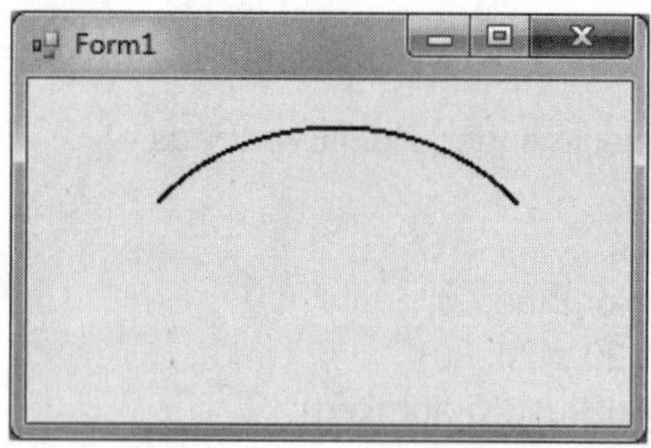

图 10-9　绘制圆弧

10.4.7　绘制扇形

由于扇形也是既有轮廓且封闭，所以，也可将其划分为空心扇形和实心（有填充）扇形两种。GDI+中与之对应的绘图方法分别为 DrawPie()方法和 FillPie()方法。绘制扇形可用如下两种构造函数。

（1）利用 Rectangle 结构确定绘图的边界，一次绘制一个扇形。其构造函数如下：

```
public void DrawPie (Pen pen, Rectangle rect);
```

（2）指定扇形的宽和高及其左上角坐标。其构造函数如下：

```
public void DrawPie (Pen pen, int x, int y, int width, int height);
```

说明： 利用画笔绘制实心扇区的两种构造函数与绘制空心扇形的类似，在此不再赘述，读者可自行分析。

绘制空心扇形和实心扇形的示例代码如下：

```
private void Form1_Paint(object sender, PaintEventArgs e)
{
```

```
    Graphics g = e.Graphics;
    Pen pen = new Pen(Color.Blue, 1);
    Rectangle rec1 = new Rectangle(20, 30, 120, 120);
    g.DrawPie(pen, rec1, 210, 120);
    Brush brush = new SolidBrush(Color.Red);
    Rectangle rec2 = new Rectangle(140, 30, 120, 120);
    g.FillPie(brush, rec2, 210, 120);
}
```

运行结果如图 10-10 所示。

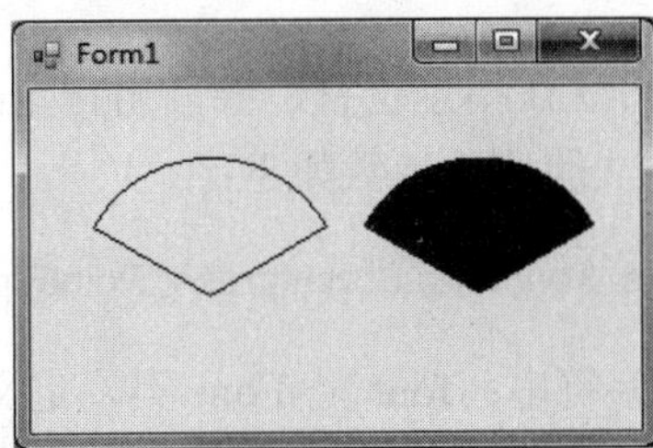

图 10-10　绘制空心扇形与实心扇形

10.5　绘 制 文 本

字体是文本显示和打印的外观形式，包括文本的字样、风格和大小等属性。通过选用不同的字体可以丰富文本的外在表现力。例如，将字体设置为粗体可以体现强调的意图。文本的绘制和呈现是图形化计算机系统界面中必不可少的应用。

10.5.1　Font 类简介

Font 类定义了特定文本的格式，包括字样、字体和字号等属性。

（1）字样

它是文本书写和显示时表现出的特定模式，如汉字的宋体、楷体以及隶书等多种字样。GDI+通过 FontFamily 类来定义字样。

（2）字体

它主要表现为字体的粗细以及是否倾斜等特点。GDI+提供了一些预定义的字体风格，如 FontStyleBold（加粗）、FontStyleItalic（倾斜粗）以及 FontStyleRugular（正常）等。

（3）字号

它用来指定字符所占区域的大小，通常用字符高度来描述。单位采用毫米或英寸，但通常以点为单位。对于汉字通常使用字号表示其字体的大小，如一号、小一、二号等。GDI+提供了 UnitDisplay（1/72 英寸）、UnitPixel（像素）、UnitPoint（点）、UnitDocument（1/300 英寸）、UnitMillimeter（毫米）等字体尺寸单位。

Font 对象创建的示例代码如下：

```
FontFamily fontFamily = new FontFamily("黑体");
Font font = new Font (fontFamily,12, FontStyle.Italic,GraphicsUnit.Pixel);
```

上述示例代码也可以编写如下：

```
Font font = new Font ("黑体",12, FontStyle.Italic,GraphicsUnit.Pixel);
```

10.5.2 利用 Font 类绘制文本

GDI+中利用 DrawString()方法在指定位置，并且用指定的 Brush 和 Font 对象绘制指定的文本字符串。DrawString()方法的构造函数如下：

```
public void DrawString(String s, Font font, Brush brush, PointF point);
```

其中，参数 s 为要绘制的字符串；font 是 Font 类，定义字符串的文本格式；brush 是 Brush 类，确定所绘制文本的颜色和纹理，point 是 PointF 结构，指定所绘制文本的左上角。

或者：

```
public void DrawString(String s, Font font, Brush brush, RectangleF layoutRectangle);
```

其中，layoutRectangle 是 RectangleF 结构，指定所绘制文本的位置。

或者：

```
public void DrawString(String s, Font font, Brush brush, PointF point, StringFormat format);
```

其中，format 是 StringFormat 类，指定应用于所绘制文本的格式化属性（如行距和对齐方式）。

或者：

```
public void DrawString(String s, Font font, Brush brush, float x, float y);
```

其中，x、y 是所绘制文本的左上角的 x、y 坐标。

利用 DrawString()方法绘制文本的示例代码如下：

```
private void Form1_Paint(object sender, PaintEventArgs e)
{
    Graphics g = e.Graphics;
    //创建 Font 对象 1：Times New Roman 字体，12 号大小
    Font font1 = new Font("Times New Roman",12);
    //绘制文本 1
    g.DrawString("Times New Roman，12，Green", font1,
                new SolidBrush(Color.Green), 20, 20);
    //创建 Font 对象 2：宋体字，14 号大小
    Font font2 = new Font("宋体", 14);
    //绘制文本 2
    g.DrawString("宋体，14 号，蓝色正常", font2,
```

```
                new SolidBrush(Color.Blue), 20, 70);
    //创建 Font 对象 3：宋体字，14 号大小，加粗
    Font font3 = new Font("宋体", 14, FontStyle.Bold);
    //绘制文本 3
    g.DrawString("宋体，14 号，红色加粗", font3,
                new SolidBrush(Color.Red), 20, 120);
    //释放资源
    g.Dispose();
}
```

运行结果如图 10-11 所示。

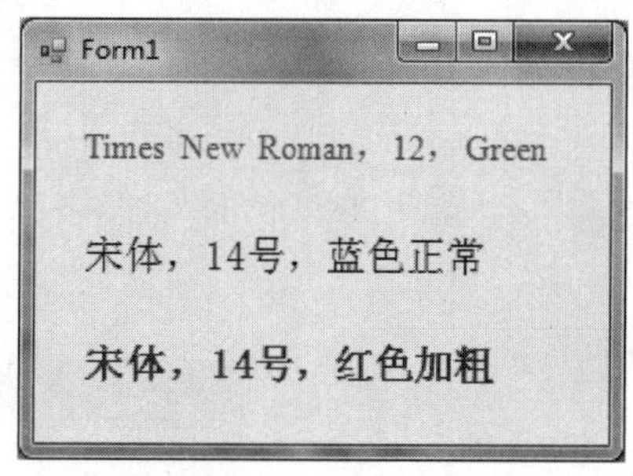

图 10-11　绘制文本

扩展学习：鼠标画线程序设计

在应用程序开发中经常需要实现在窗体上的指定位置进行画线或画图的功能，例如，利用计算机进行网络阅卷时，阅卷者可能需要在相应的评阅处画线，以明示给分点或扣分点等；又如，对屏幕进行复制或录像之前一般需要指定具体的区域。这些操作通常都需要使用鼠标在相应的区域画线或绘制矩形。以下给出一个根据鼠标的移动轨迹进行画线的简单示例，并且还可随时一次性清除全部画线。

1．功能设计

本画线示例的实现需要利用鼠标的 3 个事件来实现，分别介绍如下。

- 通过 MouseDown 事件来确定准备画线的操作，而不是只要移动鼠标就开始画线，并且以第一次按下鼠标的点为每一条线的起点。
- MouseMove 事件则以按下鼠标的点为每一条线的起点进行画线。
- 因为并非一次只画一条线，有可能画多条，于是通过 MouseUp 事件结束每次画线操作，即将画线标志置为否（false），这样就需再次按下鼠标键以开始新的画线。

基于以上分析的鼠标画线程序设计流程图如图 10-12 所示。

2．程序设计

※ 示例源码：Chpt10\MouseDrawline

具体的设计步骤如下：

（1）新建一个 C#项目，其 Windows 应用程序命名为 MouseDrawline，并从“所有 Windows 窗体”工具箱中拖放一个 PictureBox 控件、两个 Label 控件和一个 Button 控件（Text 属性值设置为“清除画线”）到该窗体上，如图 10-13 所示。

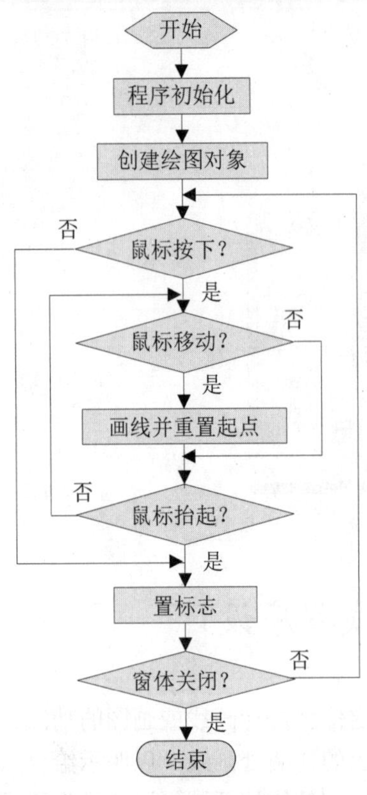

图 10-12　鼠标画线的程序流程图

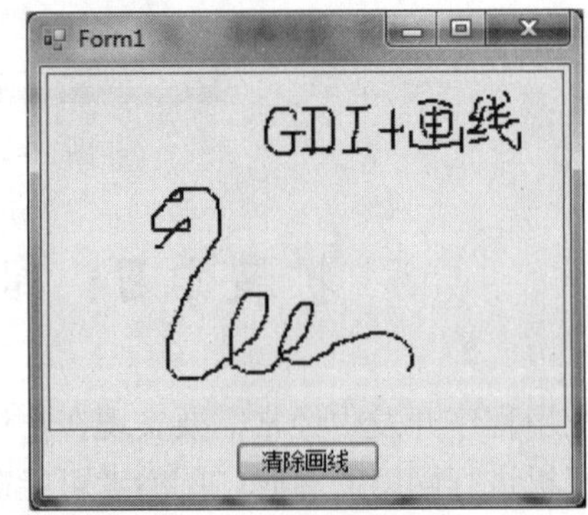

图 10-13　鼠标画线

（2）以下给出程序设计的源代码：

```
using System;
using System.Collections.Generic;
using System.ComponentModel;
using System.Data;
using System.Drawing;
using System.Linq;
using System.Text;
using System.Windows.Forms;
namespace MouseDrawline
{
    public partial class Form1 : Form
    {
        public Form1()
        {
```

```
            InitializeComponent();
            g = this.pictureBox1.CreateGraphics(); //创建绘图对象
        }
        int LineStartX = 0;                              //定义画线起点 X、Y 坐标
        int LineStartY = 0;
        bool blDrawLine = false;                         //标志，仅移动并“按下”鼠标时才可画线
        Graphics g;                                      //定义绘图对象
        //初置画线起点以便鼠标移动时画线
        private void pictureBox1_MouseDown(object sender, System.Windows.
            Forms.MouseEventArgs e)
        {
            if (e.Button == MouseButtons.Left)
            {
                LineStartX = e.X;                        //获取画线起点
                LineStartY = e.Y;
                blDrawLine = true;                       //置画线标志
            }
        }
        //画线
        private void pictureBox1_MouseMove(object sender, System.Windows.
            Forms.MouseEventArgs e)
        {
            //判断是否可以画线
            if (blDrawLine)
            {
                Pen p = new Pen(Color.Blue,2);   //创建一个 2 像素宽的蓝色画笔
                g.DrawLine(p, LineStartX, LineStartY, e.X, e.Y); //开始画线
                LineStartX = e.X;                        //重置画线起点
                LineStartY = e.Y;
            }
        }
        //取消画线
        private void pictureBox1_MouseUp(object sender, System.Windows.
            Forms.MouseEventArgs e)
        {
            blDrawLine = false;
        }
        //清除画线
        private void button1_Click(object sender, EventArgs e)
        {
            pictureBox1.Refresh();
        }
    }
}
```

（3）运行程序，测试鼠标画线功能，如图 10-13 所示。

习　　题

1．什么是 GDI+？它与 GDI 有何区别？

2．画笔与画刷有什么区别？

3．绘制一个多边形有几种方法？

4．GDI+中用于绘制文本的类是（　　）。

A．Pen 类　　B．Font 类

C．Brush 类　　D．Graphics 类

5．TextureBrush（纹理画刷）类包含在（　　）命名空间中。

A．System.Drawing.Drawing2D　　B．System.Text

C．System.Drawing　　D．System.Data

6．通过 C#.NET 程序设计，绘制 GDI+基本图形，需要引用的命名空间是（　　）。

A．System.Drawing.Drawing2D　　B．System.Text

C．System.Drawing　　D．A 和 B

7．如何通过 C#.NET 程序设计，绘制一个红色边框、绿色填充的扇区？

8．鼠标画线时，一般需要调用哪几个鼠标事件程序？

第 11 章　Windows 打印组件程序设计

学习要点

- 📖 了解 PrintDocument、PrintPreviewDialog 和 PrintDialog 打印组件的基本功能
- 📖 掌握 PrintDocument、PrintPreviewDialog 和 PrintDialog 打印组件的基本用法
- 📖 了解 PrintPreviewControl 和 PageSetupDialog 打印组件的基本功能

C#中包含 5 个 Windows 打印组件，即 PrintDocument 打印文档设置、PrintPreviewDialog 显示打印预览、PrintDialog 打印对话框（选择打印机）、PrintPreviewControl 打印预览设置和 PageSetupDialog 文档页面设置。借助这几个打印组件，可以将相应的文档，按照我们希望的文档宽度、打印方向以及打印效果等特征要求，以屏幕预览或者纸张打印的方式呈现出来。

11.1　PrintDocument、PrintPreviewDialog 及 PrintDialog 组件简介及其应用

PrintDocument、PrintPreviewDialog 和 PrintDialog 是 Windows 应用程序文档打印中最常用、最基本的组件，为了便于分析和示例演示，在此将它们在同一节中统一介绍。

1. PrintDocument 组件简介

PrintDocument 组件用于设置一些属性，这些属性说明在基于 Windows 的应用程序中要打印什么内容以及打印文档的能力。通过该组件还可以建立与其他打印对象的联系，例如，可将它与 PrintDialog 组件一起使用来控制文档的打印。

PrintDocument 组件的常用属性和方法如表 11-1 所示。

表 11-1　PrintDocument 组件的常用属性和方法

属性/方法	说　明
DefaultPageSettings（属性）	获取或设置页设置，这些页设置用作要打印的所有页的默认设置
DocumentName（属性）	获取或设置要显示的文档名称（例如，在打印状态对话框中或在打印机队列中）
OriginAtMargins（属性）	获取或设置一个值，该值指示与页关联的图形对象的位置是位于用户指定边距内，还是位于该页可打印区域的左上角
PrintController（属性）	获取或设置指导打印进程的打印控制器
PrinterSettings（属性）	获取或设置对文档进行打印的打印机
Print（方法）	开始文档的打印进程

2．PrintPreviewDialog 组件简介

PrintPreviewDialog 组件是一个预先配置的对话框，用于显示文档打印后的外观。 可以在基于 Windows 的应用程序中使用它作为简单的解决方案，而不用配置自己的对话框。该控件包含打印、放大、显示一页或多页和关闭此对话框的按钮。

PrintPreviewDialog 组件的常用属性和方法如表 11-2 所示。

表 11-2　PrintPreviewDialog 组件的常用属性和方法

属性/方法	说　明
Document（属性）	获取或设置要预览的文档
UseAntiAlias（属性）	获取或设置一个值，该值指示打印是否使用操作系统的抗锯齿功能
ShowDialog（方法）	将窗体显示为模式对话框

3．PrintDialog 组件简介

PrintDialog 组件是一个预先配置的对话框，用于从 Windows 窗体应用程序中选择一台打印机，并选择文档中要打印的内容以及其他与打印相关的设置。

PrintDialog 组件的常用属性和方法如表 11-3 所示。

表 11-3　PrintDialog 组件的常用属性和方法

属性/方法	说　明
AllowCurrentPage（属性）	获取或设置一个值，该值指示是否显示“当前页”选项按钮
AllowPrintToFile（属性）	获取或设置一个值，该值指示是否启用“打印到文件”复选框
AllowSelection（属性）	获取或设置一个值，该值指示是否启用“选择”选项按钮
AllowSomePages（属性）	获取或设置一个值，该值指示是否启用“页”选项按钮
Document（属性）	获取或设置一个值，指示用于获取 PrinterSettings 的 PrintDocument
PrinterSettings（属性）	获取或设置对话框修改的打印机设置
PrintToFile（属性）	获取或设置一个值，该值指示是否选中“打印到文件”复选框
Reset（方法）	将所有选项、最后选定的打印机和页面设置重新设置为其默认值
ShowDialog（方法）	用默认的所有者运行通用对话框

4．PrintDocument、PrintPreviewDialog 及 PrintDialog 组件应用

以下结合一个简单的考试成绩单打印示例，介绍 PrintDocument、PrintPreviewDialog 和 PrintDialog 3 个组件的用法。

※ 示例源码：Chpt11\WindowsPrintComponents

具体的设计步骤如下：

（1）进入 Visual Studio 2012 集成开发环境，选择“文件”→“新建”→“项目”命令，在“模板”树形目录下选择 Visual C#下的 Windows，然后再选择“Windows 窗体应用程序”，接着在“名称”文本框中输入项目名称“WindowsPrintComponents”，并选择相应的目录保存创建的项目。此时可见默认创建的窗体 Form1。

（2）适当调整窗体尺寸，然后从“公共控件”工具箱中拖放一个按钮控件到当前窗

体，并修改其 Text 属性为“打印示例 1”，再从“打印”工具箱中拖放 PrintDocument、PrintPreviewDialog 和 PrintDialog 3 个打印组件到当前窗体（这几个组件将显示在窗体下方的 Visual Studio 2012 集成开发环境中），如图 11-1 所示。

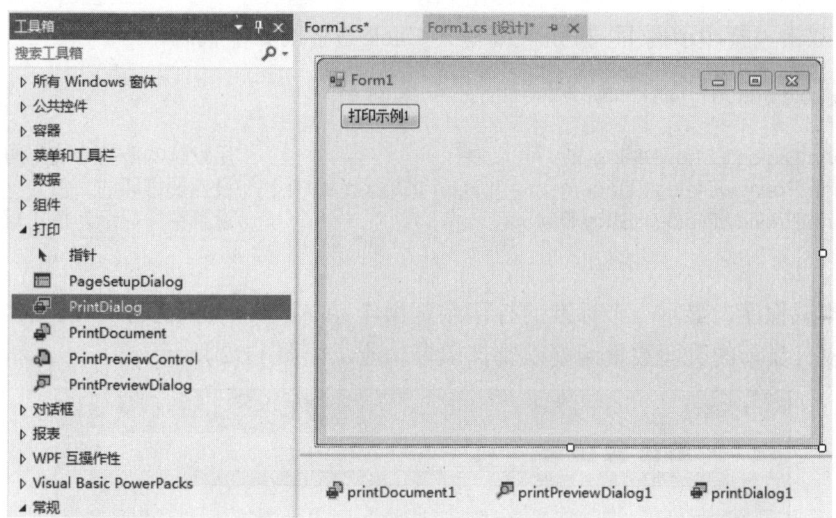

图 11-1　文档打印示例 1 窗体设计

（3）双击 printDocument1 组件，编写其 PrintPage 事件的如下代码：

```
//在窗体上绘制要打印的内容
private void printDocument1_PrintPage(object sender, System.Drawing.
Printing.PrintPageEventArgs e)
{
        Font font1 = new Font("黑体", 22);
        Font font2 = new Font("宋体", 18);
        SolidBrush brush1 = new SolidBrush(Color.Black);
        Pen pen1 = new Pen(Color.Black, (float)2.00);
        e.Graphics.DrawString("高数考试成绩单", font1, brush1, 260, 100);
        e.Graphics.DrawLine(pen1, 100,140, 600, 140);
        e.Graphics.DrawString("姓名", font2, brush1, 150, 150);
        e.Graphics.DrawString("班级", font2, brush1, 330, 150);
        e.Graphics.DrawString("成绩", font2, brush1, 500, 150);
        e.Graphics.DrawString("张 xx", font2, brush1, 150, 200);
        e.Graphics.DrawString("1 班", font2, brush1, 330, 200);
        e.Graphics.DrawString("87", font2, brush1, 500, 200);
        e.Graphics.DrawString("李 xx", font2, brush1, 150, 250);
        e.Graphics.DrawString("2 班", font2, brush1, 330, 250);
        e.Graphics.DrawString("92", font2, brush1, 500, 250);
        e.Graphics.DrawString("王 xx", font2, brush1, 150, 300);
        e.Graphics.DrawString("2 班", font2, brush1, 330, 300);
        e.Graphics.DrawString("69", font2, brush1, 500, 300);
        e.Graphics.DrawLine(pen1, 100, 400, 600, 400);
        e.Graphics.DrawString("2014-08-11", font2, brush1, 420,420);
}
```

提示：为了简化程序设计，这里直接绘制出了一个静态内容的打印文档，实际应用时，可以根据查询窗体，打印其动态改变的文本框控件（或其他控件）的内容，例如 e.Graphics. DrawString(textBox1.Text, new Font("宋体", 18), Brushes.Black, 330, 300)。

（4）双击“打印示例 1”按钮，编写其 Click 事件的如下代码：

```
private void button1_Click(object sender, EventArgs e)
{
    printDialog1.ShowDialog();                                    //用默认的所有者使用通用对话框
    printPreviewDialog1.Document = this.printDocument1;           //设置要打印的文档
    printPreviewDialog1.ShowDialog();                             //设置窗体显示为模式对话框
}
```

运行测试程序，显示一个标准的打印预览操作界面，其中包含要打印的文档，并且可以实现缩放、显示的页面数量调整以及打印等功能，如图 11-2 所示。

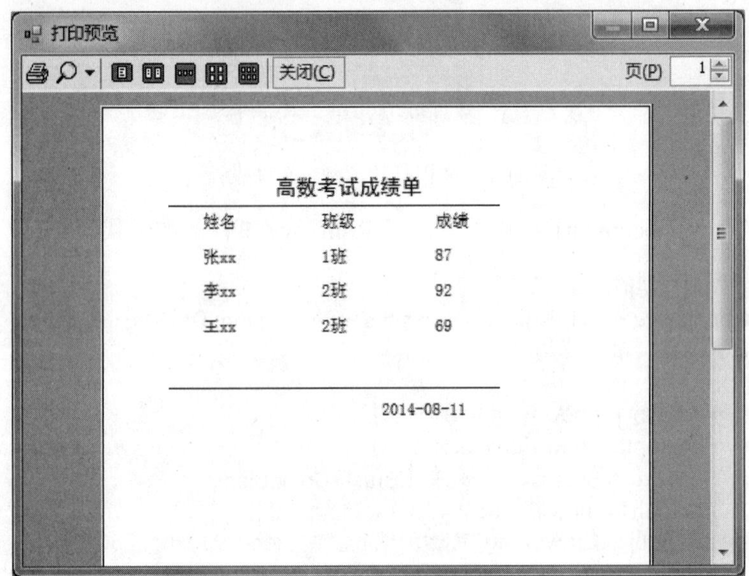

图 11-2　文档打印预览

11.2　PrintPreviewControl 组件简介及其应用

1. PrintPreviewControl 组件简介

PrintPreviewControl 组件用于按文档打印时的外观显示 PrintDocument。该控件没有按钮或其他用户界面元素，因此通常只有在希望编写自己的打印预览用户界面时才使用 PrintPreviewControl。如果需要标准的用户界面，请使用 PrintPreviewDialog 控件。

PrintPreviewControl 组件的常用属性和方法如表 11-4 所示。

表 11-4　PrintPreviewControl 组件的常用属性和方法

属性/方法	说　明
AutoZoom（属性）	获取或设置一个值，该值指示在调整控件的大小或更改显示的页数时是否自动调整 Zoom 属性
Columns（属性）	获取或设置屏幕横向显示的页数
Document（属性）	获取或设置一个值，该值指示要预览的文档
Rows（属性）	获取或设置屏幕纵向显示的页数
Size（属性）	获取或设置控件的高度和宽度
Zoom（属性）	获取或设置一个值，该值指示页面的显示大小
Refresh（方法）	控制控件使其工作区无效并立即重绘自己和任何子控件
Show（方法）	向用户显示控件
Update（方法）	使控件重绘其工作区内的无效区域

2. PrintPreviewControl 组件应用

将在以上示例设计的基础上，介绍 PrintPreviewControl 组件的用法。

※ 示例源码：Chpt11\WindowsPrintComponents

具体的设计步骤如下：

（1）在以上示例设计的窗体基础上，继续分别从“公共控件”和“打印”工具箱中拖放一个 Label 控件、一个 NumericUpDown 控件、一个按钮控件和一个 PrintPreviewControl 组件到当前窗体，并修改该标签和按钮控件的 Text 属性分别为“缩放：”和“打印示例 2”，如图 11-3 所示。

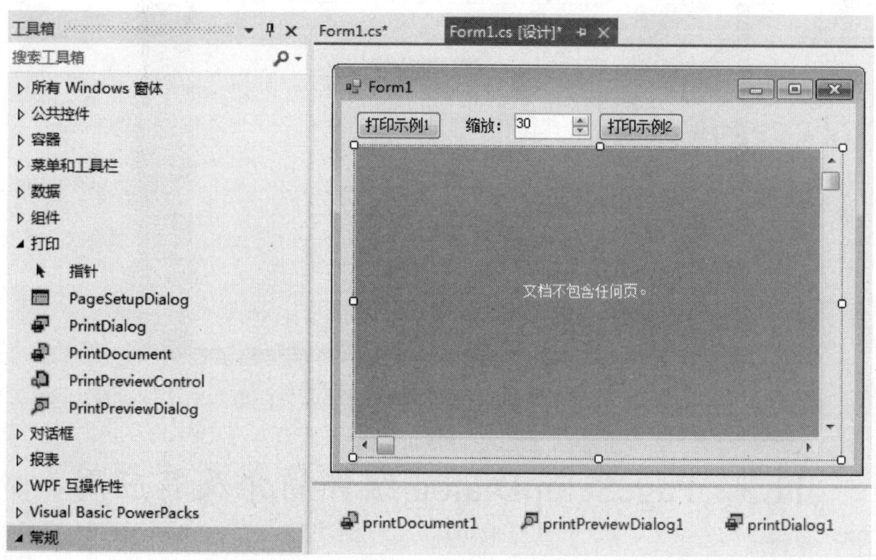

图 11-3　文档打印示例 2 窗体设计

（2）在原有程序的基础上，继续编写以下代码：

```
//设置要控制的打印数据
private void Form1_Load(object sender, EventArgs e)
```

```
{
    this.printPreviewControl1.Document = this.printDocument1;
}
//设置缩放比例
private void numericUpDown1_ValueChanged(object sender, EventArgs e)
{
    int zoomSize;
    zoomSize = Convert.ToInt32(numericUpDown1.Value);
    printPreviewControl1.Size = new Size(zoomSize * 10, zoomSize*10);
    printPreviewControl1.AutoZoom = true;
}
//打印文档
private void button2_Click(object sender, EventArgs e)
{
    //设置打印页面为默认打印页面
    printDocument1.DefaultPageSettings.Landscape = true;
    //设置打印数据
    this.printDocument1.Print();
}
```

运行测试程序，显示一个自行设计的打印预览操作界面，从中可以缩放预览要打印的文档，并且可以进行文档打印，如图 11-4 所示。

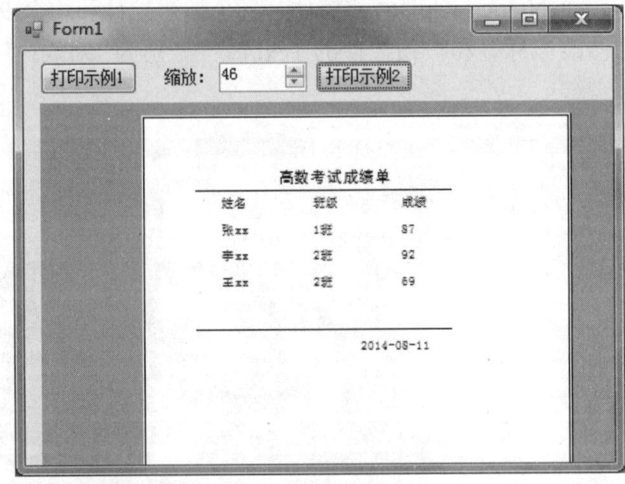

图 11-4 文档打印控制预览

11.3 PageSetupDialog 组件简介及其应用

1. PageSetupDialog 组件简介

PageSetupDialog 组件是一个预先配置的页面对话框，用在基于 Windows 的应用程序中设置页面信息，以便打印。这个组件允许用户更改与页面相关的打印设置，包括纸张大小、纸张方向、页边距以及打印机选择等。

PageSetupDialog 组件的常用属性和方法如表 11-5 所示。

表 11-5　PageSetupDialog 组件的常用属性和方法

属性/方法	说　明
AllowMargins（属性）	获取或设置一个值，该值指示是否启用对话框的边距部分
AllowOrientation（属性）	获取或设置一个值，该值指示是否启用对话框的方向部分（横向对纵向）
AllowPaper（属性）	获取或设置一个值，该值指示是否启用对话框的纸张部分（纸张大小和纸张来源）
AllowPrinter（属性）	获取或设置一个值，该值指示是否启用“打印机”按钮
Document（属性）	获取或设置一个值，指示从中获取页面设置的 PrintDocument
PageSettings（属性）	获取或设置一个值，该值指示要修改的页设置
PrinterSettings（属性）	获取或设置用户单击对话框中“打印机”按钮时修改的打印机设置
ShowDialog（方法）	显示设置打印对话框

2. PageSetupDialog 组件应用

将在以上示例设计的基础上，介绍 PageSetupDialog 组件的用法。

※ 示例源码：Chpt11\WindowsPrintComponents

具体的设计步骤如下：

（1）在以上示例设计的窗体基础上，继续分别从“公共控件”和“打印”工具箱中拖放一个按钮控件和一个 PageSetupDialog 组件到当前窗体，并修改该按钮控件的 Text 属性为“打印示例 3”，如图 11-5 所示。

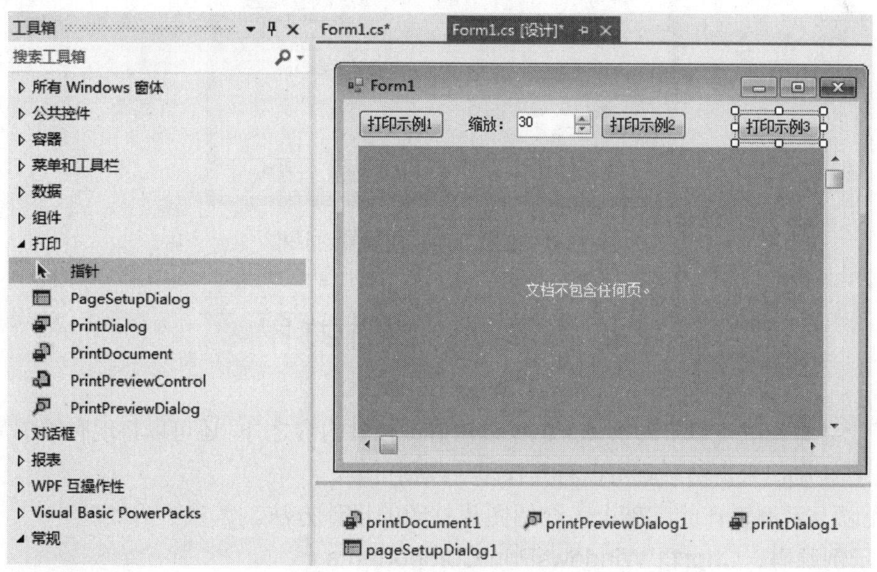

图 11-5　文档打印示例 3 窗体设计

（2）双击“打印示例 3”按钮，编写其 Click 事件的如下代码：

```
private void button3_Click(object sender, EventArgs e)
{
```

```
        this.pageSetupDialog1.Document = this.printDocument1;          //设置显示文档
        //以下 3 行用于页面设置
        this.pageSetupDialog1.AllowMargins = true;
        this.pageSetupDialog1.AllowOrientation = true;
        this.pageSetupDialog1.AllowPaper = true;
        this.pageSetupDialog1.AllowPrinter = true;                     //启用打印机
        this.pageSetupDialog1.ShowDialog();                            //显示页面对话框
        this.printPreviewDialog1.Document = this.printDocument1;       //设置对话框
        this.printPreviewDialog1.ShowDialog();                         //显示打印预览对话框
        this.printDocument1.Print();                                   //调用打印组件
}
```

运行测试程序，单击“打印示例 3”按钮，即可弹出一个文档打印页面设置的对话框，从中可以进行纸张的大小、来源、方向以及页边距的调整，设置完成后，单击“确定”按钮就可以打印该文档，如图 11-6 所示。

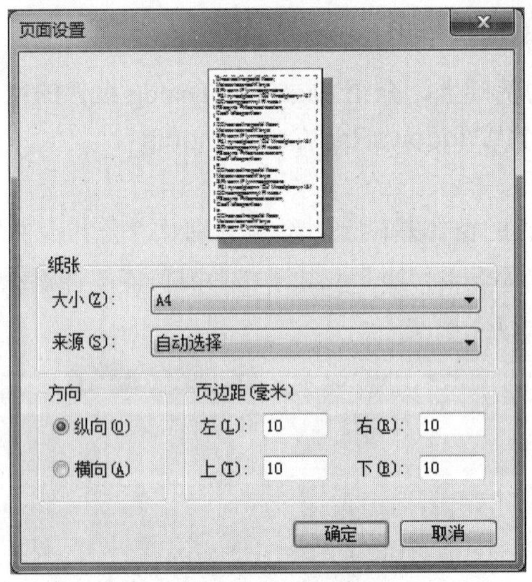

图 11-6　文档打印页面设置对话框

扩展学习：图片打印

除了上述介绍的可以打印窗体上的绘制内容或控件内容之外，还可以将现有的图片在窗体的指定位置绘制出来，然后就可以将其打印（或预览）。

将在以上示例设计的基础上，介绍图片打印的设计方法。

※ 示例源码：Chpt11\WindowsPrintComponents

具体的设计步骤如下：

（1）在以上示例项目设计的基础上，再创建一个窗体 Form2，然后分别从“公共控件”和“打印”工具箱中拖放一个按钮控件和一个 PrintDocument 组件到当前窗体，并修改该按钮控件的 Text 属性为“图片打印”，如图 11-7 所示。

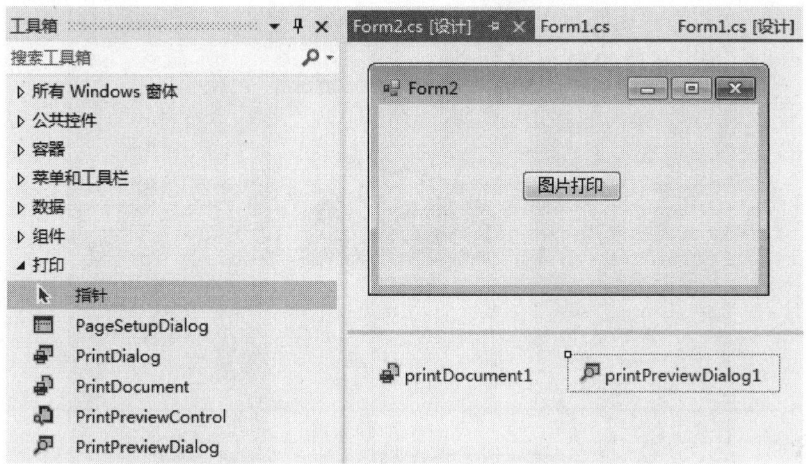

图 11-7　图片打印示例窗体设计

（2）双击 printDocument1 组件，编写其 PrintPage 事件的如下代码：

```
//在窗体上绘制要打印的图片
private void printDocument1_PrintPage(object sender, System.Drawing.
Printing.PrintPageEventArgs e)
{
    //实例化一个 GDI+位图对象
    Bitmap bitmap = new Bitmap(Application.StartupPath + "\\甲壳虫轿车.jpg");
    //在指定位置按指定尺寸绘制指定的图
    e.Graphics.DrawImage(bitmap,70,200,700,347);
    //绘制图注文本
    Font font1 = new Font("宋体", 28);
    SolidBrush brush1 = new SolidBrush(Color.Black);
    e.Graphics.DrawString("甲壳虫轿车", font1, brush1, 300, 550);
}
```

（3）双击“图片打印”按钮，编写其 Click 事件的如下代码：

```
private void button1_Click(object sender, EventArgs e)
{
    //设置要打印的文档
    printPreviewDialog1.Document = this.printDocument1;
    //设置窗体显示为模式对话框
    printPreviewDialog1.ShowDialog();
}
```

提示： 因为要打印的图片预先被存放在了本项目所在的 Release 子文件夹中（即 Application.StartupPath），所以调试运行程序时，应该将解决方案配置的调试输出指向 Release。

运行测试程序，显示一个标准的打印预览操作界面，其中包含要打印的图片（及图注文本），此时即可进行预览控制或打印操作，如图 11-8 所示。

图 11-8　图片打印预览

提示：需要修改 Program.cs 文件中的启动窗体，将原来的启动窗体 Form1 改为 Form2: Application.Run(new Form2());。

习　题

1．对于打印组件 PrintDocument、PrintPreviewDialog、PrintDialog、PrintPreviewControl 和 PageSetupDialog，哪几个是最常用的？

2．PrintPreviewDialog、PrintDialog、PrintPreviewControl 和 PageSetupDialog 组件调用 ShowDialog()和 Show()中的哪个方法，可以显示对话框？

3．如何将动态数据借助窗体预览并打印？

4．PrintPreviewControl 组件可以被布置在窗体上吗？试简要介绍其用法。

5．使用 PrintPreviewDialog 组件可以预览文档，并且也能够打印文档吗？试简要介绍其用法。

6．请编写一个简单的图片打印程序，允许用户自行选择要打印的图片文件。

7．请结合相应的打印组件，说明如何在应用程序中设置打印纸张的基本参数。

第 12 章　文件 I/O 操作程序设计

学习要点

- 了解文件与流的基本概念
- 了解路径与目录的基本知识及其常用的类
- 掌握 3 种常用文件流读写的程序设计
- 了解网络流的基本知识

文件的 I/O 操作是应用程序中的常用功能，可以使用户访问文件系统、读取、写入、移动或复制文件以及浏览文件夹来查找其中的相应文件等。另外，也可以实现应用程序实例之间的数据存储或者数据传输等。

12.1　文件与流简介

文件（File）与流（Stream）是既有区别又有联系的两个概念。

文件是指在各种存储介质（如可移动磁盘、硬盘或 CD 等）上永久保存的数据的有序集合，并以一个具体的名称与此集合相对应，它是进行文件读/写操作的基本对象。文件通常按照树状目录或路径进行组织管理，并且具有创建时间、访问权限等属性。

流是字节序列的抽象概念，如文件、输入/输出设备、内部进程通信管道或者 TCP/IP 套接字等。流提供一种对后续存储器写入或读取字节的方式。除了与磁盘文件直接相关的文件流以外，流还有多种类型。流可以分布在网络中（称为网络流）、内存中（内存流）。流可以隐藏不同操作系统以及底层硬件的差异，从而为程序员提供统一的编程接口。

12.2　目录类、文件类及路径类

目录通常也被称为文件夹，用于组织文件；路径用于表示文件的保存位置，可以分为绝对路径和相对路径。

本节对常用的文件系统操作的 Directory 类、File 类以及 Path 类进行介绍。

1．Directory 类

Directory 类可用于目录管理，通过它可以实现对目录及其子目录的创建、移动以及浏览等操作，甚至可以定义隐藏目录或只读目录。这个类的所有方法都是静态的，因此无须创建对象即可调用。表 12-1 列出了 Directory 类的常用方法。

表 12-1　Directory 类的部分常用方法

方　　法	说　　明
CreateDirectory()	创建新目录
GetDirectories()	获取指定目录及其子目录名称
GetFiles()	返回指定目录中文件的名称
Delete()	删除目录或目录及其文件
Move()	将文件或目录及其文件移至新位置

2．File 类

File 类可以实现应用程序与文本文件的交互，其操作方式类似于 Directory 类，具有创建、删除、移动和打开文件的静态方法。表 12-2 列出了 File 类的常用方法。

表 12-2　File 类的部分常用方法

方　　法	重 载 方 式	说　　明
Create()	File.Create(String)	在指定路径中创建文件
Copy()	File.Copy(String, String)	将现有文件复制到新文件
Open()	File.Open(String, FileMode)	打开指定路径上的 FileStream，可读写
Delete()	File.Delete(String)	删除指定的文件
Move()	File.Move(String, String)	将指定文件移至新位置

3．Path 类

Path 类对包含文件或目录路径信息的 String 实例执行操作，这些操作是以跨平台的方式执行的。Path 类的成员使应用程序可以快速方便地执行常见操作，如确定文件的扩展名是否是路径的一部分，以及将两个字符串组合成一个路径名等。Path 类的所有成员都是静态的，因此无须创建路径的实例即可被调用。表 12-3 列出了 Path 类的常用方法。

表 12-3　Path 类的部分常用方法

方　　法	说　　明
Combine()	合并两个路径字符串
GetDirectoryName()	返回指定路径字符串的目录信息
GetFileName()	返回指定路径字符串的文件名和扩展名
GetExtension()	返回指定路径字符串的扩展名
GetFullPath()	返回指定路径字符串的绝对路径
GetPathRoot()	获取指定路径的根目录信息

12.3　文件对话框类

通过文件操作对话框（如 OpenFileDialog 和 SaveFileDialog），可以更方便、快捷地实现对文件的选择或保存等操作。C#中的文件对话框，既可通过窗体控件来创建（详见 6.2 节），也可利用相应的类实例来创建。.NET 中派生于抽象基类 CommonDialog 的

OpenFileDialog 类和 SaveFileDialog 类，可以用来实现相应的文件操作对话框功能。

12.3.1　OpenFileDialog 类

OpenFileDialog 类可以选择要打开的文件，该类的新实例是在调用 ShowDialog()方法之前创建的。创建一个该类的实例、设置其属性并显示其对话框的基本代码如下：

```
//创建一个 OpenFileDialog 类的实例
OpenFileDialog openFileDialog1 = new OpenFileDialog();
//设置相应属性
openFileDialog1.Title = "选择图片";
openFileDialog1.Filter = "图片类型(*.jpg,*.gif,*.bmp)|*.jpg;*.gif;*.bmp";
//显示该对话框
openFileDialog1.ShowDialog();
```

12.3.2　SaveFileDialog 类

SaveFileDialog 类可以选择要保存的文件位置，类似于 OpenFileDialog 类，该类的新实例也是在调用 ShowDialog()方法之前创建的。创建一个该类的实例、设置其属性并显示其对话框的基本代码如下：

```
//创建一个 SaveFileDialog 类的实例
SaveFileDialog saveFileDialog1 = new saveFileDialog ();
//设置相应属性
saveFileDialog1.Title = "保存图片";
saveFileDialog1.Filter = "图片类型(*.jpg,*.gif,*.bmp)|*.jpg;*.gif;*.bmp";
//显示该对话框
saveFileDialog1.ShowDialog();
```

12.4　流　操　作

.NET Framework 提供了一组用于在各种类型的流上执行操作的类，Stream 是其中的主类，所有其他与流相关的类都由这个抽象类派生而来。

流的最常用操作分别是读取和写入：

- 如果数据从内存缓冲区传输到外部源，这样的流称为写入流。
- 如果数据从外部源传输到内存缓冲区，这样的流称为读取流。

在 C#中，利用 FileStream 类、BinaryReader 类（或 BinaryWriter 类）以及 StreamReader 类（或 StreamWriter 类）能够以不同的数据格式，实现对文件流的读/写。而利用 System.Net. Sockets.NetworkStream，则可以实现对网络基础数据流的相应操作。

12.4.1　文件流操作

文件流用于对文件进行读/写操作，与文件流相关的类主要有以下几种，在此分别介绍

它们的基本用法。

1．FileStream 类

使用 FileStream 类可以建立文件流对象，通过该对象可以打开或关闭文件，并以字节为单位读/写文件，也可以对与文件相关的操作系统句柄进行操作，如管道、标准输入和标准输出。FileStream 类对象对输入和输出进行缓存，从而提高执行效率。

FileStream 类的常用属性如下。

- ❑ CanRead、CanSeek 及 CanWrite：只读属性，检查流对象是否可以读、定位或写入。
- ❑ Length：只读属性，以字节为单位表示流对象的长度，即文件的长度。
- ❑ Position：获取或设置流对象当前的读写位置。

FileStream 类的构造函数如下：

```
Public FileStream(string path, FileMode mode, FileAccess access);
```

其中，参数 path 是文件的相对路径或绝对路径，类的构造函数将建立参数 path 指定文件的 FileStream 类对象。

参数 mode 的用法如表 12-4 所示。

表 12-4　参数 mode 的用法

参 数 设 置	说　明
FileMode.Append	打开文件并将读/写位置移至文件尾，文件不存在则创建新文件，只能同 FileAccess.Write 一起使用
FileMode.Create	创建新文件，如果文件已存在，文件的内容将被删除
FileMode.CreateNew	创建新文件，如果文件已存在，则引发异常
FileMode.OpenOr Create	打开文件，如果文件不存在，则引发异常
FileMode.Open	如果文件存在则打开文件，否则，创建新文件
FileMode.Truncate	打开现有文件，文件的所有内容被删除

参数 access 的用法如表 12-5 所示。

表 12-5　参数 access 的用法

参 数 设 置	说　明
FileAccess.Read	只读方式打开文件
FileAccess.Write	只写方式打开文件
FileAccess.ReadWrite	读写方式打开文件（默认方式）

FileStream 类的常用方法如下：

```
void Write(byte[] array, int offset, int count);
```

将数组中的多个字节写入流，参数 array 是要写入的数组；参数 offset 是距离数组首地址的偏移量，要写入流的第一个字节是 array[offset]；参数 count 是要写入的字节数。

以下通过一个示例程序介绍如何利用 FileStream 类写入文件。并且，为了简化程序设

计，在此示例设计时将兼顾后续两种文件读/写示例的窗体设计。

※ 示例源码：Chpt12\FileStreamWR

具体的设计步骤如下：

（1）新建一个 C#项目，其 Windows 应用程序命名为 FileStreamRW，将窗体的 Text 属性值设置为“文件流读写操作”，并从“公共控件”工具箱中拖放一个文本框控件、一个分组控件、3 个单选按钮控件和一个按钮控件到该窗体上。

（2）对窗体中的所有控件，分别按表 12-6 所示的内容进行属性值设置。

表 12-6　文件读写的控件属性设置

控件（Name）	属　性	属 性 新 值
groupBox1	Text	写入方法
radioButton1	Text	FileStream 类
	Checked	true
radioButton2	Text	BinaryWriter 类
radioButton3	Text	StreamWriter 类
button1	Text	写入文件
Button2	Text	读取文件

设计完成后的窗体如图 12-1 所示。

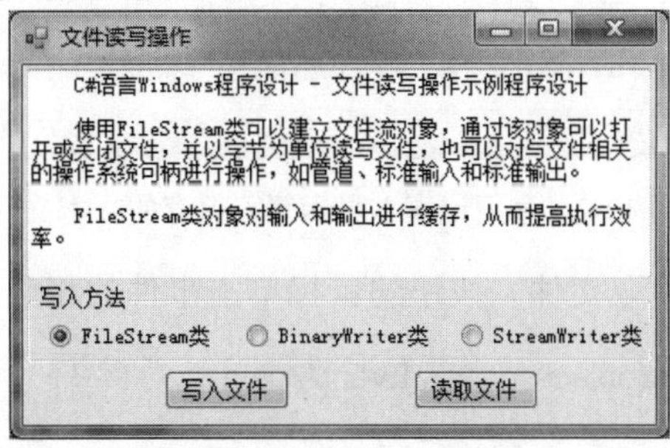

图 12-1　文件流读写操作

（3）添加命名空间引用：

```
using System.IO;
```

（4）编写 button1（写入文件）的鼠标单击事件的相应代码：

```
private void button1_Click(object sender, EventArgs e)
{
    SaveFileDialog sf = new SaveFileDialog();       //实例化一个保存文件对话框
    sf.Filter = "txt 文件|*.txt|所有文件|*.*";       //设置文件保存类型
    sf.AddExtension = true;                          //如果用户没有输入扩展名，自动追加后缀
    sf.Title = "写文件";                             //设置标题
    //利用 FileStream 类写入
    if (radioButton1.Checked)
    {
```

```
        if (sf.ShowDialog() == DialogResult.OK)
        {
            //实例化一个文件流，与写入文件相关联
            FileStream fs = new FileStream(sf.FileName, FileMode.Create);
            //获得字节数组
            byte[] data = new UTF8Encoding().GetBytes(this.textBox1.Text);
            fs.Write(data, 0, data.Length);                //开始写入
            fs.Flush();                                    //清空缓冲区
            fs.Close();                                    //关闭流
        }
    }
    //利用 StreamWriter 类写入（待续）
    //利用 BinaryWriter 类写入（待续）
}
```

（5）运行该程序，向文本框中写入部分文本，然后单击“写入文件”按钮，打开一个保存文件对话框，输入文件名后单击“保存”按钮。

打开此前保存的文件，可见示例程序中的文本已写入到当前文件中，如图 12-2 所示。

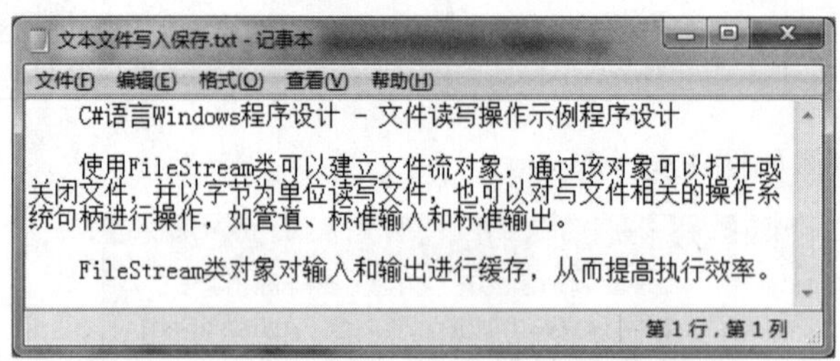

图 12-2　利用记事本显示写入保存的文本文件

（6）编写 button2（读取文件）按钮的鼠标单击事件的相应代码：

```
private void button2_Click(object sender, EventArgs e)
{
    OpenFileDialog sf = new OpenFileDialog();       //实例化一个保存打开对话框
    sf.Filter = "txt 文件|*.txt|所有文件|*.*";         //设置文件打开类型
    if (sf.ShowDialog() == DialogResult.OK)
    {
        //实例化一个文件流，与打开文件相关联
        FileStream fs = new FileStream(sf.FileName, FileMode.Open);
        if (fs.Length != 0)
        {
            byte[] data = new byte[fs.Length];      //定义字节数组存储流中读取的数据
            fs.Read(data, 0, data.Length);          //利用 Read()方法从流中读取数据
            fs.Close();                             //关闭流
            MessageBox.Show(Encoding.UTF8.GetString(data)); //显示保存的文本
        }
    }
}
```

（7）单击“读取文件”按钮，打开一个保存文件对话框，选择以上程序写入保存的文

件（如文本文件写入保存），然后单击“打开”按钮，弹出一个消息对话框，显示所选择文件的文本，如图 12-3 所示。

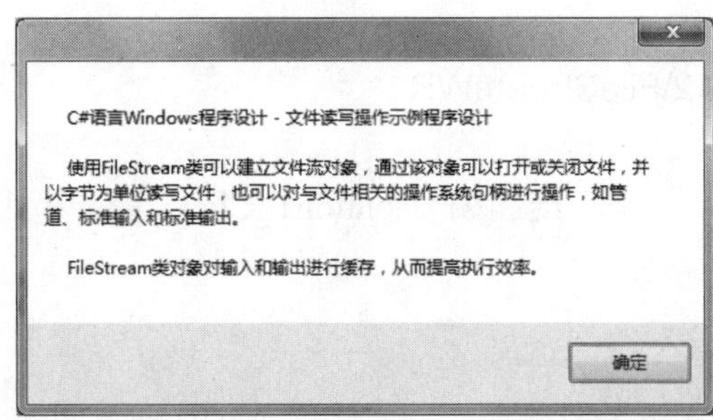

图 12-3　利用对话框显示写入保存的文本文件

2．StreamReader 类和 StreamWriter 类

StreamReader 类和 StreamWriter 类提供了以字符串格式读/写文件的操作。使用 StreamReader 类可以从文件读取数据；使用 StreamWriter 类可以向文件写入数据。

（1）StreamReader 类

构造函数如下：

```
StreamReader(string path);
```

其中，参数 path 是所要读取的文件的路径。

常用方法如下：

```
int Read();
```

从流中读取一个字符，并使读字符位置移动到下一个字符。返回代表读取字符 ASCII 字符值的 int 类型整数，-1 表示没有字符可以读取。

```
string ReadLine();
```

从流中读取一行字符并将数据作为字符串返回。行是两个换行符（"\n"或"\r\n"）之间的字符序列。返回的字符串不包含回车或换行符。

（2）StreamWriter 类

构造函数如下：

```
StreamWriter(string path, bool append);
```

其中，参数 path 是所要读取的文件的路径，如果该文件存在，append 为 false，则该文件被改写，append 为 true，则数据被追加到该文件中；如果该文件不存在，则创建新文件。

常用方法如下：

```
void Writer(string value);
```

该方法将字符串写入流。

```
void Writer(char value);
```

该方法将字符写入流。

接下来将在以上示例程序（Chpt12\FileStreamWR）基础上，继续介绍如何利用 BinaryWriter 类写文件。

※ 示例源码：Chpt12\FileStreamWR

具体的设计步骤如下：

（1）在原示例程序基础上，继续编写 button1_Click 事件中利用 StreamWriter 类写文件的相应代码：

```
//利用 StreamWriter 类写入文件
else if (radioButton2.Checked)
{
    if (sf.ShowDialog() == DialogResult.OK)
    {
        FileStream fs = new FileStream(sf.FileName, FileMode.Create);
        StreamWriter sw = new StreamWriter(fs);
        sw.Write(this.textBox1.Text);
        sw.Flush();
        sw.Close();
        fs.Close();
    }
}
```

（2）运行程序，测试其文本文件写入的功能。

3．利用 BinaryReader 类和 BinaryWriter 类以二进制格式读/写文件

BinaryReader 类和 BinaryWriter 类提供了以二进制格式读/写文件的操作。使用 BinaryReader 类可以从文件中读取数据；使用 BinaryWriter 类可以向文件写入数据。

（1）BinaryReader 类

构造函数如下：

```
BinaryReader(Stream input);
```

其中，参数为 StreamFile 类对象。

常用方法如下：

```
BinaryBoolean();    //或者“BinaryBytes();”，或者“BinaryChar();”
```

该方法返回一个指定类型数据，没有参数。

```
Byte[] Binary Bytes(int count);
```

该方法返回字节数组中按参数指定数量读取的字节数。

（2）BinaryWriter 类

构造函数如下：

```
BinaryWriter(Stream input);
```

其中，参数为 StreamFile 类对象。

常用方法如下：

```
void Write(数据类型 Value);
```

写入参数指定类型的一个数据，数量类型可以是基本数据类型，如 int、bool 或 float 等。

接下来将在以上示例程序（Chpt12\FileStreamWR）基础上，继续介绍如何利用 BinaryWriter 类写文件。

※ 示例源码：Chpt12\FileStreamWR

具体的设计步骤如下：

（1）在原示例程序基础上，继续编写 button1_Click 事件中利用 BinaryWriter 类写入文件的相应代码：

```
//利用 BinaryWriter 类写入
else
{
    if (sf.ShowDialog() == DialogResult.OK)
    {
        FileStream fs = new FileStream(sf.FileName, FileMode.Create);
        BinaryWriter bw = new BinaryWriter(fs);
        bw.Write(this.textBox1.Text);
        bw.Flush();
        bw.Close();
        fs.Close();
    }
}
```

（2）运行程序，测试其文本文件写入的功能。

12.4.2　网络流操作简介

利用网络传输数据时，数据在各个位置之间是以连续流或者数据流的形式传输的。.NET 提供的 System.Net.Sockets 命名空间中的 NetworkStream 类，可以在阻塞模式下通过网络套接字发送和接收数据，即实现对网络基础数据流的操作。

构造 NetworkStream 对象的常用形式为：

```
Socket socket = new Socket(AddressFamily.InterNetwork, SocketType. Stream, ProtocolType. Tcp);
NetworkStream nwkStream = new NetworkStream(socket);
```

一旦构造了 NetworkStream 对象，就不需要使用 socket 对象了，也就是说，关闭连接前一直使用 NetworkStream 对象发送和接收网络数据。表 12-7 列出了 NetworkStream 类的常用属性。

表 12-7　NetworkStream 类的常用属性

属　　性	说　　明
Can.Read	如果 NetworkStream 支持读操作，该属性值为真
Can.Seek	NetworkStream 不支持随机访问，所以该属性总为假
Can.Write	如果 NetworkStream 支持写操作，该属性值为真
Can.Available	有数据可读时，该属性值为真

说明：关于 NetworkStream 类的功能与用法，请参考 13.5 节的“TCP 网络通信程序设计”应用示例。

扩展学习：判断文件是否正在被使用

应用程序访问外部文件之前，通常需要检测待访问的文件是否存在或者正在被其他程序使用，以免当前应用程序运行错误。

检测的原理是：利用 C#中 File 对象的 Move()方法，将待检测的文件在其原文件夹中就地移动（实则未移动），如果程序正常执行，表明该文件存在或者未被其他程序使用；否则，程序发生异常，表明该文件不存在或者正在被其他程序使用。

※ 示例源码：Chpt12\FileUsing

具体的设计步骤如下：

（1）新建一个 C#项目，其 Windows 应用程序命名为 FileUsing，从“公共控件”工具箱中拖放一个标签控件和一个按钮控件到该窗体上，并设置这些控件的相关属性。设计完成后的窗体如图 12-4 所示。

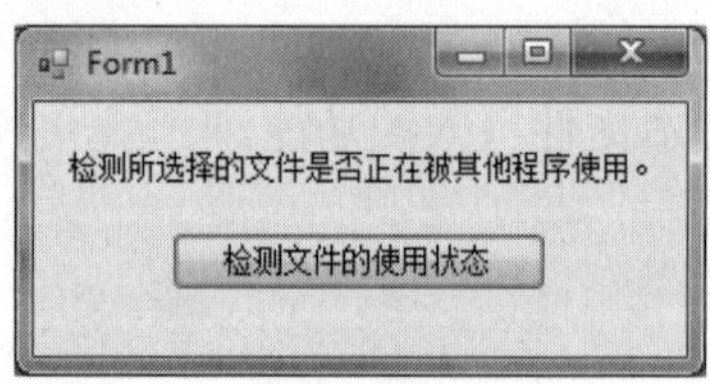

图 12-4　文件的使用状态检测

（2）编写 button1（检测文件的使用状态）按钮的鼠标单击事件的相应代码：

```
//检测文件的使用状态
private void button1_Click(object sender, EventArgs e)
{
    OpenFileDialog checkFile = new OpenFileDialog();
    checkFile.ShowDialog();
    try
    {
        System.IO.File.Move(checkFile.FileName, checkFile.FileName);
        MessageBox.Show("所选择的文件未被其他程序使用。");
    }
    catch
```

```
    {
        MessageBox.Show("所选择的文件正在被其他程序使用。");
    }
}
```

（3）运行程序，测试其检测文件使用状态的功能。

说明：由于该示例程序是通过文件对话框来选择待检测的文件，所以不会出现文件不存在的情况，当然，也可以在程序中直接指定待检测的文件（包括其所在文件夹的位置），而后就可以检测该文件是否存在或者被其他程序使用。

习　　题

1．在 C#中，文件通常分为哪两类？

2．什么是流？它与文件之间的关系如何？

3．文件打开和保存对话框可以通过哪两种方法实现？

4．在.NET 中可以用来对文件进行二进制格式读写的类是（　　）。

A．NetworkStream　　B．BinaryWriter

C．StreamWriter　　D．FileStream

5．在.NET 中实现网络流操作的 NetworkStream 类所在的命名空间是（　　）。

A．System.Threading　　B．System.IO

C．System.Net　　D．System.Windows.Forms

6．编写一个 C#应用程序，窗体中包含两个文本框和两个按钮，单击按钮 1（写入），将文本框 1 中的基本信息存储到一个文本文件中；单击按钮 2（读取），以只读方式从存储的文件中读取信息，显示在文本框 2 中。

7．编写一个能够检测文件是否存在的 C#应用程序。

8．简要说明网络传输数据的基本方法。

第 13 章　网络通信程序设计

学习要点

- 了解 TCP 协议
- 掌握主机消息的定义和获取方法
- 掌握利用 Socket 开发 TCP 程序设计

随着信息技术和互联网的迅猛发展，网络通信更加成为应用软件开发中的重要技术。令软件开发人员欣慰的是，尽管与网络相关的各种软、硬件产品和技术日新月异、纷繁多样，但它们大多都严格遵照了相应的技术规范或标准，从而简化了软件开发平台对网络操作的难度，使得软件开发人员不必关心网络硬件设备的具体技术问题，就可以直接进行纯软件角度的开发。

基于.NET Framework 的 C#在网络通信中的应用，发挥着重要作用，突显其卓越的程序设计优势。

13.1　网络协议简介

网络协议是为计算机网络上所有设备（服务器、计算机、交换机以及路由器等）进行数据交换而建立的规则、标准或约定的集合。它规定了通信时信息必须采用的格式及格式的意义。

1．网络协议的层次划分

为了使不同计算机厂家生产的计算机能够相互通信，以便在更大的范围内建立计算机网络，国际标准化组织（ISO）在 1978 年提出了“开放系统互联参考模型”，即著名的 OSI/RM 模型（Open System Interconnection/Reference Model）。它将计算机网络体系结构的通信协议划分为 7 层，自下而上依次为物理层（Physics Layer）、数据链路层（Data Link Layer）、网络层（Network Layer）、传输层（Transport Layer）、会话层（Session Layer）、表示层（Presentation Layer）以及应用层（Application Layer）。

2．按用途划分的网络协议

根据用途的不同，网络协议可划分为如下几种。

- 网络层协议：IP、ICMP、ARP 和 RARP。
- 传输层协议：TCP 和 UDP。
- 应用层协议：FTP、Telnet、SMTP、HTTP、RIP、NFS 和 DNS。

3. TCP/IP 简介

TCP/IP（Transmission Control Protocol/Internet Protocol），即传输控制协议/互联网协议，是由 ARPA（Advanced Research Project Agency，美国高等研究计划署）于 1977—1979 年推出的一种网络体系结构和协议规范。IP 是网络层最主要的协议，TCP 是传输层最主要的协议。

TCP 是一种面向连接的协议，即利用 TCP 传送数据时，必须先使用低级通信协议 IP 在计算机之间建立连接（也就是所谓的握手），然后才可以传输数据。

随着 Internet 的发展，TCP/IP 也得到了进一步的研究开发和推广应用，成为 Internet 的通用语言。

13.2　定义和获取主机消息

网络中的设备（如计算机）为了能够进行彼此间的通信，需要首先知晓本地设备或远程设备的主机对象，包括主机名（或 IP 地址）以及端口号。主机名（或 IP 地址）使得当前设备可以被外部设备访问到；当一个外部设备请求连接时，设备就将一个空余的端口号分配给该设备，并监听它的数据传输。

1. IP 地址与端口

基于 TCP/IP 协议，网络中的每个接入设备都将被分配一个唯一的地址——IP 地址。简单地说，IP 地址包括 4 段，每段是一个 0～255 之间的整数，每个分段之间用小数点（.）隔开，如 192.168.0.10。为了扩大 IP 地址的表示范围，又将其分为 A、B 和 C 共 3 类，并且通过子网掩码等屏蔽。

说明： 127.0.0.1 是一个回送地址，它总是指向 localhost 主机名，通常用于程序调试。

设备被设定了相应的 IP 地址以后，网络中其他设备就可以通过 IP 地址访问它，但是，对于具体的设备硬件来说，它却不能完全区分多个连接，例如，当设备 A 以及与设备 B 建立连接后，设备 C 可能就无法再与设备 A 建立连接。为了解决这个问题，就在设备上引入了端口的概念。端口号是硬件的抽象，它将设备视为多个连接点，每个连接点被分配一个端口号。

说明： 端口号是一个 32 位的无符号整数，范围是 0～65535，它的使用不是随意的，通常，0～1023 被系统进程和通用协议使用，例如，80 是 HTTP 服务器的常用端口，21 是 FTP 服务器的常用端口，1024～49151 是用户程序可以使用的端口。

2. 定义主机对象

IP 地址和端口号可以确定具体的主机对象，System.Net 命名空间中的 IPEndPoint 类表示 IP 地址和端口号。其构造函数的常用形式如下：

```
public IPEndPoint(IPAddress address, int port);
```

其中，address 为 IP 地址，port 为端口号。

通常使用 Parse()方法创建 IPAddress 的实例，然后再得到 IPEndPoint 对象，例如：

```
IPAddress ip = IPAddress. Parse ("127.0.0.1");
IPEndPoint ipe = new IPEndPoint(ip, 8888);
```

3. 获取主机信息

System.Net 命名空间中的 DNS（Domain Name System 域名系统）类提供了一系列静态的方法，用于获取本地或远程域名等功能，常用方法如下。

（1）GetHostAddresses()方法

获取指定主机的 IP 地址，返回一个 IPAddress 类型的数组。

构造函数为：

```
public static IPAddress[] GetHostAddresses(string hostNameOrAddress);
```

例如：

```
IPAddress[] ip = Dns.GetHostAddresses("www.cctv.com");
listBox1.Items.AddRange(ip);
```

（2）GetHostName()方法

获取本机主机名，例如：

```
string hostname = Dns.GetHostName();
```

13.3 Socket 简介

Socket 就是套接字，它是引用网络连接的特殊的文件描述符，由 3 个基本要素组成：AddressFamily（网络类型）、SocketType（数据传输类型）及 ProtocolType（采用的网络协议）。

System.Net.Sockets 命名空间包含了一个 Socket 类，该类提供了与低级 Winsock API 的接口。Socket 类的构造函数为：

```
Socket(AddressFamily af, SocketType st, ProtocolType pt);
```

参数 SocketType 与参数 ProtocolType 需配合使用，不允许其他形式的匹配，也不能混淆匹配。表 13-1 列出了可用于 IP 通信的套接字组合。

表 13-1　IP 通信的套接字组合

SocketType	ProtocolType	说　明
Dgram	Udp	无连接的通信
Stream	Tcp	面向连接的通信
Raw	Icmp	Internet 控制报文协议
Raw	Raw	简单 IP 包通信

参照表 13-1，可以创建如下所示的一个 Socket 实例，用于面向连接的、使用 TCP 协议的 IP 网络通信：

```
Socket socket = new Socket(AddressFamily.InterNetwork SocketType.Stream, ProtocolType.Tcp);
```

Socket 类的常用方法和属性分别列于表 13-2 和表 13-3 中。

表 13-2　Socket 类的常用方法

方　法	说　明
Accept()	为新建连接创建新的 Socket
Receive()	接收来自绑定的 Socket 的数据
ReceiveFrom()	接收数据报并存储源、终结点
BeginAccept()	开始一个异步操作来接收一个传入的连接尝试
BeginConnect()	开始一个对远程主机连接的异步请求
BeginReceive()	开始从连接的 Socket 中异步接收数据
BeginReceiveFrom()	开始从指定网络设备中异步接收数据
EndReceive()	结束挂起的异步读取
EndReceiveFrom()	结束挂起的、从特定终结点进行的异步读取
BeginSend()	将数据异步发送到连接的 Socket
EndSend()	结束挂起的异步发送
Send()	将数据发送到连接的 Socket
Listen()	使 Socket 置于侦听状态
Bind()	使 Socket 与一个本地终结点（IPEndPoint）相关联
Close()	关闭 Socket 连接并释放所有关联的资源
Connect()	建立与远程主机的连接
Shutdown()	禁用 Socket 发送和接收

表 13-3　Socket 类的常用属性

属　性	说　明
Accept	Available 获取已经从网络接收且可供读取的数据量
Blocking	获取或设置一个值，该值指示 Socket 是否处于阻止模式
Connected	获取一个值，指示 Socket 是在上次 Send 还是 Receive 操作时连接到远程主机
LocalEndPoint	获取本地终结点
RemoteEndPoint	获取远程终结点
SendBufferSize	获取或设置一个值，该值指定 Socket 发送缓冲区的大小

13.4　套接字网络通信简介

1. 套接字与网络通信

IP 连接领域有两种通信类型：面向连接的和无连接的。在面向连接的套接字中，使用

TCP 协议来建立两个 IP 地址端点之间的会话。一旦建立了这种连接，就可以在设备之间可靠地传输数据。面向连接的套接字网络通信的工作原理如图 13-1 所示。

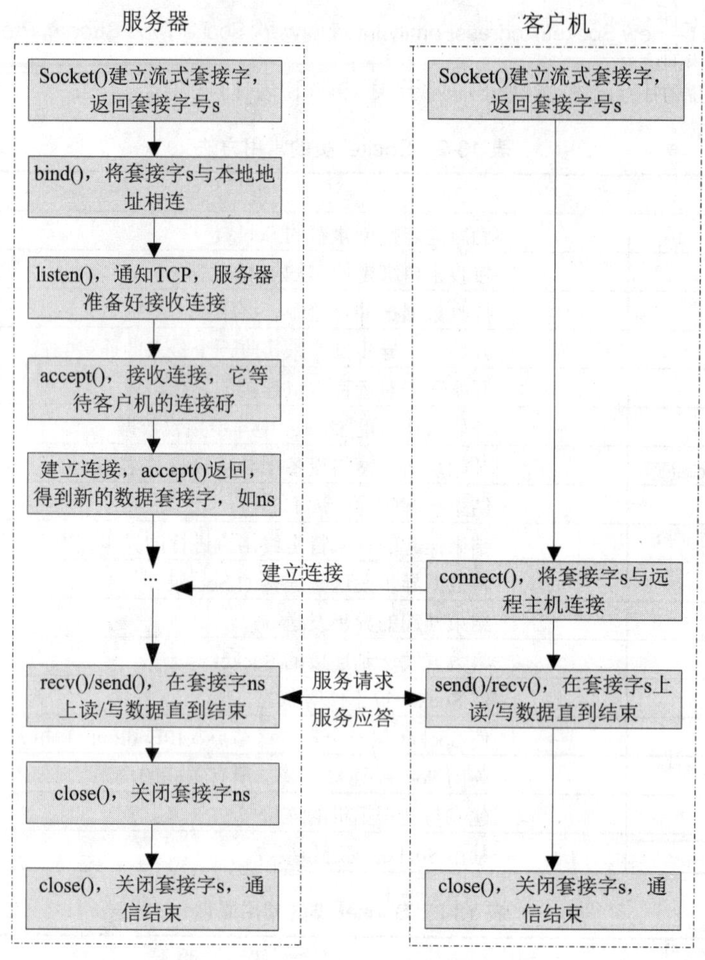

图 13-1　套接字网络通信

2. 异步套接字和同步套接字

使用 TCP 协议开发套接字应用程序的方法有两种：异步套接字和同步套接字。下面分别介绍与此相关的基本概念。

- ❑ 异步通信：每当发送方发送完一个数据包后，不等接收方响应，就继续发送下一个数据包，因为它总是认为接收方能够在预定的时间内接收到它所发送的数据。这种方法通常用于通信用户很多的场合。
- ❑ 同步通信：与异步通信相反，每当发送方发送完一个数据包后，需等待接收方响应后再继续发送下一个数据包。这种方法通常用于通信用户不多的场合。

因此，与上述通信方式相对应，利用套接字实现网络通信有以下两种方法。

- ❑ 异步套接字：在通过 Socket 进行连接、接收和发送时，客户机和服务器会暂停当前工作，处于等待状态，直到有数据时才继续执行后续语句。这种方法适用于网

络传输量较大的场合。

- 同步套接字：在通过 Socket 进行连接、接收和发送时，客户机和服务器不会暂停当前工作，而是利用 callback 机制进行连接、接收和发送处理。这种方法适用于网络传输量不大的场合。

相比于异步套接字的网络通信，同步套接字的网络通信的程序设计较简单。以下将首先介绍一个利用同步套接字实现网上聊天的程序设计，掌握了该程序设计后，对异步套接字的理解及其相应的程序设计也就容易了。

13.5　TCP 网络通信程序设计

基于 TCP 套接字的聊天程序设计，采用 C/S 运行模式，所以，需要对客户机和服务器两端分别编写相应的程序。

1．服务器端聊天程序设计

※ 示例源码：ExamSystem_Setup

具体的设计步骤如下：

（1）新建一个名为 ChatServer 的 C#语言 Windows 应用程序项目，并分别从“公共控件”和“容器”工具箱中拖放一个 GroupBox 控件、一个 Label 控件、一个 Button 控件以及两个 RichTextBox 控件到该窗体上。

（2）分别对新建项目的相应控件，按表 13-4 所示的内容进行属性值设置。

表 13-4　服务器端聊天程序窗体的控件属性设置（文本版）

控件（Name）	属　　性	属 性 新 值
groupBox1	Text	服务器状态
label1	Text	无客户机请求连接
button1	Text	启动

设计完成后的窗体如图 13-2 所示。

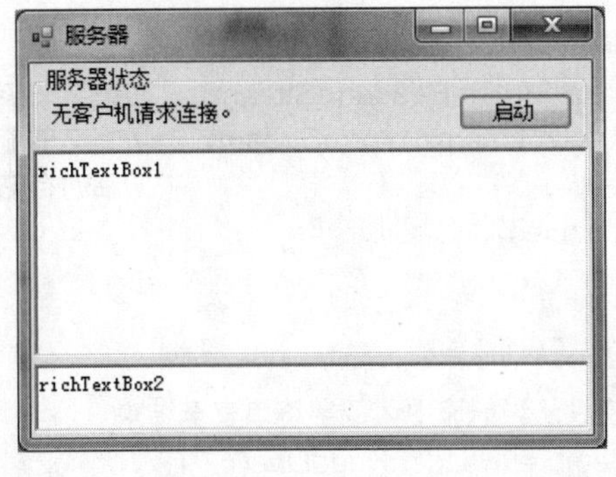

图 13-2　服务器端聊天程序窗体（文本版）

（3）添加命名空间引用：

```
using System.IO;
using System.Net;
using System.Net.Sockets;
using System.Threading;
```

（4）编写如下程序代码：

```
namespace ChatServer
{
    public partial class Form1 : Form
    {
        public Form1()
        {
            InitializeComponent();
            CheckForIllegalCrossThreadCalls = false;    //禁用此异常
        }
        private   bool bConnected = false;                   //客户机与服务器之间的连接状态
        private Thread tAcceptMsg = null;                     //侦听线程
        private IPEndPoint IPP = null;                         //用于 Socket 通信的 IP 地址和端口
        private Socket socket = null;                          //Socket 通信
        private Socket clientSocket = null;
        private NetworkStream nStream = null;                 //网络访问的基础数据流
        private TextReader tReader = null;                     //创建读取器
        private TextWriter wReader = null;                     //创建编写器
        //显示信息
        public void AcceptMessage()
        {
            clientSocket = socket.Accept();                   //接受客户机的连接请求
            if (clientSocket != null)
            {
                bConnected = true;
                this.label1.Text = "与客户 " +
                clientSocket.RemoteEndPoint.ToString() + " 成功建立连接。";
            }
            nStream = new NetworkStream(clientSocket);
            tReader = new StreamReader(nStream);       //读字节流
            wReader = new StreamWriter(nStream);       //写字节流
            string sTemp;                                      //临时存储读取的字符串
            while (bConnected)
            {
                try
                {
                    //连续从当前流中读取字符串直至结束
                    sTemp = tReader.ReadLine();
                    if (sTemp.Length != 0)
                    {
```

```
                    //richTextBox2_KeyPress()和 AcceptMessage()都将向
                    //richTextBox1 写字符，可能访问有冲突，所以需要多线程互斥
                    lock (this)
                    {
                        richTextBox1.Text = "客户机：" + sTemp + "\n" + richTextBox1.Text;
                    }
                }
            }
            catch
            {
                tAcceptMsg.Abort();
                MessageBox.Show("无法与客户机通信。");
            }
        }
        //禁止当前 Socket 上的发送与接收
        clientSocket.Shutdown(SocketShutdown.Both);
        clientSocket.Close();                    //关闭 Socket，并释放所有关联的资源
        socket.Shutdown(SocketShutdown.Both);
        socket.Close();
    }
    //启动侦听并显示聊天信息
    private void button1_Click(object sender, EventArgs e)
    {
        //服务器侦听端口可预先指定（此处使用了最大端口值）
        //Any 表示服务器应侦听所有网络接口上的客户活动
        IPP = new IPEndPoint(IPAddress.Any, 65535);
        socket = new Socket(AddressFamily.InterNetwork,
                   SocketType.Stream, ProtocolType.Tcp);
        socket.Bind(IPP);                        //关联（绑定）节点
        socket.Listen(0);                        //0 表示连接数量不限
        //创建侦听线程
        tAcceptMsg = new Thread(new ThreadStart(this.AcceptMessage));
        tAcceptMsg.Start();
        button1.Enabled = false;
    }
    //发送信息
    private void richTextBox2_KeyPress(object sender, KeyPressEventArgs e)
    {
        if (e.KeyChar == (char)13)               //按下的是 Enter 键
        {
            if (bConnected)
            {
                try
                {
                    //richTextBox2_KeyPress()和 AcceptMessage()
                    //向 richTextBox1 写字符，可能访问有冲突，所以需要多线程互斥
                    lock (this)
```

```
                    {
                        richTextBox1.Text = "服务器：" + richTextBox2.Text
                                              + richTextBox1.Text;
                        //客户机聊天信息写入网络流，以便服务器接收
                        wReader.WriteLine(richTextBox2.Text);
                        wReader.Flush();    //清理当前缓冲区，使缓冲数据写入基础设备
                        richTextBox2.Text = "";//发送成功后，清空输入框并聚焦
                        richTextBox2.Focus();
                    }
                }
                catch
                {
                    MessageBox.Show("无法与客户机通信!");
                }
            }
            else
            {
                MessageBox.Show("未与客户机建立连接，不能通信。");
            }
        }
    }
    //关闭窗体时断开 socket 连接，并终止线程（否则，Visual Studio 调试程序将仍处于运行
状态）
    private void Form1_FormClosing(object sender,
        FormClosingEventArgs e)
    {
        try
        {
            socket.Close();
            tAcceptMsg.Abort();
        }
        catch
        {}
    }
  }
}
```

（5）运行该服务器程序，具体的网络聊天功能，待客户机程序设计完成后一并测试。

2．客户机端聊天程序设计

※ 示例源码：Chpt13\ChatClient

具体的设计步骤如下：

（1）新建一个名为 ChatClient 的 C#语言 Windows 应用程序项目，并分别从“公共控件”和“容器”工具箱中拖放一个 GroupBox 控件、两个 Label 控件、两个 TextBox 控件、一个 Button 控件以及两个 RichTextBox 控件到该窗体上。

（2）分别对新建项目的相应控件，按表 13-5 所示的内容进行属性值设置。

表 13-5　客户机端聊天程序窗体的控件属性设置（文本版）

控件（Name）	属　性	属 性 新 值
groupBox1	Text	服务器参数
label1	Text	IP 地址：
label2	Text	端口：
textBox1	Text	127.0.0.1
textBox2	Text	45678
button1	Text	连接

设计完成后的窗体如图 13-3 所示。

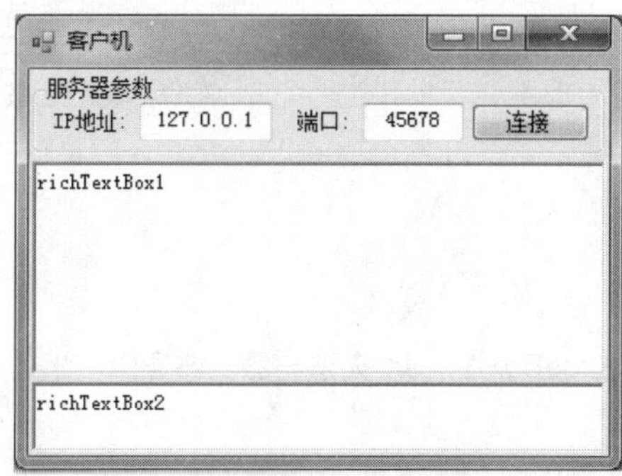

图 13-3　客户机端聊天程序窗体（文本版）

（3）添加命名空间引用：

```
using System.IO;
using System.Net;
using System.Net.Sockets;
using System.Threading;
```

（4）编写如下程序代码：

```
namespace ChatClient
{
    public partial class Form1 : Form
    {
        public Form1()
        {
            InitializeComponent();
            CheckForIllegalCrossThreadCalls = false;
        }
        public bool bConnected = false;
        public Thread tAcceptMsg = null;
        public IPEndPoint IPP = null;
        public Socket socket = null;
        public NetworkStream nStream = null;
        public TextReader tReader = null;
        public TextWriter wReader = null;
```

```
//显示信息
public void AcceptMessage()
{
    string sTemp;
    while(bConnected)
    {
        try
        {
            sTemp = tReader.ReadLine();
            if (sTemp.Length != 0)
            {
                lock (this)
                {
                    richTextBox1.Text = "服务器：" + sTemp +"\n" +
                                                richTextBox1.Text;
                }
            }
        }
        catch
        {
           MessageBox.Show("无法与服务器通信。");
        }
    }
    socket.Shutdown(SocketShutdown.Both);
    socket.Close();             }
//创建与服务器的连接，侦听并显示聊天信息
private void button1_Click(object sender, EventArgs e)
{
    try
    {
        IPP = new IPEndPoint(IPAddress.Parse(textBox1.Text),
                int.Parse(textBox2.Text));
        socket = new Socket(AddressFamily.InterNetwork,
                  SocketType.Stream, ProtocolType.Tcp);
        socket.Connect(IPP);
        if (socket.Connected)
        {
            nStream = new NetworkStream(socket);
            tReader = new StreamReader(nStream);
            wReader = new StreamWriter(nStream);
            tAcceptMsg = new Thread(new ThreadStart
                           (this.AcceptMessage));
            tAcceptMsg.Start();
            bConnected = true;
            button1.Enabled = false;
            MessageBox.Show("与服务器成功建立连接，可以通信。");
        }
    }
    catch
```

```
            {
                MessageBox.Show("无法与服务器通信。");
            }
        }
        //发送信息
        private void richTextBox2_KeyPress(object sender, KeyPressEventArgs e)
        {
            if (e.KeyChar == (char)13)
            {
                if (bConnected)
                {
                    try
                    {
                        lock (this)
                        {
                            richTextBox1.Text = "客户机：" + richTextBox2.Text
                                                + richTextBox1.Text;
                            wReader.WriteLine(richTextBox2.Text);
                            wReader.Flush();
                            richTextBox2.Text = "";
                            richTextBox2.Focus();
                        }
                    }
                    catch
                    {
                        MessageBox.Show("与服务器连接断开。");
                    }
                }
                else
                {
                    MessageBox.Show("未与服务器建立连接，不能通信。");
                }
            }
        }
        //关闭窗体时断开 socket 连接，并终止线程
        //否则，Visual Studio 调试程序将仍处于运行状态
        private void Form1_FormClosing(object sender,
            FormClosingEventArgs e)
        {
            try
            {
                socket.Close();
                tAcceptMsg.Abort();
            }
            catch
            {}
        }
    }
}
```

（5）运行该客户端程序，并与服务器端程序一起测试其网络聊天功能。

实际测试网络聊天功能时，可以在网络的两台计算机上分别（或者在一台计算机上同时）运行服务器端和客户机端的聊天程序，然后，先单击服务器上的“启动”按钮，再单击客户机上的“连接”按钮，即可进入聊天状态。在聊天文本中输入相应信息，按 Enter 键即可向对方发送该信息。

说明： 以上设计的聊天程序还仅限于一个客户端与服务器端之间的通信，而不能实现多用户之间的聊天功能，所以，要想实际应用，还需要进一步改进程序扩展其功能。另外，该聊天程序也仅能进行文本形式的通信，而不能在聊天过程中给对方发送图片类（如表情）等信息。关于图文版的网上聊天程序，请读者自行研究开发。

扩展学习：UDP 网络通信程序设计

1. UDP 简介

UDP（User Datagram Protocol），即用户数据报协议，是一种无连接的协议，计算机利用 UDP 协议进行数据传输时，发送方只需要知道对方的 IP 地址和端口号就可以发送数据，而并不需要进行连接。

由于 UDP 缺乏双方的握手信号，当计算机之间利用 UDP 传送数据时，发送方只管发送数据，而并不确认数据是否被对方接收。这样就无法确保数据被真正传送到目标。所以，UDP 的可靠性不高，在网络上传输重要数据时不采用 UDP。但是，UDP 也有自己的一些特点：

- 虽然 UDP 协议无法保证数据的可靠性，但因为它是基于无连接的协议，能够消除生成连接的系统延迟，所以速度比 TCP 快。
- UDP 既支持一对一连接，也支持一对多连接，所以可使用广播的方式多地址发送，而 TCP 仅支持一对一通信。
- UDP 与 TCP 的报头比是 8:20，所以相对于 TCP，UDP 的数据传输会占用更少的网络带宽。
- UDP 传输的数据有消息边界，而 TCP 传输的数据没有消息边界。

2. 利用 UdpClient 类实现 UDP 网络通信

UDP 使用无连接的套接字，UdpClient 类简化了 UDP 套接字的编程，它提供了一些简单的方法，用于发送和接收无连接 UDP 数据报。因为 UDP 是无连接传输协议，所以不需要在发送和接收数据前建立远程主机连接，但可以选择使用下面两种方法之一来建立默认远程主机。

- 使用远程主机名和端口号作为参数创建 UdpClient 类的实例。
- 创建 UdpClient 类的实例，然后调用 Connect()方法。

可以使用在 UdpClient 中提供的任何一种发送方法将数据发送到远程设备。使用 Receive()方法可以从远程主机接收数据。

3．UdpClient 类简介

（1）UdpClient 构造函数

UdpClient 构造函数的基本类型如表 13-6 所示。

表 13-6　UdpClient 构造函数

名　称	说　明
UdpClient	初始化 UdpClient 类的新实例
UdpClient(Int32)	初始化 UdpClient 类的新实例，并将其绑定到所提供的本地端口号
UdpClient(IPEndPoint)	初始化 UdpClient 类的新实例，并将其绑定到指定的本地终结点
UdpClient(AddressFamily)	初始化 UdpClient 类的新实例
UdpClient(Int32, AddressFamily)	初始化 UdpClient 类的新实例，并将其绑定到所提供的本地端口号
UdpClient(String, Int32)	初始化 UdpClient 类的新实例，并建立默认远程主机

（2）UdpClient.Send 方法

UdpClient.Send 方法将 UDP 数据报发送到远程主机。其基本用法如表 13-7 所示。

表 13-7　UdpClient.Send 方法

名　称	说　明
Send(Byte(), Int32)	将 UDP 数据报发送到远程主机
Send(Byte(), Int32, IPEndPoint)	将 UDP 数据报发送到位于指定远程终结点的主机
Send(Byte(), Int32, String, Int32)	将 UDP 数据报发送到远程主机

（3）UdpClient.Receive 方法

UdpClient.Receive 方法返回已由远程主机发送的 UDP 数据报。

4．UdpClient 类实现 UDP 的网络通信程序设计

以下示例利用 UdpClient 类编写程序，实现一个简单的网络数据发送与接收功能。

1）发送端程序设计

※ 示例源码：Chpt13\UDPSend

具体的设计步骤如下：

（1）新建一个名为 UDPSend 的 C#语言 Windows 应用程序项目，并分别从“公共控件”工具箱中拖放一个 TextBox 控件和一个 Button 控件到该窗体上。

（2）将 button1 的 Text 属性值设置为“发送数据”，将窗体的 Text 属性值设置为 UDPSend。

设计完成后的窗体如图 13-4 所示。

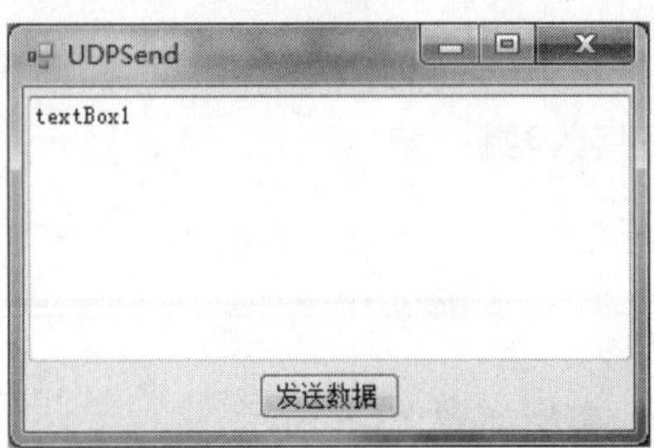

图 13-4　发送端的 UDP 程序窗体

（3）添加命名空间引用：

```
using System.Net;
using System.Net.Sockets;
```

（4）编写如下程序代码：

```
namespace UDPSend
{
    public partial class Form1 : Form
    {
        //定义一个 UdpClient 类型的字段
        UdpClient udpClient;
        public Form1()
        {
            //创建一个未与指定地址或端口绑定的 UdpClient 实例
            udpClient = new UdpClient();
            InitializeComponent();
        }
        //发送数据
        private void button1_Click(object sender, EventArgs e)
        {
            //临时存储 textBox1 中的数据
            string temp = this.textBox1.Text;
            //将 textBox1 中的数据（文本）转化为字节编码以便发送
            byte[] bData = System.Text.Encoding.UTF8.GetBytes(temp);
            //向本机的 13579 端口发送数据（方法 1）
            //udpClient.Send(bData, bData.Length, Dns.GetHostName(), 13579);
            //向本机的 13579 端口发送数据（方法 2）
            udpClient.Connect(IPAddress.Parse("127.0.0.1"), 13579);
            udpClient.Send(bData, bData.Length);
        }
    }
}
```

说明：从以上程序设计可以看出，如果利用方法 2，需要先使用 Connect()方法连接主机，然后才可以发送数据。

（5）运行该发送端程序，具体的数据发送及接收功能，待接收端程序设计完成后一并

测试。

2）接收端程序设计

※ 示例源码：Chpt13\UDPReceive

具体的设计步骤如下：

（1）新建一个名为 UDPReceive 的 C#语言 Windows 应用程序项目，并分别从“公共控件”工具箱中拖放一个 ListBox 控件和一个 Button 控件到该窗体上。

（2）将 button1 的 Text 属性值设置为“开始接收”，将窗体的 Text 属性值设置为 UDPReceive。

设计完成后的窗体如图 13-5 所示。

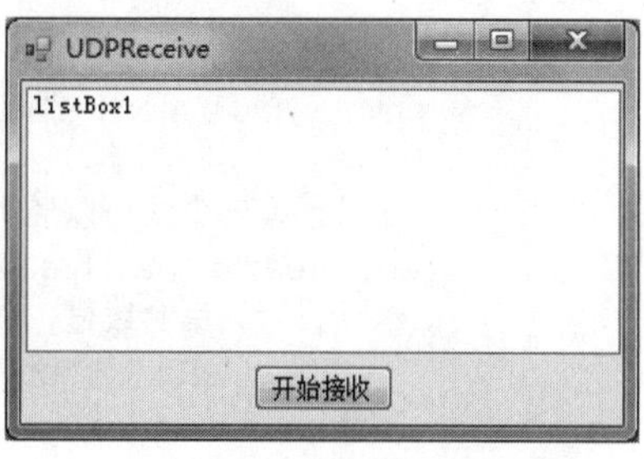

图 13-5　接收端的 UDP 程序窗体

（3）添加命名空间引用：

```
using System.Net;
using System.Net.Sockets;
using System.Threading;
```

（4）编写如下程序代码：

```
namespace UDPReceive
{
    public partial class Form1 : Form
    {
        //定义一个 UdpClient 类型的字段
        UdpClient udpClient;
        Thread thread; //定义一个线程
        public Form1()
        {
            //屏蔽异常以便跨线程访问控件
            CheckForIllegalCrossThreadCalls = false;
            InitializeComponent();
            //创建一个与指定端口绑定的 UdpClient 实例，此端口需与发送方端口相同
            udpClient = new UdpClient(13579);
        }
        //监听并接收数据
        private void listen()
        {
            //定义一个终结点，因为此前创建的 UdpClient 实例已与指定端口绑定，
            //所以，此处的 IP 地址和端口可任意设置或不设置
            IPEndPoint iep = null;
            while (true)
            {
                //获得发送方的数据包并转换为指定字符类型
                //ref 关键字使参数按引用传递，当控制权传给调用方法时，
                //在方法中对参数所做的任何更改都将反映在该变量中
                string sData =System.Text.Encoding.UTF8.GetString
```

```
                    (udpClient.Receive(ref iep));
                //将接收到的数据添加到 listBox1 的条目中
                this.listBox1.Items.Add(sData);
            }
        }
        //启动数据接收
        private void button1_Click(object sender, EventArgs e)
        {
            //创建一个线程以监听并接收数据
            thread = new Thread(new ThreadStart(listen));
            //设置为后台线程，以便关闭窗体时终止线程
            thread.IsBackground = true;
            thread.Start();
        }
        //关闭窗体时终止线程
        private void Form1_FormClosing(object sender,
            FormClosingEventArgs e)
        {
            //终止线程
            if (thread!=null) thread.Abort();
        }
    }
}
```

（5）运行该接收端程序，并与发送端程序一起测试具体的数据发送及接收功能。

习　　题

1．网络通信中的主机信息指的是什么？如何定义或获取这些信息？

2．什么是 Socket？它在网络编程中有何重要作用？

3．与 TCP 相比，UDP 有何优点与缺点？

4．UDP 可以采用哪两种方法建立默认远程主机？

5．套接字应用于网络编程时，需要包含的 3 个基本要素是（　　）。

A．网络类型　　B．主机信息

C．采用的网络协议　　D．数据传输类型

6．.NET 中的 Socket 类所在的命名空间是（　　）。

A．System.Net.Socket　　B．System.Net

C．System.IO　　D．System.Net.Sockets

7．.NET 中用以简化 UDP 编程的类是（　　）。

A．IPAddress 类　　B．TcpClient 类

C．UdpClient 类　　D．Graphics 类

第 14 章　Windows 程序的安装部署

学习要点

- 掌握 Visual Studio 2012 的 InstallShield 插件下载及其安装方法
- 掌握 Windows 应用程序安装部署的项目创建、主要内容设置及其解决方案生成

14.1　Windows 程序的安装部署简介

当 Windows 应用程序开发完成后，需要将其打包成可执行的安装文件，使得该应用程序能够脱离最初开发、调试程序时的运行环境，使得用户可以有选择地将该程序安装部署到自己的目标环境中，并且创建相应的程序启动项（如桌面快捷方式等）；另外，该打包文件还会创建该程序的卸载项，当用户不需要该程序时，可以方便地将其卸载。

由于 Visual Studio 2012 没有集成打包工具，所以，首次用它创建安装和部署项目时会打开如图 14-1 所示的界面，它提供了 InstallShield 插件下载的网页，将其下载安装后可继续打包。

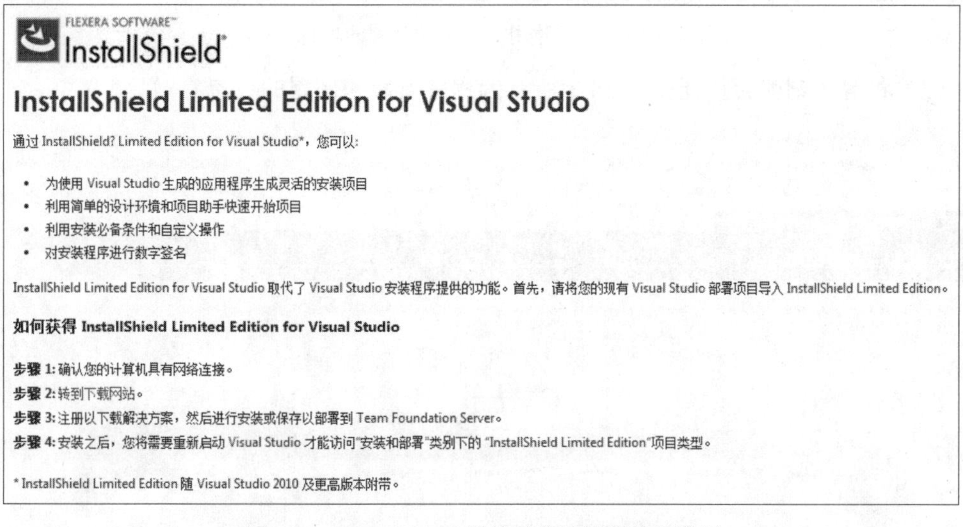

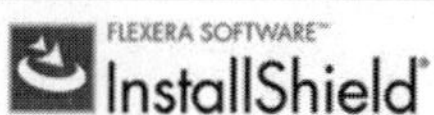

FLEXERA SOFTWARE™
InstallShield®
InstallShield Limited Edition for Visual Studio
通过 InstallShield? Limited Edition for Visual Studio*，您可以:
• 为使用 Visual Studio 生成的应用程序生成灵活的安装项目
• 利用简单的设计环境和项目助手快速开始项目
• 利用安装必备条件和自定义操作
• 对安装程序进行数字签名
InstallShield Limited Edition for Visual Studio 取代了 Visual Studio 安装程序提供的功能。首先，请将您的现有 Visual Studio 部署项目导入 InstallShield Limited Edition。
如何获得 InstallShield Limited Edition for Visual Studio
步骤 1: 确认您的计算机具有网络连接。
步骤 2: 转到下载网站。
步骤 3: 注册以下载解决方案，然后进行安装或保存以部署到 Team Foundation Server。
步骤 4: 安装之后，您将需要重新启动 Visual Studio 才能访问"安装和部署"类别下的 "InstallShield Limited Edition"项目类型。
* InstallShield Limited Edition 随 Visual Studio 2010 及更高版本附带。

图 14-1　InstallShield 插件下载链接和使用说明

14.2　Windows 程序的安装部署方法

本节将以第 4 章和第 5 章创建的上机考试系统示例程序 ExamSystem 为目标，介绍其 Windows 程序的安装和部署项目的创建方法。

※ 示例源码：ExamSystem_Setup

具体的设计步骤如下：

（1）启动 Visual Studio 2012，新建一个名称为 ExamSystem_Setup 的安装和部署项目，并设置该项目的相应内容，如图 14-2 所示。

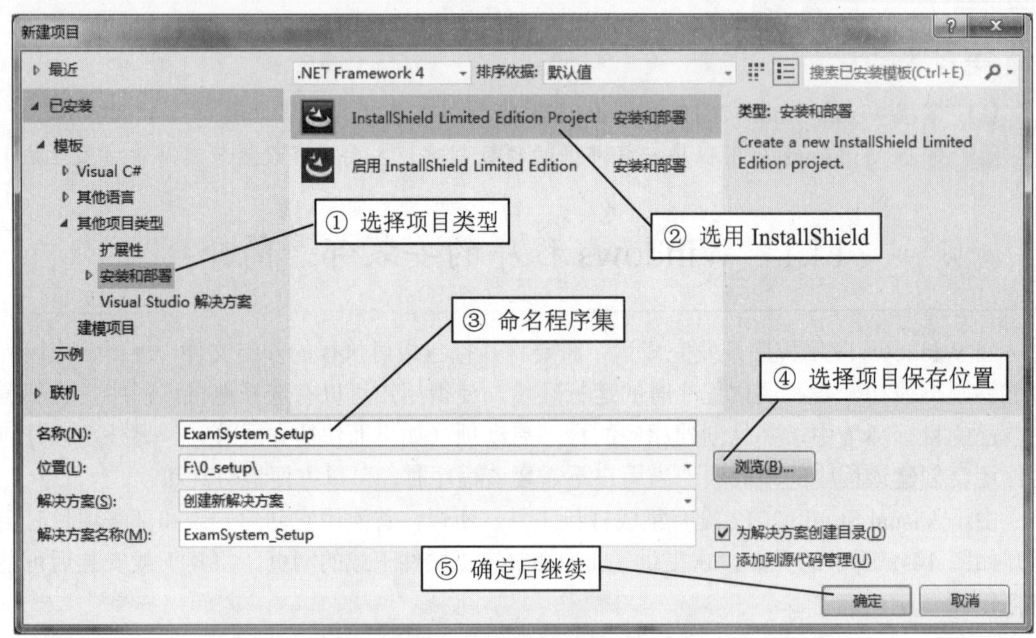

图 14-2　新建用于安装和部署的项目

（2）稍等片刻就会打开如图 14-3 所示的程序安装和部署的设置界面。

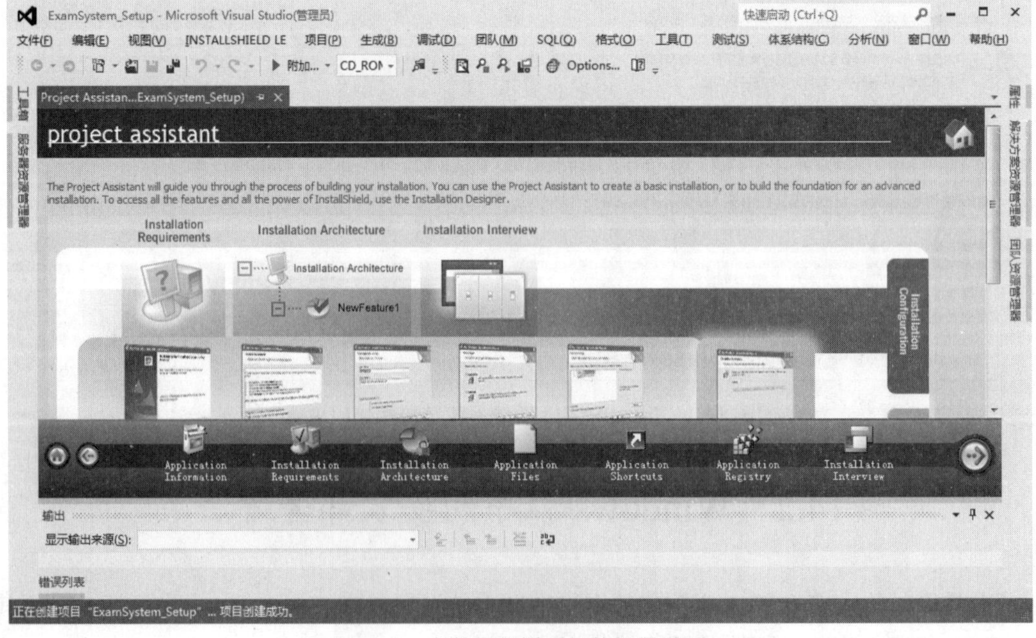

图 14-3　安装和部署项目的设置界面

（3）单击 Application Information 链接，添加程序在安装时要显示的相关信息，如程序的开发公司、打包的应用程序名称、程序安装图标、程序简介以及公司网站等，如图 14-4 所示。

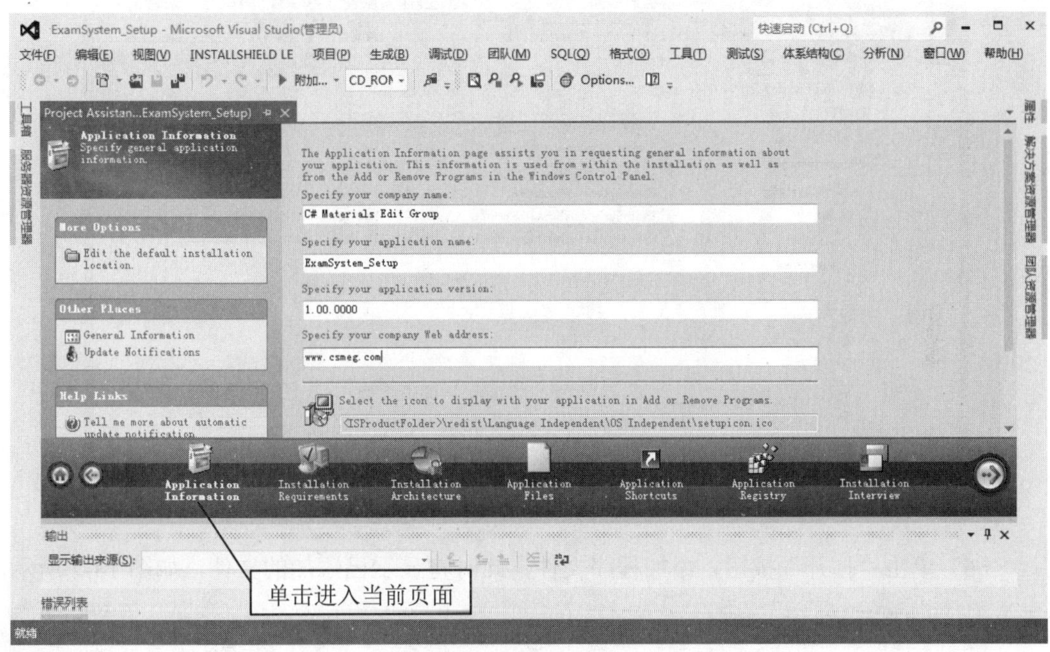

图 14-4　设置程序在安装时显示的相关信息

（4）单击 Application Files 链接，转到添加安装部署程序的界面，如图 14-5 所示。

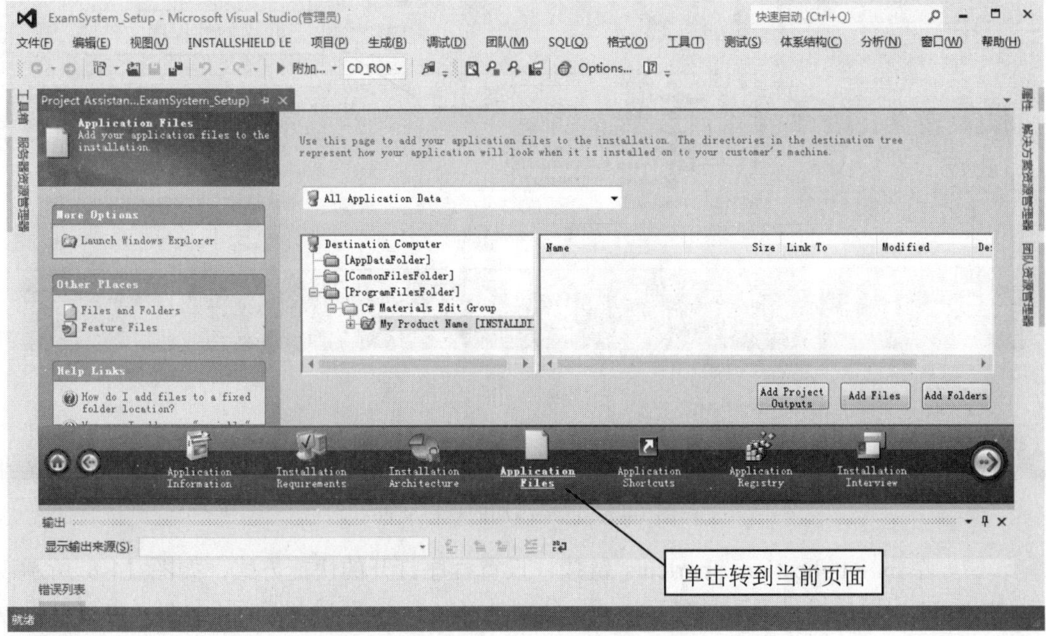

图 14-5　添加安装部署程序的界面

（5）单击 Add Files 按钮，弹出如图 14-6 所示的文件添加对话框，选择要安装部署项目的 bin/Debug（或 bin/Release）文件夹中的应用程序文件（ExamSystem.exe）。

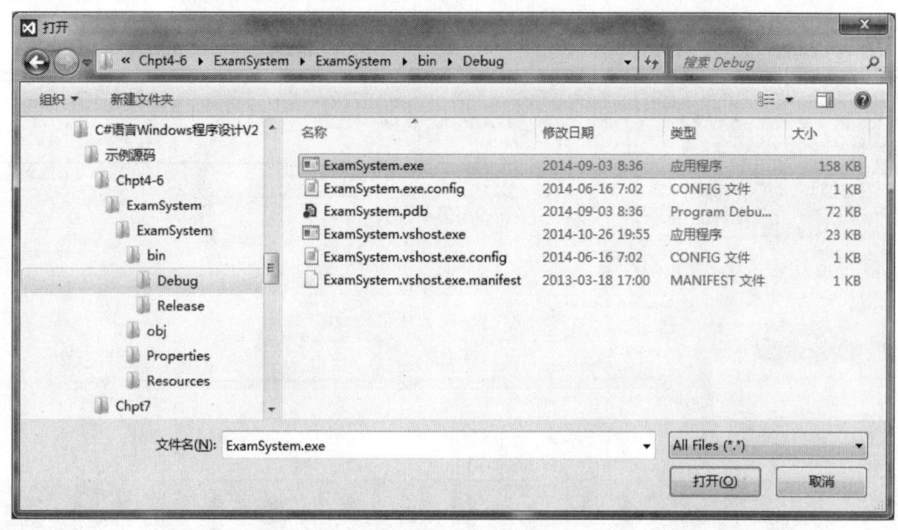

图 14-6　为“用户的‘程序’菜单”创建快捷方式

（6）单击“打开”按钮，添加程序文件，此时将显示已添加的文件，如图 14-7 所示。

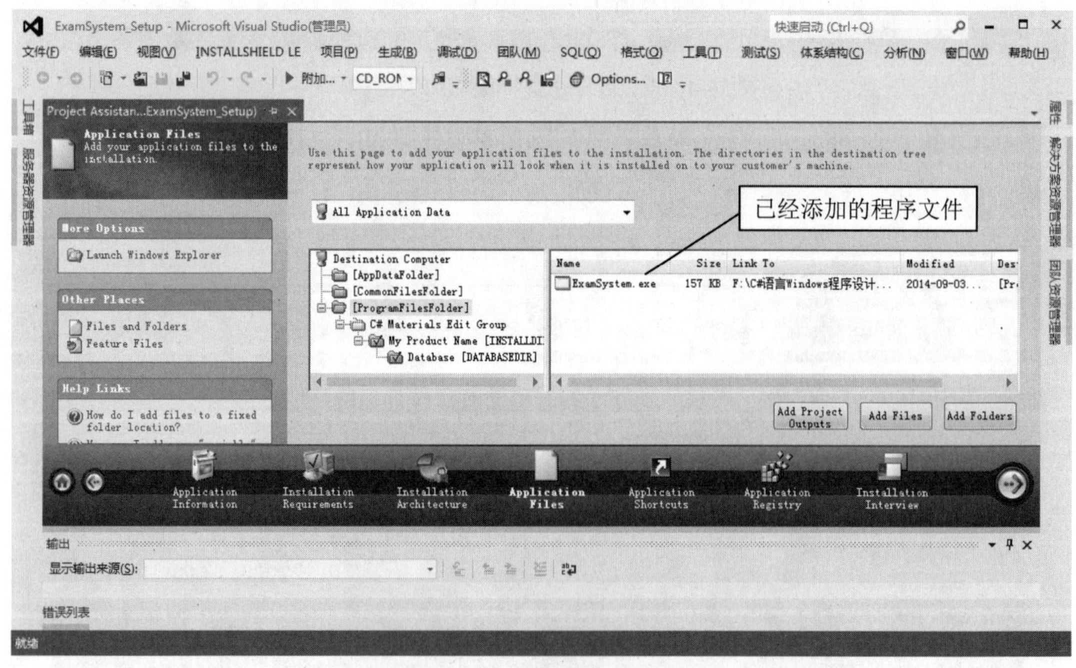

图 14-7　已经添加的程序文件

（7）单击 Application Shortcuts 链接，设置程序打开的快捷方式，如图 14-8 所示。InstallShield 为用户提供了两种显示形式，分别是 Windows 菜单和桌面。另外，也可以设置程序的显示图标。

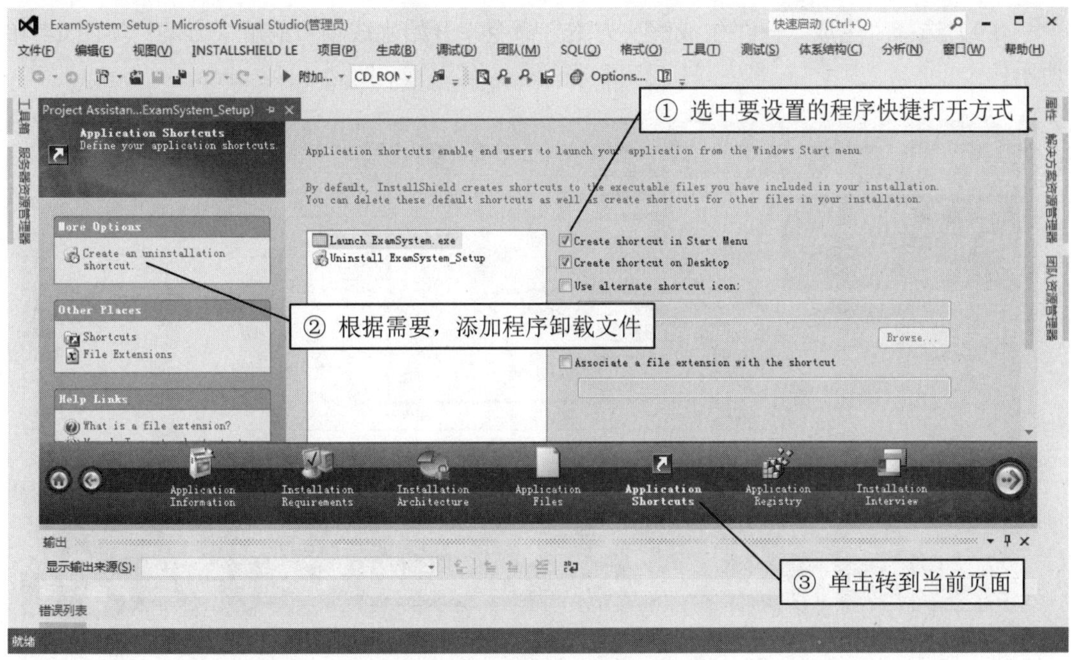

图 14-8　设置程序打开的快捷方式

（8）通过上述操作，待安装部署的程序设置就基本完成了，但是，通常情况下还要打包.NET 环境或者其他程序运行所需要的 Windows 环境，InstallShield 中已经设计了相应环境的打包，具体设置如图 14-9 所示。

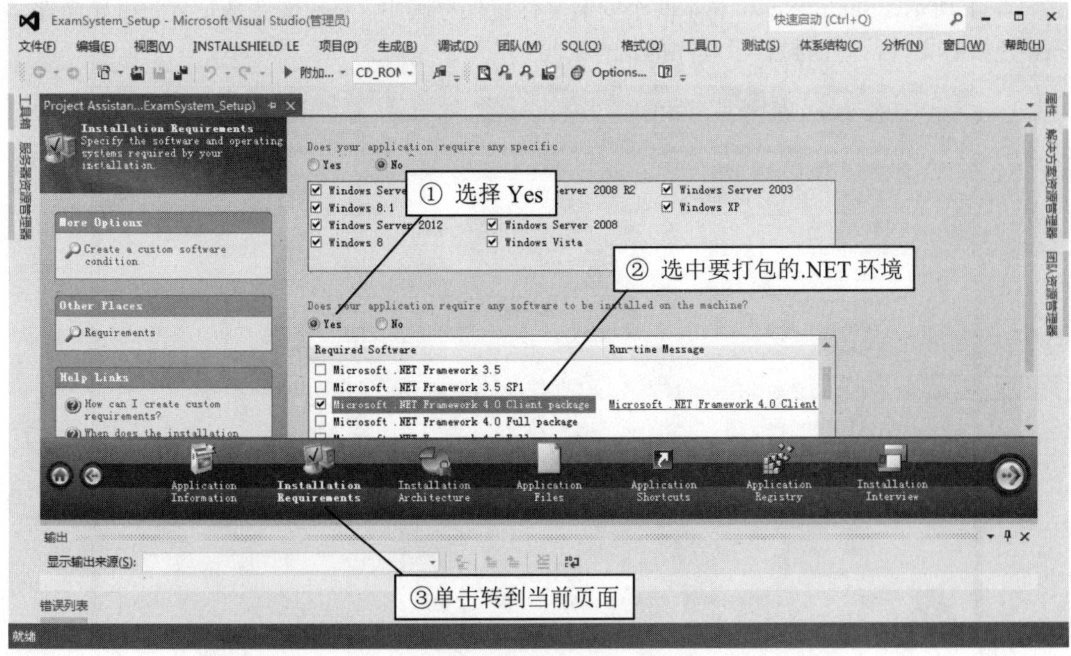

图 14-9　打包程序的运行环境

（9）选择“生成”→“生成解决方案”命令，开始生成项目的解决方案，如图 14-10 所示。

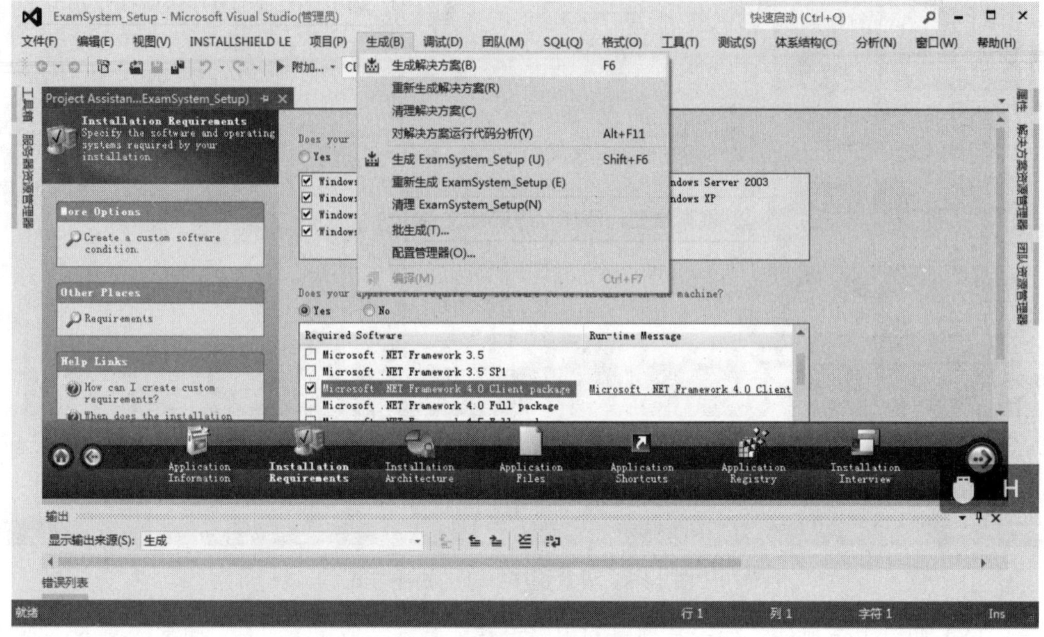

图 14-10　生成项目的解决方案

生成项目的解决方案后，就会在安装程序集下面生成一个名为 DISK1 的文件夹，如图 14-11 所示，Setup.exe 和.msi 两个安装文件就保存其中。exe 文件是安装的引导文件，msi 是核心文件，里面封存了程序的组件。

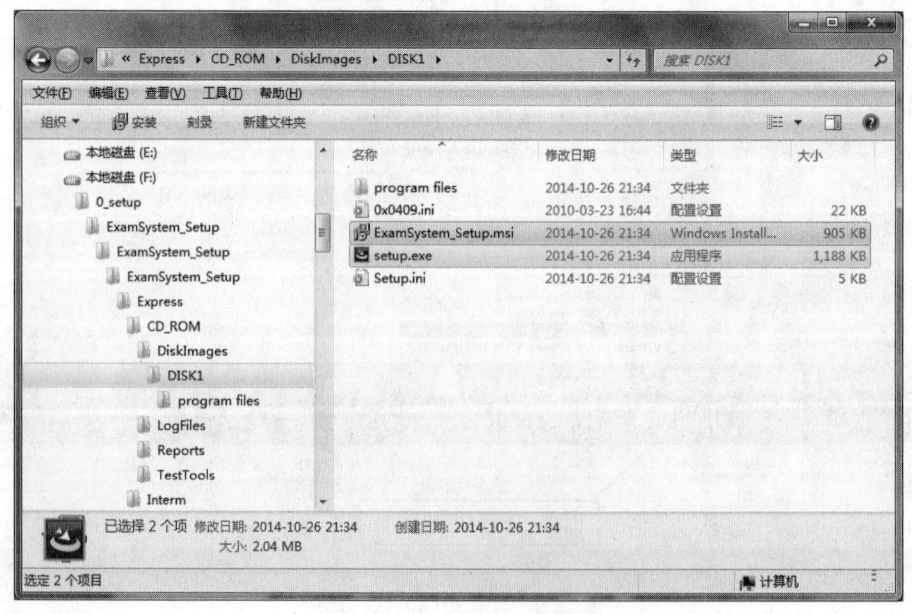

图 14-11　生成的安装部署文件

运行上述安装部署项目生成解决方案后创建的 Setup.exe 文件，即可安装应用程序，安装过程如图 14-12 所示。

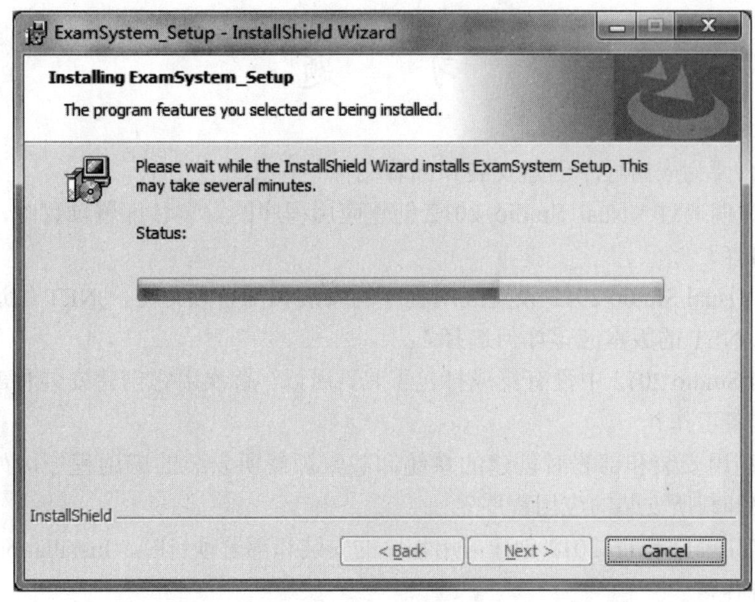

图 14-12　通过 Setup.exe 文件安装应用程序

应用程序安装完成后，就可以在当前安装环境中创建该程序相应的启动方式，如图 14-13 所示。显然，也创建了该程序的卸载项。

图 14-13　启动安装的应用程序

📖**说明：**除了上述介绍的安装部署的主要设置项，还可通过 Application Registry 设置程序安装注册表项，或通过 Installation Interview 设置程序安装时的安装视图。

习　题

1．为什么要为应用程序创建安装和部署文件？

2．简要说明通过 Visual Studio 2012 创建应用程序的安装和部署项目时，哪些项目是主要的设置内容？

3．通过 Visual Studio 2012 设置应用程序的安装和部署项目时，.NET 的运行环境是否要一并打包？.NET 的版本应该如何选择？

4．Visual Studio 2012 中没有集成打包工具，所以，首次用它创建安装和部署项目时需要先做什么准备工作？

5．除了利用安装和部署时创建的系统卸载来卸载所安装的应用程序以外，还可以采用什么方式来卸载所安装的应用程序？

6．通过 Visual Studio 2012 创建应用程序的安装和部署项目时，Installation Interview 用于设置什么内容？

▶▶第 3 部分

应用篇

第 15 章　视频应用程序设计

学习要点

- 了解 VFW 的基本功能
- 掌握简单的 VFW 视频应用程序设计

随着视频监控、可视电话以及电视会议等多媒体技术应用的迅速发展，基于数字视频捕获的应用程序的开发需求也越来越广泛。实现视频捕获的方法有很多，本节将介绍如何利用微软公司的 VFW 软件工具包编写视频捕捉程序。

15.1　VFW 基础知识

1. VFW 简介

VFW（Video for Windows）是微软公司推出的关于数字视频的一个软件开发包，VFW 的核心是 AVI 文件标准。

围绕 AVI 文件，VFW 推出了一整套完整的视频采集、压缩、解压缩、回放和编辑的应用程序接口（API），为程序开发人员提供了 AVICap 窗口类的高级编程工具，使程序开发人员能通过发送消息或设置属性来捕获、播放和编辑视频，还可以利用回调函数开发比较复杂的视频应用程序。

VFW 技术的特点是它播放视频时不需要专用的硬件设备，而且应用灵活，可以满足视频应用程序开发的需要。另外，自 Windows 95 开始，所有的 Windows 操作系统在安装时就已经自动地安装配置了视频所需的组件，如设备驱动程序、视频压缩程序等。

2. VFW 功能模块

VFW 主要由以下 6 个功能模块组成。

- AVICAP32.DLL：包含了执行视频捕获的函数，它给 AVI 文件 I/O 处理、视频及音频设备驱动程序提供一个高级接口。
- MSVIDEO.DLL：包含一套特殊的 DrawDib 函数来处理屏幕上的视频操作。
- MCIAVI.DRV：包括对 VFW 的 MCI 命令的解释器的驱动程序。
- AVIFILE.DLL：包含由标准多媒体 I/O（mmio）函数提供的更高的命令，用来访问 AVI 文件。
- ICM：压缩管理器，用于管理视频压缩/解压缩的编解码器（CODEC）。
- ACM：音频压缩管理器，提供与 ICM 相似的服务，不同的是它适于波形音频。

3. VFW 主要函数

本节的示例程序主要使用 AVICAP32.DLL 中的函数和 USER32.DLL 中的函数，分别介绍如下。

（1）capCreateCaptureWindow 函数

该函数用于创建一个视频捕捉窗口，其构造函数如下：

```
[DllImport("avicap32.dll")]

public static extern IntPtr capCreateCaptureWindow(byte[] lpszWindowName, int dwStyle, int x,int
y, int nWidth, int nHeight, IntPtr hWnd Parent, int nID);
```

其中，各参数的说明如下。

- ❑ lpszWindowName：标识窗口的名称。
- ❑ dwStyle：标识窗口风格。
- ❑ x、y：标识窗口的左上角坐标。
- ❑ nWidth、nHeight：标识窗口的宽度和高度。
- ❑ hWnd：标识父窗口句柄。
- ❑ nID：标识窗口 ID。
- ❑ 返回值：视频捕捉窗口句柄。

（2）SendMessage 函数

该函数用于向 Windows 系统发出消息机制，其构造函数如下：

```
[DllImport("User32.dll")]

public static extern bool SendMessage(IntPtr hWnd, int wMsg, int wParam, int lParam);
```

其中，各参数的说明如下。

- ❑ hWnd：窗口句柄。
- ❑ wMsg：要发送的消息。
- ❑ wParam、lParam：消息的参数，每个消息都有两个参数，参数设置由发送的消息而定。

15.2　基于 VFW 的视频应用程序设计

以下示例介绍一个基于 VFW 的视频应用程序设计，为了简化程序设计，在此示例中仅实现视频的打开和关闭两个基本功能。

※ 示例源码：Chpt15\VideoCapture

具体的设计步骤如下：

（1）新建一个名为 VideoCapture 的 C#语言 Windows 窗体应用程序项目，然后从“公共控件”工具箱中拖放一个 PictureBox 控件和两个 Button 控件到新建的窗体 Form1 上，并将 PictureBox 控件的尺寸设置为 360×270，将两个 Button 控件的 Text 属性分别改为“启动视频”和“关闭视频”，如图 15-1 所示。

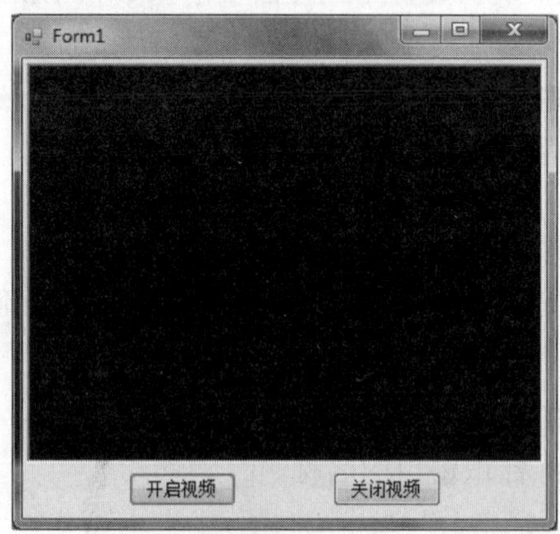

图 15-1　视频捕获窗体设计

（2）选择“项目”→“添加新项”命令，通过弹出的对话框创建一个名为 VideoAPIClass 的 C#类，并编写该类的代码，完整代码如下：

```
//添加命名空间引用
using System.Runtime.InteropServices;
using System.Drawing.Design;
namespace VideoCapture
{
    class VideoAPI    //视频 API 类
    {
        //视频 API 调用
        [DllImport("avicap32.dll")]
        public static extern IntPtr capCreateCaptureWindow(byte[]
        lpszWindowName, int dwStyle, int x, int y, int nWidth, int nHeight,
        IntPtr hWndParent, int nID);
        [DllImport("avicap32.dll")]
        public static extern bool capGetDriverDescriptionA(short wDriver,
        byte[] lpszName, int cbName, byte[] lpszVer, int cbVer);
        [DllImport("User32.dll")]
        public static extern bool SendMessage(IntPtr hWnd, int wMsg,
        bool wParam, int lParam);
        [DllImport("User32.dll")]
        public static extern bool SendMessage(IntPtr hWnd, int wMsg,
        short wParam, int lParam);
        //常量
        public const int WM_USER = 0x400;
        public const int WS_CHILD = 0x40000000;
        public const int WS_VISIBLE = 0x10000000;
        public const int SWP_NOMOVE = 0x2;
        public const int SWP_NOZORDER = 0x4;
        public const int WM_CAP_DRIVER_CONNECT = WM_USER + 10;
```

```
        public const int WM_CAP_DRIVER_DISCONNECT = WM_USER + 11;
        public const int WM_CAP_SET_CALLBACK_FRAME = WM_USER + 5;
        public const int WM_CAP_SET_PREVIEW = WM_USER + 50;
        public const int WM_CAP_SET_PREVIEWRATE = WM_USER + 52;
        public const int WM_CAP_SET_VIDEOFORMAT = WM_USER + 45;
        public const int WM_CAP_START = WM_USER;
        public const int WM_CAP_SAVEDIB = WM_CAP_START + 25;
    }
    public class csVideo                    //视频类
    {
        private IntPtr lwndC;               //保存无符号句柄
        private IntPtr mControlPtr;         //保存管理指示器
        private int mWidth;
        private int mHeight;
        public csVideo(IntPtr handle, int width, int height)
        {
            mControlPtr = handle;           //显示视频控件的句柄
            mWidth = width;                 //视频宽度
            mHeight = height;               //视频高度
        }
        //开启视频设备
        public void StartWinCam()
        {
            byte[] lpszName = new byte[100];
            byte[] lpszVer = new byte[100];
            VideoAPI.capGetDriverDescriptionA(0,lpszName,100,lpszVer,100);
            this.lwndC = VideoAPI.capCreateCaptureWindow(lpszName,
                VideoAPI.WS_CHILD | VideoAPI.WS_VISIBLE, 0, 0,
                mWidth, mHeight, mControlPtr, 0);
            if (VideoAPI.SendMessage(lwndC, VideoAPI.WM_CAP_DRIVER_CONNECT, 0, 0))
            {
                VideoAPI.SendMessage(lwndC,VideoAPI.WM_CAP_SET_PREVIEWRATE,100,0);
                VideoAPI.SendMessage(lwndC, VideoAPI.WM_CAP_SET_PREVIEW, true, 0);
            }
        }
        //关闭视频设备
        public void CloseWincam()
        {
            VideoAPI.SendMessage(lwndC, VideoAPI.WM_CAP_DRIVER_DISCONNECT, 0, 0);
        }
    }
}
```

（3）分别编写“启动视频”和“关闭视频”按钮的鼠标单击事件代码：

```
namespace VideoCapture
{
    public partial class Form1 : Form
    {
        public Form1()
```

```
        {
            InitializeComponent();
        }
        csVideo video; //声明视频类
        //开启视频
        private void button1_Click(object sender, EventArgs e)
        {
            button1.Enabled = false;
            button2.Enabled = true;
            video = new csVideo(pictureBox1.Handle, pictureBox1.Width,
                pictureBox1.Height);
            video.StartWinCam();
        }
        //关闭视频
        private void button2_Click(object sender, EventArgs e)
        {
            button1.Enabled = true;
            button2.Enabled = false;
            video.CloseWincam();
        }
    }
}
```

（4）运行该程序，单击“开启视频”按钮，通常会弹出选择摄像头的“视频源”对话框，如图 15-2 所示。

图 15-2　视频源（摄像头）选择

选择了相应的摄像头后，就启动了视频捕获，如图 15-3 所示。

说明：选择了摄像头后，还可能弹出杀毒软件拦截视频源的对话框，确定允许访问之后才可以启用所选择的摄像头设备，并开始视频捕获。

图 15-3　视频捕获启动

习　　题

1．什么是 VFW？

2．VFW 技术的特点是什么？

3．对于 Windows 操作系统，是否还需要另外单独安装视频所需的设备驱动程序、视频压缩程序？

4．如果运行视频应用程序的计算机上安装了多个摄像头，那么当前程序会调用哪个摄像头？

5．VFW 的主要功能模块有（　　）。

A．4 个　　　　B．5 个

C．6 个　　　　D．7 个

6．试简要介绍 capCreateCaptureWindow 函数的功能及其用法。

第 16 章　图像处理程序设计

学习要点

- 了解图像处理的基本原理
- 了解图像处理中直接操作像素法、内存法及指针法的各自特点
- 掌握指针法的图像处理的程序设计

“百闻不如一见”，图像是人们获取、表达或传递信息的更重要手段，因为它直观、形象、易懂且信息量大。计算机在图形、图像信息处理中的应用，形成了数字图像处理这一新的学科，特别是随着 VLSI 技术和计算机体系结构及算法的迅速发展，图像处理系统的性能得以大大提高，从而使图像处理技术得以更加广泛的普及，目前已扩展至医学、遥感、气象、工业检测以及机器人视觉等诸多领域的应用中。

16.1　GDI+图像处理简介

在 C#中是利用 GDI+来实现对图形、图像的处理的，GDI+是与.NET Framework 中的图形设备接口进行交互的入口，在 GDI 的基础上做了明显的改进，特别是 GDI+不再有句柄或上下文的概念，而是以 Graphics 对象取代之，所以，GDI+使得应用程序开发人员在输出屏幕或打印机信息时，无须考虑具体显示设备的细节，只需调用 GDI+库输出的类的相应方法即可完成图像操作，从而使得程序设计更加容易。

本章选择了几个图像处理最基础的典型示例进行分析和程序设计，一方面借此进一步提高读者学习 C#语言程序设计的水平，另一方面也为采用 C#开发图像处理或模式识别应用程序提供一个入门知识。

16.2　GDI+图像像素操作的 3 种方法

对图像进行的各种处理均需基于图像的像素点操作，即读取相应的像素点的信息，并进一步修改或设置这些信息。

在 C#中，可以通过 3 种程序设计方法来对图像的像素点进行操作，即直接操作法、内存法和指针法。

1. 直接操作法

1）方法简介

这种方法处理图像的基本过程如下：

（1）使用 GDI+中的 Bitmap.GetPixel 方法来读取当前像素的信息，构造函数如下：

```
public Color GetPixel(int x,int y);
```

其中，参数 x 和 y 的类型都是 System.Int32，表示要检索的像素的 x 和 y 坐标。返回值的类型是 System.Drawing.Color 结构，表示指定像素的颜色。

（2）使用 GDI+中的 Bitmap.SetPixel 方法来设置当前像素的信息，构造函数如下：

```
public void SetPixel(int x,int y,Color color);
```

其中，参数 x 和 y 的类型都是 System.Int32，表示要检索的像素的 x 和 y 坐标。返回值的类型是 System.Drawing.Color 结构，表示要分配给指定像素的颜色。

2）示例程序

对于如图 16-1 所示的一个 12×8（像素）的彩色位图（图中每个色块代表一个放大后的像素点），如果要获取当前的一个像素点（图中方形空心色块）的颜色值，或者将其设置为红色，则其直接操作法的 C#示例代码如下：

```
//获取当前像素点的 RGB 颜色值
crtColor = crtBitmap.GetPixel(5,3);
//设置像素点 RGB 颜色值
crtBitmap.SetPixel(5,3,Color.FromArgb(crtColor.R, 0, 0));
```

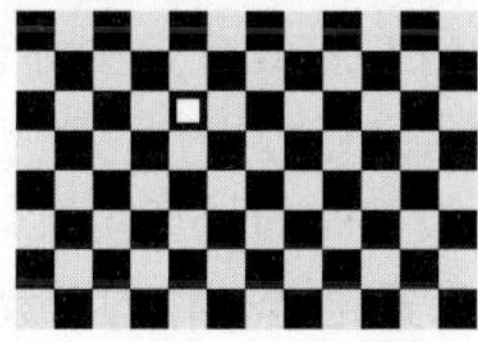

图 16-1　像素点操作示意图

2. 内存法

1）方法简介

这种方法处理图像的基本过程如下：

（1）在开始处理图像之前，利用 LockBits 方法将 Bitmap 锁定到系统内存中。

（2）利用 Marshal.Copy 方法将已锁定到系统内存中的图像数据复制到字节数组中。

（3）在该字节数组中对图像的像素点进行操作，即实施图像处理。

（4）执行步骤（2）的反过程，即利用 Marshal.Copy 方法将字节数组中的图像数据复制到锁定的系统内存中。

（5）利用 UnlockBits 方法解除被锁存的处理图像数据，图像处理结束。

由于这种方法的全部操作都在内存中进行，所以可使程序的运行速度提高很多。

2）示例代码

例如，将一幅图像中的所有像素点都设置为红色，其内存法的 C#示例代码如下：

```
//获取被处理图像的大小
Rectangle rect = new Rectangle(0, 0, crtBitmap.Width, crtBitmap.Height);
```

```
//将被处理图像数据锁存
System.Drawing.Imaging.BitmapData bmpData = crtBitmap.LockBits(rect, System.
Drawing.Imaging.ImageLockMode.ReadWrite, crtBitmap.PixelFormat);
IntPtr ptr = bmpData.Scan0;                    //获取第一个像素的地址
int bytes = crtBitmap.Width * crtBitmap.Height * 3; //计算该位图的字节总数
byte[] rgbValues = new byte[bytes];            //根据以上字节总数创建保存图像数据的字节数组
//将被锁存的图像数据复制到数组中
System.Runtime.InteropServices.Marshal.Copy(ptr, rgbValues, 0, bytes);
for (int i = 0; i < rgbValues.Length; i += 3)
{
    rgbValues[i] = 0;                          //处理像素点
    rgbValues[i + 1] = 0;
}
//将数组数据复制回位图中
System.Runtime.InteropServices.Marshal.Copy(rgbValues, 0, ptr, bytes);
crtBitmap.UnlockBits(bmpData);                 //解除被处理图像数据的锁存，图像处理结束
```

📖**说明**：为了简化程序设计，此内存法图像处理程序假定图像的宽和高均为 4 的倍数。

3. 指针法

1）方法简介

这种方法与内存法相似，其处理图像的基本过程如下：

（1）在开始处理图像之前，利用 LockBits 方法将 Bitmap 锁定到系统内存中。

（2）直接利用指针对图像的像素点进行操作，即实施图像处理。

（3）利用 UnlockBits 方法解除被锁存的处理图像数据，图像处理结束。

利用指针对 BitmapData 对象的像素进行操作的像素描述示意图，如图 16-2 所示。

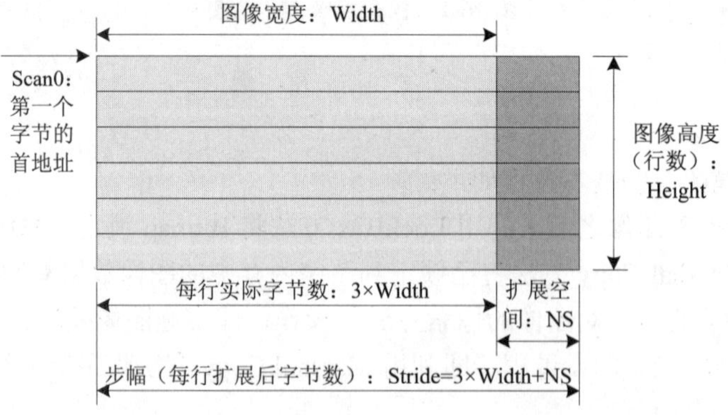

图 16-2　24 位的 BitmapData 对象的像素描述

提示：将图像每行字节扩展为 4 的倍数是为了提高图像的处理效率。

2）示例代码

同上示例，将一幅图像中的所有像素点都设置为红色，其指针法的 C#示例代码如下：

```
//获取被处理图像的大小
Rectangle rect = new Rectangle(0, 0, crtBitmap.Width, crtBitmap.Height);
```

```
//将被处理图像数据锁存
System.Drawing.Imaging.BitmapData bmpData = crtBitmap.LockBits(rect, System.
Drawing.Imaging.ImageLockMode.ReadWrite, crtBitmap.PixelFormat);
unsafe                                          //启动非安全代码，以便使用指针
{
    byte* ptr = (byte*)(bmpData.Scan0);         //得到第一个字节的首地址（指针起点）
    for (int i = 0; i < bmpData.Height; i++)    //二维图像循环
    {
        for (int j = 0; j < bmpData.Width; j++)
        {
            ptr[0] = 0;                         //处理像素点
            ptr[1] = 0;
            ptr += 3;                           //指向下一个像素
        }
        //指向下一行的首字节（"* 3"表示 24 位位图）
        //bmpData.Stride - bmpData.Width * 3 为扫描偏移量
        ptr += bmpData.Stride - bmpData.Width * 3;
    }
}
crtBitmap.UnlockBits(bmpData);                  //解除被处理图像数据的锁存，图像处理结束
```

提示： 为了保持类型安全，默认情况下，C#不支持指针算法。不过，通过使用 unsafe 关键字，可以定义可使用指针的不安全上下文。这种情况下，需在 VS.NET 开发环境中启动不安全模式，才能编译 unsafe 包含的代码段，即选择当前项目主菜单中的“项目”→“<项目名称>属性”命令，选择“生成”选项卡，选中“允许不安全代码”复选框，如图 16-3 所示。

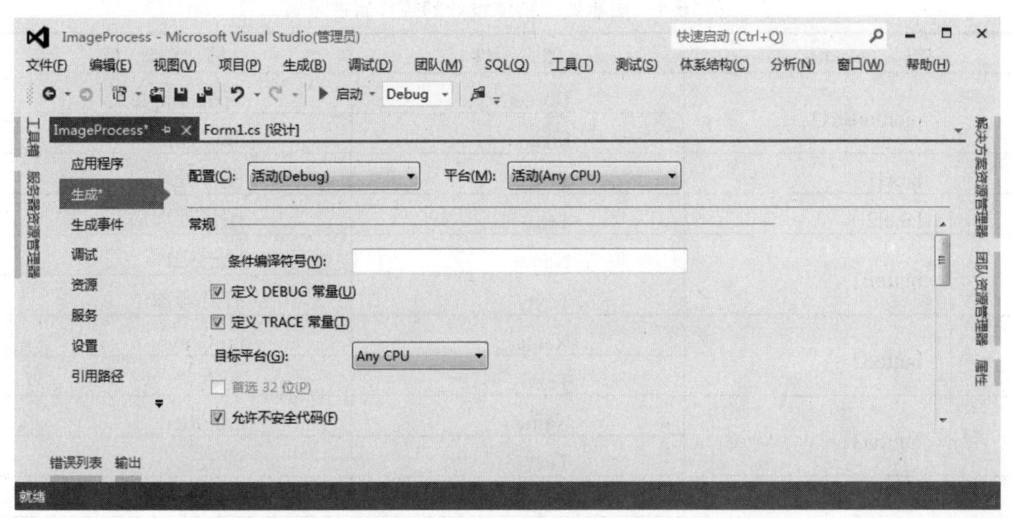

图 16-3　设置“允许不安全代码”

说明： 在公共语言运行（CLR）中，不安全代码是指无法验证的代码，C#中的不安全代码不一定是危险的，只是其安全性无法由 CLR 进行验证而已。如果使用不安全代码，由程序开发者负责确保所编写的代码不会引起安全风险或指针错误。

4．3 种方法的比较

以上 3 种图像处理的像素操作方法比较如下：

- 直接操作像素法以二维坐标方式表示像素点，直观、易理解，但其运行效率低。
- 内存法代码以一维数组方式表示二维的像素点，不如直接操作法直观、易理解，但其运行效率却比直接操作法有显著提高，且其代码的安全性容易维护。
- 指针法的像素表示也不够直观、不易理解，但其运行效率最高，另外，其代码的安全性不易维护。

16.3 GDI+图像处理基础程序设计

为了便于程序的设计与分析，在此将图像灰度化、图像二值化和图像滤波这 3 个图像处理示例程序集成在一个项目中，3 种图像处理的具体程序将在后续章节中分别介绍。

※ 示例源码：Chpt16\ImageProcess

具体的设计步骤如下：

（1）新建一个 C#项目，将其 Windows 应用程序命名为 ImageProcess，并分别从“所有 Windows 窗体”、“容器”和“对话框”工具箱中拖放一个 PictureBox 控件、两个 Label 控件、4 个 Button 控件和一个 OpenFileDialog 控件到该窗体上。

（2）分别对新建项目的相应控件，按表 16-1 所示的内容进行属性值设置。

表 16-1 图像处理窗体设计的控件属性设置

控件（Name）	属 性	属 性 新 值
pictureBox1	BorderStyle	FixedSingle
	Size	360, 280
label1	Text	图像处理前
label2	Text	图像处理后
button1	Name	btnLoad
	Text	打开源图
button2	Name	btnGray
	Text	灰度化
button3	Name	btnFilter
	Text	滤波
button4	Name	btnEdgeDetect
	Text	边缘检测

设计完成后的窗体如图 16-4 所示。

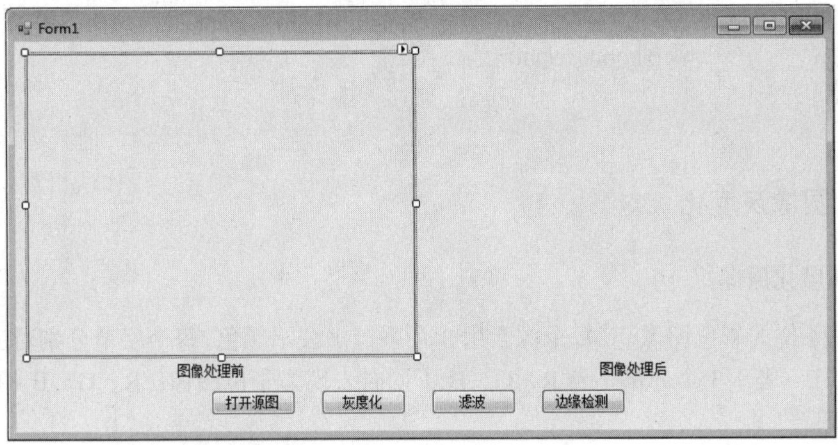

图 16-4　图像处理基础的窗体设计

（3）添加命名空间：

```
using System.Drawing.Imaging;
```

（4）编写“打开源图”按钮的程序代码：

```
//加载图像
private void btnLoad_Click(object sender, EventArgs e)
{
    //打开一个选择文件对话框以便加载要处理的图像
    openFileDialog1 = new OpenFileDialog();
    openFileDialog1.Filter = "所有图片文件(*.bmp/*.jpg/*.gif)|*.*|
    Jpeg 文件(*.jpg)|*.jpg|Bitmap 文件(*.bmp)|*.bmp| gif 文件(*.gif)|*.gif";
    openFileDialog1.FilterIndex = 2;
    openFileDialog1.RestoreDirectory = true;
    if (DialogResult.OK == openFileDialog1.ShowDialog())
    {
        currentImageFile = openFileDialog1.FileName;
        //显示所加载的源图像以便与处理后的图像对比
        pictureBox1.Image = Bitmap.FromFile(currentImageFile, false);
        //备份所加载的图像以便快速重新加载
        sourceBitmap = (Bitmap)Image.FromFile(currentImageFile);
        //对窗体进行重新绘制，这将强制执行 Paint 事件处理程序
        Invalidate();
        //当重新加载图像时，应重置标示
    }
}
```

（5）编写窗体控件重绘的程序代码，在指定位置以指定尺寸绘图：

```
private void Form1_Paint(object sender, PaintEventArgs e)
{
    Graphics g = e.Graphics;
    if (sourceBitmap != null)
    {
```

```
            g.DrawImage(sourceBitmap, 378, 12, sourceBitmap.Width,
                  sourceBitmap.Height);
      }
}
```

16.3.1　图像灰度化

1．灰度化原理

对于 24 位的彩色图像，其每个像素用 3 个字节来表示颜色，每个字节分别对应 R（红）、G（绿）、B（蓝）3 个分量。当 R、G、B 不同时表现为彩色图像；R、G、B 相同时表现为灰度图像。

常用的彩色转换为灰度的公式如下：

$$Gray(i,j)=0.299\times R(i,j)+0.587\times G(i,j)+0.114\times B(i,j) \quad (16.1)$$

其中，$Gray(i,j)$ 为转换后的图像 (i,j) 点的灰度值。

2．程序流程

由以上灰度化原理可知，程序只要按照式（16.1）将图像的全部像素点进行颜色修改，即可实现图像的灰度化处理。利用指针法实现图像灰度化处理的程序流程如图 16-5 所示。

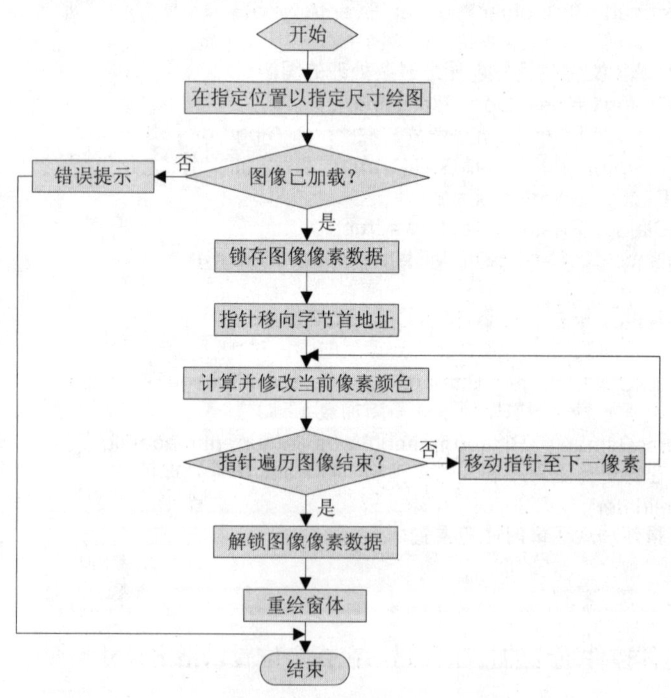

图 16-5　图像灰度化程序流程图

3．程序设计

（1）根据图 16-5 所示的图像灰度化处理流程图，编写“灰度化”按钮的程序代码：

```
private void btnGray_Click(object sender, EventArgs e)
{
    if (sourceBitmap != null)
    {
        Rectangle rect = new Rectangle(0, 0, sourceBitmap.Width,
                sourceBitmap.Height);
        System.Drawing.Imaging.BitmapData bmpData = sourceBitmap.LockBits
                (rect, System.Drawing.Imaging.ImageLockMode.ReadWrite,
                 sourceBitmap.PixelFormat);
        byte temp = 0;
        unsafe
        {
                byte* ptr = (byte*)(bmpData.Scan0);
                for (int i = 0; i < bmpData.Height; i++)
                {
                    for (int j = 0; j < bmpData.Width; j++)
                    {
                        temp = (byte)(0.299*ptr[2] +0.587*ptr[1]+0.114*ptr[0]);
                        ptr[0] = ptr[1] = ptr[2] = temp;
                        ptr += 3;
                    }
                    ptr += bmpData.Stride - bmpData.Width * 3;
                }
        }
        sourceBitmap.UnlockBits(bmpData);
        Invalidate();
    }
    else
    {
        MessageBox.Show("无图像可处理。", "提示", MessageBoxButtons.OK,
                MessageBoxIcon.Error);
    }
}
```

（2）运行并测试程序，图像灰度化的结果如图 16-6 所示。

图 16-6　图像灰度化

📖说明：该灰度化程序处理后的灰度图是索引颜色的伪彩色灰度图像或 RGB 颜色的伪彩色灰度图像。

💡提示：由于采用了指针法编程，所以，需设置项目属性的“允许不安全代码”。

16.3.2 图像滤波

1. 滤波原理

将空间域模板用于图像处理，通常称为空间滤波。空间滤波可分为线性平滑滤波（邻域平均法）和非线性平滑滤波（中值滤波法）两种。邻域平均法的基本原理是用当前图像像素点 (x,y) 邻域的几个像素颜色的平均值来代替其像素颜色值。可用如下公式表示：

$$g(x,y)=\frac{1}{N}\sum_{(i,j)\in S}f(i,j) \tag{16.2}$$

其中，$g(x,y)$ 为滤波后的像素颜色，N 为邻域像素点数量，S 为像素点 (x,y) 的邻域。

中值滤波法是先选取当前像素点的邻域，但它是用这些邻域像素点颜色的中间值来代替当前像素点颜色值的。

邻域平均法能比较有效地抑制噪声，但也易引起图像模糊；中值滤波法特别适宜抑制孤立点类型的椒盐噪声，且可保护图像边缘。

2. 程序流程

采用 8 邻域的平均滤波法。利用直接操作法实现图像滤波处理的程序流程如图 16-7 所示。

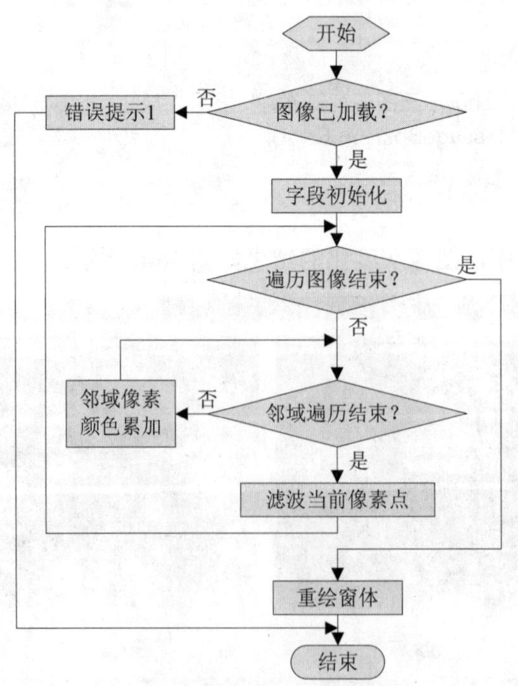

图 16-7　图像滤波程序流程图

3．程序设计

（1）根据图 16-7 所示的图像滤波处理流程图，编写“滤波”按钮的程序代码：

```
private void btnFilter_Click(object sender, EventArgs e)
{
    this.label2.Text = "滤波图";
    if (sourceBitmap != null)
    {
        Color c = new Color();
        //定义颜色变量和循环变量
        int rr, gg, bb, r1, g1, b1, i, j, rx, gx, bx, k1, k2;
        for (i = 1; i < sourceBitmap.Width - 1; i++)
        {
            for (j = 1; j < sourceBitmap.Height - 1; j++)
            {
                rx = 0; gx = 0; bx = 0;
                //8 邻域像素读取外循环
                for (k1 = -1; k1 <= 1; k1++)
                {
                    //8 邻域像素读取内循环
                    for (k2 = -1; k2 <= 1; k2++)
                    {
                        c = sourceBitmap.GetPixel(i + k1, j + k2);
                        //获取像素点的颜色值
                        r1 = c.R;
                        g1 = c.G;
                        b1 = c.B;
                        //邻域像素点的颜色值累加
                        rx = rx + r1;
                        gx = gx + g1;
                        bx = bx + b1;
                    }
                }
                //8 邻域平均
                rr = (int)(rx / 8);
                gg = (int)(gx / 8);
                bb = (int)(bx / 8);
                //如果邻域像素点的颜色值累加超限，则取颜色最大值：255
                if (rr > 255) rr = 255;
                if (gg > 255) gg = 255;
                if (bb > 255) bb = 255;
                //选取当前像素点
                Color c1 = Color.FromArgb(rr, gg, bb);
                //设置当前像素点颜色
                sourceBitmap.SetPixel(i, j, c1);
            }
        }
        Invalidate();
    }
```

```
        else
        {
            MessageBox.Show("无图像可处理。", "提示", MessageBoxButtons.OK,
                MessageBoxIcon.Error);
        }
}
```

（2）运行并测试程序，图像滤波处理的结果如图 16-8 所示。

图 16-8 图像滤波

16.3.3 图像边缘检测

1．边缘检测原理

图像边缘是图像最基本的特征，因为它通常反映了图像属性的重要事件或变化，如深度上的不连续性、表面方向不连续、物质属性变化或场景照明变化等，所以在图像分析中起着重要作用。

常用的边缘检测算法有梯度算子、一阶的 Roberts 算子、Sobel 算子、Prewitt 算子、二阶的 Laplace（拉普拉斯）算子，另外还有 Canny 算子等。本示例程序采用一阶的 Roberts 算子，其优点是边缘定位准，缺点是对噪声敏感。

Roberts 边缘检测算子是根据梯度法原理，采用对角线方向相邻像素之差得到，其近似计算方法如下：

$$R(x,y)=|f(x,y)-f(x+1,y+1)|+|f(x+1,y)-f(x,y+1)| \tag{16.3}$$

并可由两个 2×2 的算子模板（卷积算子）共同实现：

$$\Delta_x f(x,y):\begin{bmatrix}1 & 0\\ 0 & -1\end{bmatrix} \qquad \Delta_y f(x,y):\begin{bmatrix}0 & 1\\ -1 & 0\end{bmatrix} \tag{16.4}$$

其中，$\Delta_x f(x,y)$ 和 $\Delta_y f(x,y)$ 分别为 $f(x,y)$ 在 x 方向和 y 方向上的一阶查分。

2．程序流程

根据 Roberts 边缘检测算子的计算方法，利用指针法实现图像边缘检测处理的程序流程

如图 16-9 所示。

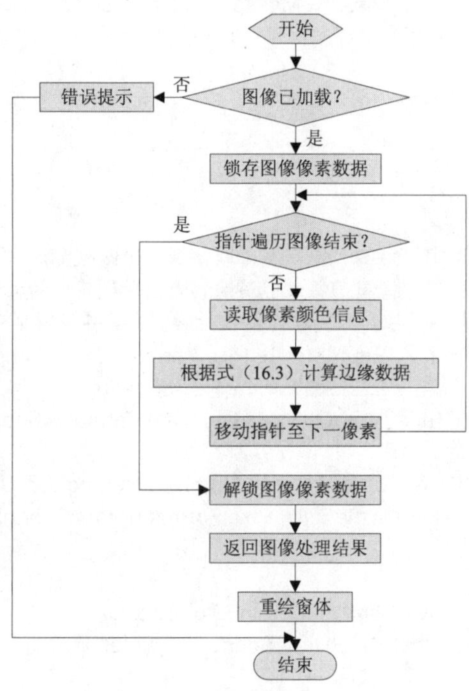

图 16-9　图像边缘检测程序流程图

3．程序设计

（1）根据图 16-9 所示的图像边缘检测流程图，编写“边缘检测”按钮的程序代码：

```
private void btnEdgeDetect_Click(object sender, EventArgs e)
{
    //调用边缘检测方法
    sourceBitmap = EdgeDetect (sourceBitmap);
    this.label2.Text = "边缘检测图";
    Invalidate();
}
//边缘检测方法
public static Bitmap EdgeDetect (Bitmap b)
{
    if (b == null)
    {
        MessageBox.Show("无图像可处理。", "提示", MessageBoxButtons.OK,
            MessageBoxIcon.Error);
            return null;
    }
    //设置锐化参数
    String sp = Interaction.InputBox("请输入一个 0~1 之间的锐化参数。",
        "锐化参数设置", "0.5", 100, 100);
    if (sp == "" || Convert.ToSingle(sp) < 0 || Convert.ToSingle(sp) > 1)
    {
```

```
        MessageBox.Show("锐化参数必须在 0~1 之间。", "提示",
            MessageBoxButtons.OK, MessageBoxIcon.Error);
        return null;
    }
    float val = Convert.ToSingle(sp);
    int w = b.Width;
    int h = b.Height;
    try
    {
        //创建一个与源图同尺寸的“空”图，以便保存边缘检测后的新图信息，因为在边缘检测
        //过程中会修改当前点像素信息，但该像素点以后还将作为其他像素点的邻域点进行边缘
        //检测信息的计算，所以，源图状态需要始终保存，并且以下处理中将“双指针同步移动”
        Bitmap bmpRtn = new Bitmap(w, h, PixelFormat.Format24bppRgb);
        BitmapData srcData = b.LockBits(new Rectangle(0, 0, w, h),
            ImageLockMode.ReadOnly, PixelFormat.Format24bppRgb);
        //边缘检测后的新图信息
        BitmapData dstData = bmpRtn.LockBits(new Rectangle(0, 0, w, h),
            ImageLockMode.WriteOnly, PixelFormat.Format24bppRgb);
        unsafe
        {
            byte* pIn = (byte*)srcData.Scan0.ToPointer();
            byte* pOut = (byte*)dstData.Scan0.ToPointer();
            int stride = srcData.Stride;
            byte* p;
            for (int y = 0; y < h; y++)
            {
                for (int x = 0; x < w; x++)
                {
                    //取周围 9 点的值。位于边缘上的点不做处理
                    if (x == 0 || x == w - 1 || y == 0 || y == h - 1)
                    {
                        //不处理（复制原信息）
                        pOut[0] = pIn[0];
                        pOut[1] = pIn[1];
                        pOut[2] = pIn[2];
                    }
                    else
                    {
                        //邻域像素点的颜色信息记录
                        int r1, r2, r3, r4;
                        int g1, g2, g3, g4;
                        int b1, b2, b3, b4;
                        //边缘检测处理临时信息记录
                        float vR, vG, vB;
                        //当前像素点
                        p = pIn;
                        r1 = p[2];
                        g1 = p[1];
                        b1 = p[0];
```

```
//右侧像素点
p = pIn + 3;
r2 = p[2];
g2 = p[1];
b2 = p[0];
//正下像素点
p = pIn + stride;
r3 = p[2];
g3 = p[1];
b3 = p[0];
//右下像素点
p = pIn + stride + 3;
r4 = p[2];
g4 = p[1];
b4 = p[0];
vR = Math.Abs((float)(r1 - r4)) + Math.Abs((float)
     (r2 - r4));
vG = Math.Abs((float)(g1 - g4)) + Math.Abs((float)
     (g2 - g4));
vB = Math.Abs((float)(b1 - b4)) + Math.Abs((float)
     (b2 - b4));
//像素点边缘检测处理
if (vR > 0)
{
     vR = Math.Min(255, vR);
}
else
{
     vR = Math.Max(0, vR);
}
if (vG > 0)
{
     vG = Math.Min(255, vG);
}
else
{
     vG = Math.Max(0, vG);
}
if (vB > 0)
{
     vB = Math.Min(255, vB);
}
else
{
     vB = Math.Max(0, vB);
}
//边缘检测信息存入“空”图
pOut[0] = (byte)vB;
pOut[1] = (byte)vG;
```

```
                    pOut[2] = (byte)vR;
                }
                pIn += 3;
                pOut += 3;
            }
            pIn += srcData.Stride - w * 3;
            pOut += srcData.Stride - w * 3;
        }
    }
    b.UnlockBits(srcData);
    bmpRtn.UnlockBits(dstData);
    //返回边缘检测结果
    return bmpRtn;
}
catch
{
    return null;
}
}
```

（2）运行并测试程序，如图 16-10 所示为图像边缘检测处理结果。

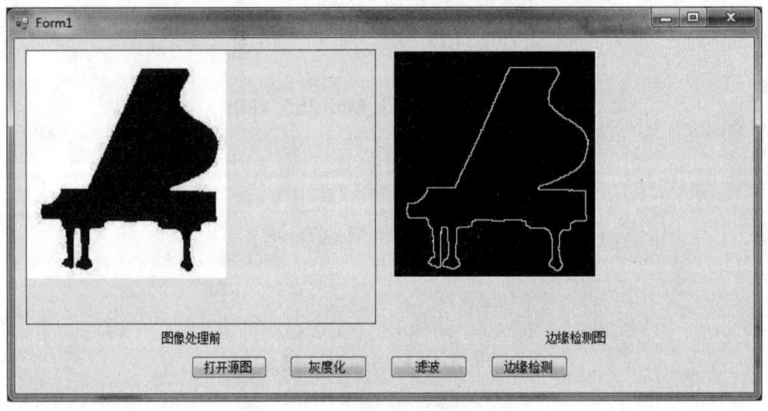

图 16-10　图像边缘检测

习　　题

1．直接操作法有什么特点？
2．内存法与指针法的图像处理有何区别，运用这两种方法时有何注意事项？
3．试用指针法编写一个中值滤波的图像处理程序。
4．编写一个图像二值化程序，采用的方法（直接操作法、内存法或指针法）自选。

第 17 章　邮件发送与接收程序设计

学习要点

- 📖 了解 SMTP 协议
- 📖 掌握利用 System.Net.Mail 发送邮件的程序设计
- 📖 了解 POP3 协议
- 📖 利用 LumiSoft.Net 接收邮件的程序设计

电子邮件（Electronic Mail，简称 E-mail，标志：@）是互联网最广泛的应用服务之一，通过邮件系统，用户能够以非常低廉的成本、非常快速的方式，与世界上任何位置的网络用户联系，正是因为电子邮件广泛的用途，所以，几乎所有的门户网站（如 sina、163、sohu 以及腾讯等）都提供电子邮件服务。但是，尽管这些门户网站已经为我们提供了方便的邮件服务，有些情况下我们可能还是要结合实际需要，开发与我们的应用软件或系统密切配合的专用邮件发送与接收服务，所以，就有必要掌握相应的邮件服务的应用程序设计。

17.1　邮 件 发 送

17.1.1　SMTP 协议简介

SMTP（Simple Mail Transfer Protocol，简单邮件传输协议）是一组用于由源地址到目的地址传送邮件的协议，由它来控制信件的中转方式。SMTP 协议属于 TCP/IP 协议族，它帮助每台计算机在发送或中转信件时找到下一个目的地，SMTP 服务器会主动监听 TCP 端口 25。通过 SMTP 协议所指定的服务器，就可以把电子邮件寄到收信人的服务器上。

与大多数应用层协议一样，SMTP 也存在两个端：在发信人的邮件服务器上执行的客户端和在收信人的邮件服务器上执行的服务器端。SMTP 的客户端和服务器端同时运行在每个邮件服务器上。当一个邮件服务器在向其他邮件服务器发送邮件消息时，它是作为 SMTP 客户在运行。当一个邮件服务器从其他邮件服务器接收邮件消息时，它是作为 SMTP 服务器在运行，所以收件方既可以是最终的收件人，也可以是中间转发服务器。SMTP 协议的通信示意图如图 17-1 所示。

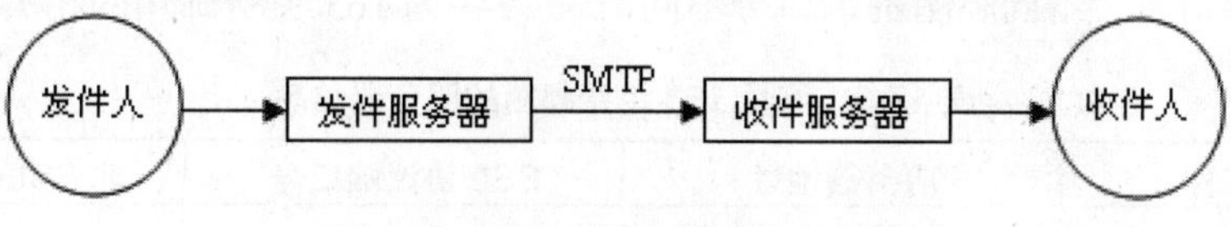

图 17-1　SMTP 协议的通信示意图

17.1.2 利用 System.Net.Mail 发送邮件的程序设计

.NET Framework 2.0 版中新增了 System.Net.Mail 命名空间，包含了用于将邮件发送到 SMTP 服务器进行传送的类。该命名空间中的 MailMessage 类表示邮件的内容，SmtpClient 类将邮件传输到指定用于邮件传送的 SMTP 主机，可以使用 Attachment 类创建邮件附件。

1. System.Net.Mail 命名空间中的主要类

（1）MailMessage 邮件信息类

MailMessage 类实例用于构造可使用的 SmtpClient 类，以便传递邮件到 SMTP 服务器。若要指定邮件的发件人、收件人和内容，需使用 MailMessage 类的关联属性，如表 17-1 所示。

表 17-1 MailMessage 类的常用属性

属 性	说 明
From	发件人
To	收件人
CC	抄送（CC）
Subject	主题
Body	邮件正文
Attachments	附件的文件列表
BodyEncoding	设置信体的编码格式，如 ASCII、UTF-8、Unicode 或 UTF-7 等

（2）SmtpClient 邮件发送类

SmtpClient 类允许应用程序使用简单邮件传输协议（SMTP）来发送电子邮件。SmtpClient 类的属性如表 17-2 所示。

表 17-2 SmtpClient 类的常用属性

属 性	说 明
Host	SMTP 事务主机的名称或 IP 地址
Credentials	验证发件人的身份
EnableSsl	指定 SmtpClient 是否使用安全套接字层（SSL）加密连接

（3）Attachment 邮件附件类

Attachment 类用于为电子邮件添加附件。

2. 邮件服务器信息简介

利用相应的邮件协议，通过客户端程序发送或接收邮件时，需要在程序中设置正确的非 SSL 协议端口号。不同邮箱的端口号不同，表 17-3 为 163 免费邮箱的相关服务器信息。

表 17-3 网易 163 免费邮箱的服务器信息

服务器名称	服务器地址	SSL 协议端口号	非 SSL 协议端口号
SMTP	smtp.163.com	465/994	25
POP3	pop.163.com	995	110
IMAP	imap.163.com	993	143

3．开启 SMTP 服务

有些邮箱内 POP 服务可能是关闭的，需要手动开启。这里以 163 邮件用户的 SMTP 服务的开启为例，其他 SMTP 服务（如 Gmail、126 或 sina 等）的开启方法与此类似：

（1）用已注册的 163 账户登录邮箱。

（2）单击邮箱主页的“设置”标签，如图 17-2 所示。

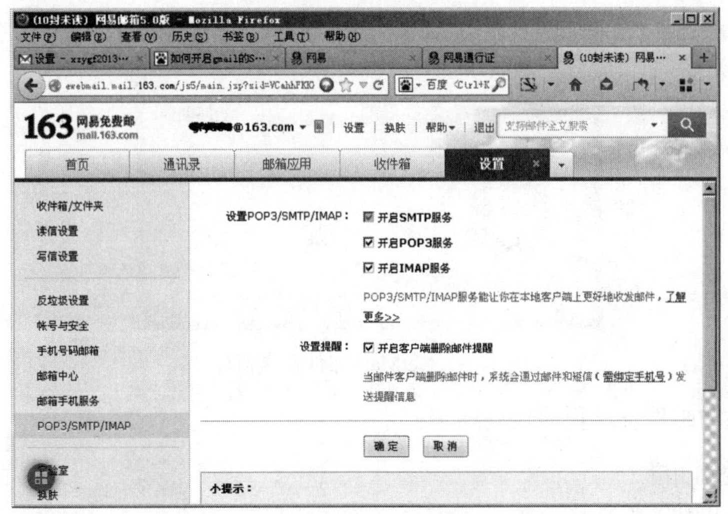

图 17-2　163 用户的 SMTP 服务开启设置

（3）单击邮箱主页左边的 POP3/SMTP/IMAP 链接，选中“设置 POP3/SMTP/IMAP：”栏中的“开启 SMTP 服务”复选框，然后单击“确定”按钮即完成了用户的 SMTP 服务开启。

其实，在开启 SMTP 服务的同时，也可同时开启 POP3 服务，因为后续的章节中还要实现邮件的接收功能。

说明： 有的邮件用户的 SMTP 无开启设置，如 Gmail 邮箱，但其用户仍可利用 SMTP 协议通过自编程序发送邮件。

4．示例程序设计

以下将结合对 System.Net.Mail 命名空间的引用，借助其所包含的相应类，来实现邮件发送的基本功能。

※ 示例源码：Chpt17\NetMailSend

具体的设计步骤如下：

（1）新建一个名为 NetMailSend 的 C#语言 Windows 应用程序项目，并分别从“公共控件”工具箱中拖放相应的控件到该窗体上，具体设计如下：

- 4 个 Label 控件用以显示“收件人”、“主题”、“附件”和“内容”标题。
- 4 个 TextBox 控件用作“收件人”、“主题”、“附件”和“内容”的内容输入，其 Name 属性分别设置为 txtAddress、txtTitle、txtAttachment 和 txtMessage。并且，设置 txtMessage 的 Multiline 属性为 true。

- 一个 OpenFileDialog 控件用以添加附件。
- 两个 Button 控件分别用作“添加附件”和“发送”操作，其 Name 属性分别设置为 btAddAttachment 和 btSend。

（2）将窗体的 Text 属性修改为“NetMail 邮件发送”，该窗体的最终设计效果如图 17-3 所示。

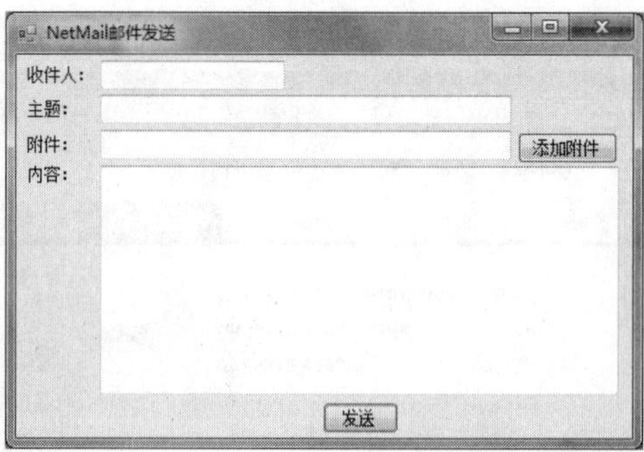

图 17-3　NetMail 邮件发送窗体

（3）完整的邮件发送程序代码如下：

```
//添加命名空间引用
using System.Net;
using System.Net.Mail;
namespace NetMailSend
{
    public partial class Form1 : Form
    {
        public Form1()
        {
            InitializeComponent();
        }
        private void btSend_Click(object sender, EventArgs e)
        {
            if (SendMail())
            {
                MessageBox.Show("邮件发送成功。");
            }
        }
        //发送电子邮件成功返回 true，失败返回 false
        private bool SendMail()
        {
            //1.创建一个 SmtpClient 类的新实例，并初始化实例的 SMTP 事务服务器
            SmtpClient client = new SmtpClient();
            //使用 Gmail 的 SMTP 服务器发送邮件
            client.Host = "smtp.gmail.com";
            client.Port = 587; //注：163 信箱使用端口 25
            client.DeliveryMethod = SmtpDeliveryMethod.Network;
```

```
            client.UseDefaultCredentials = false;
            //身份认证
            client.Credentials = new NetworkCredential("yugfgmail_2013@gmail.com","1234");
            client.EnableSsl = true;                                    //安全连接设置
            //2.设置邮件发送的相关信息
            MailMessage Message = new MailMessage();
            Message.From = new MailAddress("yugfgmail_2013@gmail.com","发信人");
            Message.To.Add(this.txtAddress.Text);                       //收信人邮箱
            //添加附件
            if (System.IO.File.Exists(this.txtAttachment.Text))
            {
                Attachment item = new Attachment(this.txtAttachment.Text);
                Message.Attachments.Add(item);
            }
            Message.Subject = this.txtTitle.Text;
            Message.Body = this.txtMessage.Text;                        //发送邮件的正文
            Message.SubjectEncoding = System.Text.Encoding.UTF8;
            Message.BodyEncoding = System.Text.Encoding.UTF8;
            MailAddress other = new MailAddress("yan@126.com");         //抄送人邮箱
            Message.CC.Add(other);                                      //添加抄送人
            Message.Priority = System.Net.Mail.MailPriority.High;
            Message.IsBodyHtml = false;
            bool ret = true;                                            //返回值
            try
            {
                client.Send(Message);
            }
            catch (SmtpException ex)
            {
                MessageBox.Show(ex.Message);
                ret = false;
            }
            catch (Exception ex2)
            {
                MessageBox.Show(ex2.Message);
                ret = false;
            }
            return ret;
        }
        private void btAddAttachment_Click(object sender, EventArgs e)
        {
            if (this.openFileDialog1.ShowDialog() == DialogResult.OK)
                this.txtAttachment.Text = this.openFileDialog1.FileName;
        }
    }
}
```

此时即可运行该程序并测试其邮件的发送功能，发送完成后，可登录到接收邮件的邮箱，查看邮件的发送情况，确定是否成功发送。

📖**说明**：以上邮件发送示例程序一次只能给一个收件人发送邮件，而不能实现邮件群发功能；另外，一次也只能添加一个附件，所以，读者可以在此基础上进一步改进该程序，以完善上述的两个基本功能。

17.2 邮 件 接 收

17.2.1 POP3 协议简介

POP（Post Office Protocol，邮局协议）是用于接收电子邮件的协议，目前已发展到第三版，称 POP3。它规定怎样将个人计算机连接到互联网的邮件服务器和下载电子邮件，是互联网电子邮件的第一个离线协议标准。POP3 允许用户从服务器上把邮件存储到本地主机（即自己的计算机）上，同时也可以删除保存在邮件服务器上的邮件，POP3 服务器就是遵循 POP3 协议的接收邮件服务器。

POP3 与 SMTP 二者都是请求响应协议。用户通过 POP3 协议从邮件服务器上读取邮件时，需要通过认证（提供密码）才能读取邮件。POP3 协议的流程如图 17-4 所示。

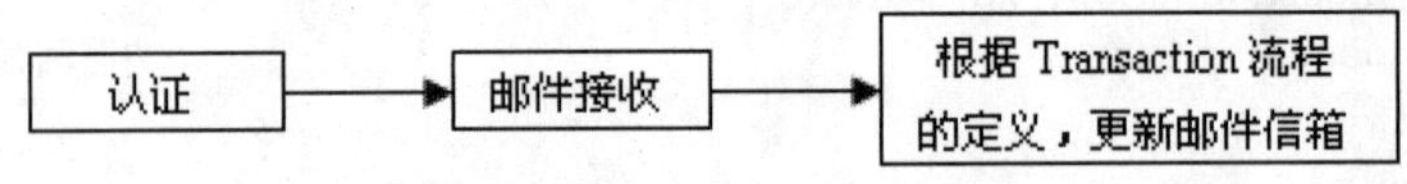

图 17-4　POP3 协议的流程示意图

17.2.2 利用 LumiSoft.Net 接收邮件的程序设计

.NET Framework 虽然提供了可以在客户端通过 SMTP 进行邮件发送的 System.Net.Mail 命名空间，但是没有提供 POP3 相关的实现技术，所以，要想使用.Net 程序接收邮件，最便捷的途径就是利用第三方组件，LumiSoft.Net.POP3.Client 就是此类常用组件之一。

1. LumiSoft.Net 简介

LumiSoft.Net 是由 Ivar Lumi 开发的免费、开放源码的.Net 网络协议库，包含了 DNS Client、FTP Client/Server、ICMP、IMAP Client/Server、MIME、NNTP、POP3 Client/Server 和 SMTP Client/Server 等协议/规范的实现。

LumiSoft.Net 的下载地址是 http://www.lumisoft.ee/lswww/download/downloads/Net/，其中包含了所有的 LumiSoft.Net 源码、二进制文件和文档，另外，也可以通过 LumiSoft.Net Forum 获得相关的技术支持。

2. 示例程序设计

以下将运用 LumiSoft.Net 来实现邮件接收的基本功能。

※ 示例源码：Chpt17\LumiSoftMailReceive

具体的设计步骤如下：

（1）新建一个名为 LumiSoftMailReceive 的 C#语言 Windows 应用程序项目，并分别从工具箱中拖放相应的控件到该窗体上，具体设计如下：

- “收件登录” GroupBox 控件中包含“邮箱”和“密码”的两个 Label 控件和两个 TextBox 控件。
- “邮件列表及信息”GroupBox 控件中包含一个用于显示邮件列表的 DataGridView 控件、两个用于显示邮件数量的 Label 控件、两个用于翻页的 Button 控件和一个用于组织邮件信息的 Panel 控件。
- Panel 控件中包含了邮件信息体，即 5 个 Label 控件：“发件人”、“主题”、“时间”、“附件”和“正文”标题，以及与之相对应的 4 个 TextBox 控件和一个 RichTextBox。另外，还有一个用于下载附件的 Button 控件。
- 以上各控件的 Text 或 Name 等属性值的具体设置略。

（2）将窗体的 Text 属性修改为“LumiSoft 邮件接收”，该窗体的最终设计如图 17-5 所示。

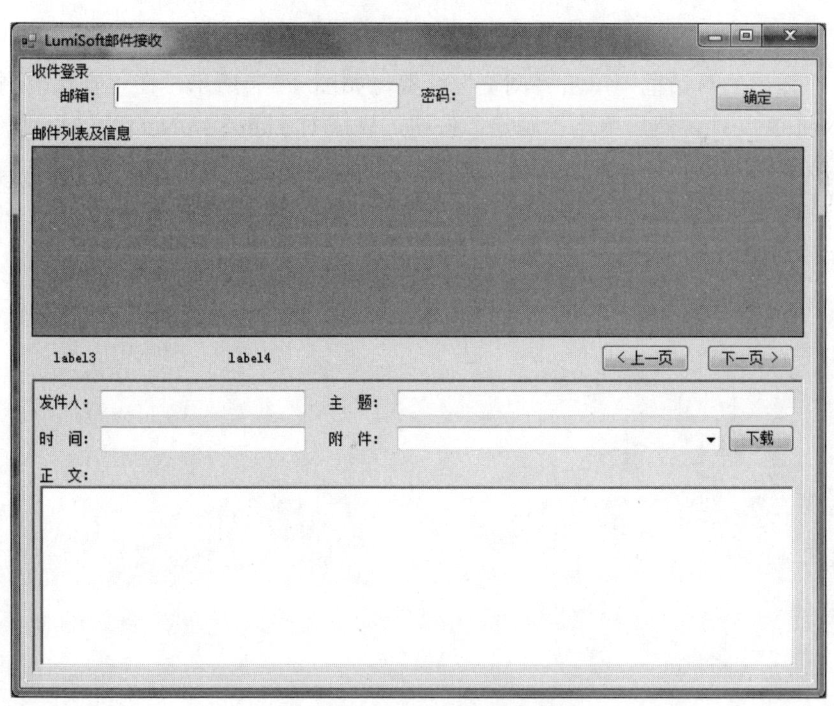

图 17-5　NetMail 邮件发送窗体

说明： 显然，利用 POP3 接收邮件也需要开启邮箱用户的 POP3 服务。

（3）LumiSoft.Net.dll 在使用之前，需要在项目中添加对它的引用。具体方法是：右击解决方案名称（LumiSoftMailReceive），在弹出的快捷菜单中选择“添加引用”命令，如图 17-6 所示。

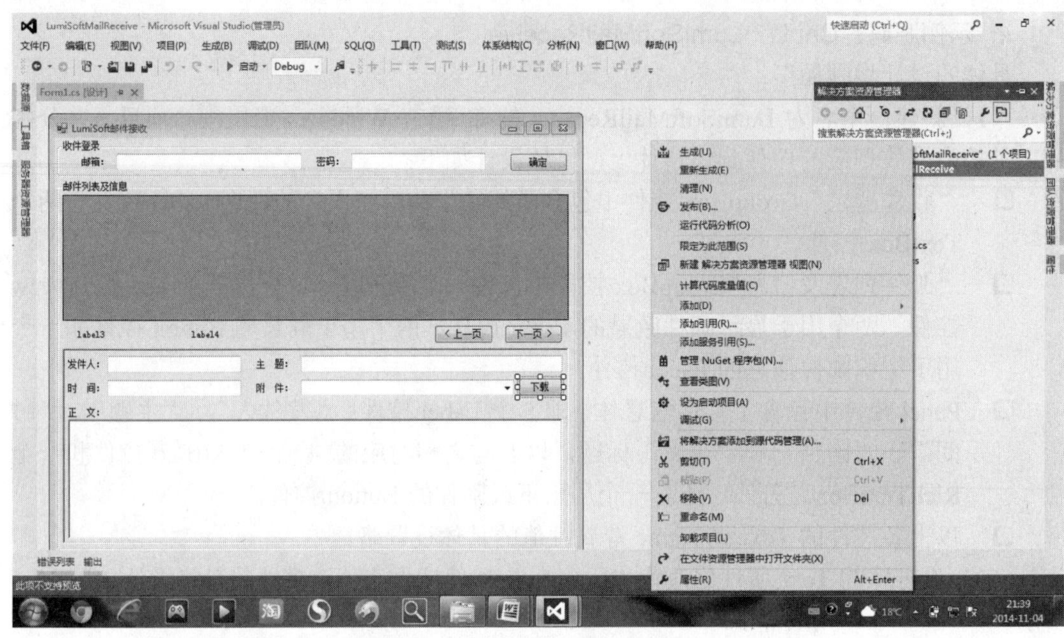

图 17-6　选择“添加引用”命令

（4）在弹出的对话框中单击“浏览”标签，如图 17-7 所示，在“查找范围”中找到 LumiSoft.Net.dll 文件，然后单击“确定”按钮，完成对 LumiSoft.Net.dll 的引用。

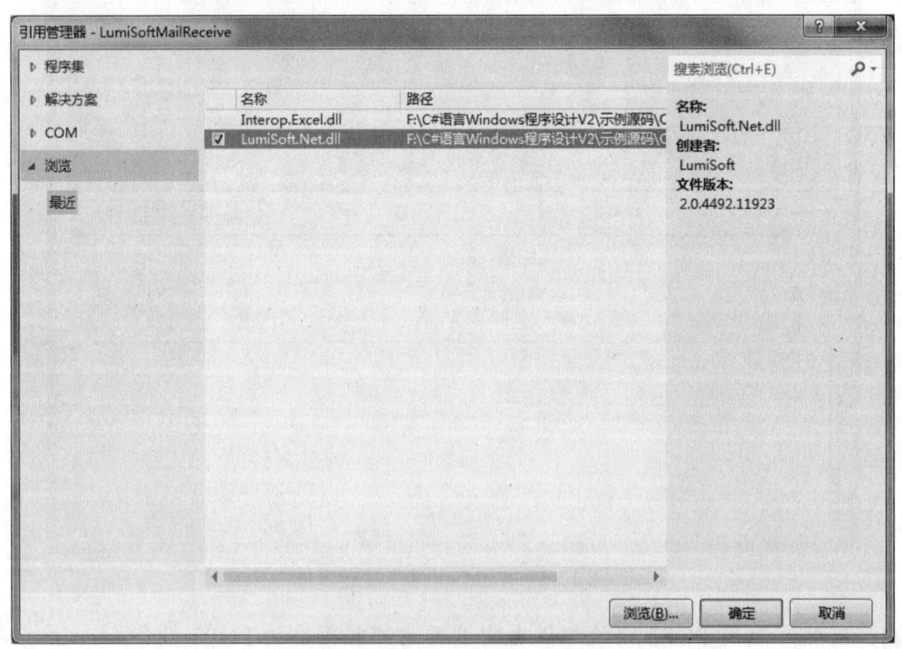

图 17-7　选择要添加的引用文件

此时，可以从解决方案下的“引用”文件夹中看到以上添加的 LumiSoft.Net.dll 引用，如图 17-8 所示。

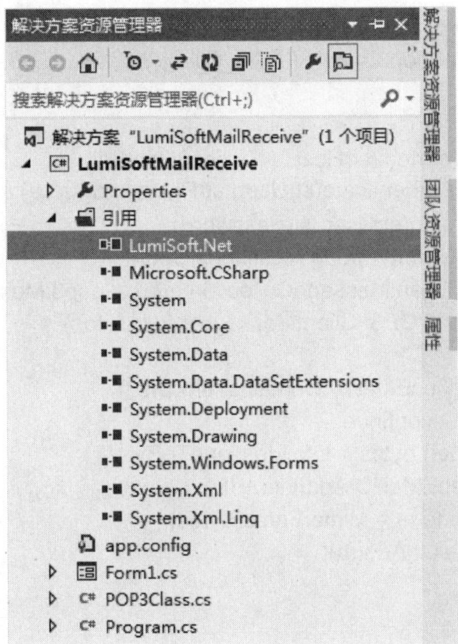

图 17-8　已经添加的 LumiSoft.Net.dll 引用

（5）选择“项目”→“添加类”命令，输入类名称 POP3Class，这个类利用 LumiSoft 类库的 POP3_Client 类实现 POP3 客户端功能，其封装了邮件接收的相应方法。然后单击“添加”按钮。

（6）编写 POP3Class 类的程序代码如下：

```
//添加命名空间引用
using LumiSoft.Net.POP3.Client;
using LumiSoft.Net.Mime;
namespace LumiSoftMailReceive
{
    class POP3Class
    {
        string strHost;                                          //邮件主机
        string strUser;                                          //邮件用户名
        string strPassword;                                      //邮件用户密码
        //int EmailCount = 0;
        public POP3Class(string host, string user, string password)
        {
            strHost = host;
            strUser = user;
            strPassword = password;
        }
        public List<Mime> EMailIfo()
        {
            bool pop3UserSsl = false;
            List<string> RecEMailID = new List<string>();
            List<Mime> Result = new List<Mime>();
```

```
                List<string> EmailCount = new List<string>();
                POP3_Client pop3 = new POP3_Client();
                try
                {
                    pop3.Connect(strHost, 110, pop3UserSsl);
                    //pop3.Authenticate(strUser, strPassword, false);//已过时
                    pop3.Login(strUser, strPassword);
                    //EmailCount = pop3.Messages.Count;
                    POP3_ClientMessageCollection infos = pop3.Messages;
                    foreach (POP3_ClientMessage info in infos)
                    {
                        if (RecEMailID.Contains(info.UID))
                            continue;
                        byte[] bytes = info.MessageToByte();
                        RecEMailID.Add(info.UID);
                        Mime m = Mime.Parse(bytes);
                        Result.Add(m);
                    }
                }
                catch (Exception er)
                {
                    throw new Exception(er.Message);
                }
                return Result;
            }
        }
}
```

（7）编写邮件接收的程序代码如下：

```
//添加命名空间引用
using LumiSoft.Net.Mime;
using System.IO;
namespace LumiSoftMailReceive
{
    public partial class Form1 : Form
    {
        DataTable mailTable;
        string MailID;
        List<Mime> Mails;
        int pagecount = 0;                                    //分页总数
        int p;                                                //当前页码
        int pagesize = 5;                                     //每页显示的行数
        public Form1()
        {
            InitializeComponent();
            Mails = new List<Mime>();
        }
        /// <summary>
        ///返回分页的页数
```

```
/// </summary>
/// <param name="count">总条数</param>
/// <param name="row">每页显示的行数</param>
public static int PageCount(int count, int row)
{
    int page = 0;
    if (count % row == 0) { page = count / row; }
    else { page = (count / row) + 1; }
    if (page == 0) { page += 1; }
    return page;
}
//已收邮件的列表
public static DataTable GetPagedTable(DataTable dt, int PageIndex, int PageSize)
{
    //if (PageIndex == 0) { return dt; }
    DataTable newdt = dt.Copy();
    newdt.Clear();
    int rowend = dt.Rows.Count - (dt.Rows.Count / PageSize - PageIndex) * PageSize;
    int rowbegin = rowend - PageSize + 1;
    if (rowbegin < 0) { rowbegin = 1; }
    if (rowend >= dt.Rows.Count) { rowend = dt.Rows.Count; }
    for (int i = rowend - 1; i >= rowbegin - 1; i--)
    {
        DataRow newdr = newdt.NewRow();
        DataRow dr = dt.Rows[i];
        foreach (DataColumn column in dt.Columns)
        {
            newdr[column.ColumnName] = dr[column.ColumnName];
        }
        newdt.Rows.Add(newdr);
    }
    return newdt;
}
//接收邮件的方法
private void ReceiveEMail()
{
    string strHost;
    string strUser = txtUser.Text.Trim();
    string strPassword = txtPwd.Text.Trim();
    string[] Seperate = strUser.Split(new Char[] { '@', '.' });
    strHost = "POP3." + Seperate[1] + ".com";
    POP3Class pop = new POP3Class(strHost, strUser, strPassword);
    mailTable = new DataTable("mailtbl");
    mailTable.Columns.Add(new DataColumn("MessageID", typeof(string)));
    mailTable.Columns.Add(new DataColumn("Title", typeof(string)));
    mailTable.Columns.Add(new DataColumn("FromEMail", typeof(string)));
    mailTable.Columns.Add(new DataColumn("SendDate", typeof(string)));
    mailTable.Columns.Add(new DataColumn("Body", typeof(string)));
    Mails = pop.EMailIfo();
```

```
        try
        {
            foreach (Mime m in Mails)
                if (m != null)
                {
                    string mailfrom = "";
                    if (m.MainEntity.From != null)
                    {
                        for (int i = 0; i <
                            m.MainEntity.From.Mailboxes.Length; i++)
                        {
                            if (i == 0)
                                mailfrom = (m.MainEntity.From).Mailboxes[i].EmailAddress;
                            else
                                mailfrom += string.Format(",{0}",
                        (m.MainEntity.From).Mailboxes[i].EmailAddress);
                        }
                    }
                    mailTable.Rows.Add(new object[]
                {
                    m.MainEntity.MessageID,m.MainEntity.Subject,
                    mailfrom,m.MainEntity.Date,m.BodyText
                });
                }
            pagecount = PageCount(mailTable.Rows.Count, pagesize);
            p = pagecount;
            mailcount.Text = "邮件总数：" + mailTable.Rows.Count;
            pageinfo.Text = "当前页码：1/" + pagecount;
            dataGridView1.DataSource = GetPagedTable(mailTable, p - 1, pagesize);
                                                //首先显示最新的 pagesize 条数据
            dataGridView1.Columns[0].Visible = false;
            dataGridView1.Columns[4].Visible = false;
            dataGridView1.Columns[1].Width = 320;
            dataGridView1.Columns[2].Width = 150;
            dataGridView1.Columns[3].Width = 125;
            dataGridView1.Columns[1].HeaderText = "主题";
            dataGridView1.Columns[2].HeaderText = "发件人";
            dataGridView1.Columns[3].HeaderText = "时间";
        }
        catch (Exception er)
        {
            MessageBox.Show(er.Message.ToString());
        }
    }
    //接收邮件方法调用
    private void btnReceive_Click(object sender, EventArgs e)
    {
        ReceiveEMail();
    }
```

```
//下载附件
private void btnDownload_Click(object sender, EventArgs e)
{
    //获取附件
    string file = cmbAttachment.Text;
    foreach (Mime m in Mails)
    {
        foreach (MimeEntity entry in m.Attachments)
        {
            //获取文件名称
            string fileName = entry.ContentDisposition_FileName;
            if (file == fileName)
            {
                byte[] data = entry.Data;
                FileStream pFileStream = null;
                SaveFileDialog saveFileDialog1 = new SaveFileDialog();
                string sFilePathName = "";
                //设置对话框的默认文件名为当前附件文件名
                saveFileDialog1.FileName = fileName;
                if (saveFileDialog1.ShowDialog() == DialogResult.OK)
                {
                    //获得文件路径
                    sFilePathName = saveFileDialog1.FileName.ToString();
                    //下载保存附件
                    pFileStream = new FileStream(sFilePathName+
                            System.IO.Path.GetExtension(fileName), FileMode.Create);
                    pFileStream.Write(data, 0, data.Length);
                    pFileStream.Close();
                    MessageBox.Show("附件下载结束。");
                }
            }
        }
    }
}
//显示相应的邮件信息
private void dataGridView1_CellClick(object sender,
    DataGridViewCellEventArgs e)
{
    int rowindex = e.RowIndex;
    try
    {
        //获得当前行的第一列的值
        MailID = dataGridView1.Rows[rowindex].Cells[0].Value.ToString();
        txtSubject.Text = dataGridView1.Rows[rowindex].Cells[1].Value.ToString();
        txtFrom.Text = dataGridView1.Rows[rowindex].Cells[2].Value.ToString();
        txtDate.Text = dataGridView1.Rows[rowindex].Cells[3].Value.ToString();
        rchBody.Text = dataGridView1.Rows[rowindex].Cells[4].Value.ToString();
        cmbAttachment.Items.Clear();
        foreach (Mime m in Mails)
```

```
                {
                    if (m.MainEntity.MessageID == MailID)
                    {
                        foreach (MimeEntity entry in m.Attachments)
                        {
                            //获取文件名
                            string filename = entry.ContentDisposition_FileName;
                            //添加列表文件名
                            cmbAttachment.Items.Add(filename);
                        }
                    }
                }
            }
            catch (Exception ex)
            {
                MessageBox.Show(ex.ToString());
            }
        }
        //邮件列表翻页
        private void btnPrevious_Click(object sender, EventArgs e)
        {
            if (p < pagecount - 1)
            {
                p++;
                dataGridView1.DataSource = GetPagedTable(mailTable, p, pagesize);
                pageinfo.Text = "当前页码：" + (pagecount - p) + "/" + pagecount;
            }
        }
        //邮件列表翻页
        private void btnNext_Click(object sender, EventArgs e)
        {
            if (p > 0)
            {
                p--;
                dataGridView1.DataSource = GetPagedTable(mailTable, p, pagesize);
                pageinfo.Text = "当前页码：" + (pagecount - p) + "/" + pagecount;
            }
        }
    }
}
```

此时可运行该程序，测试邮件的接收功能，单击邮件列表中的行，可显示对应的邮件具体信息，并且，如果邮件包含附件，还可逐一选择列表中的附件，然后单击“下载”按钮下载所选择的附件。

需要注意的是，当接收的邮件数量较大时，收件时间会较长，甚至会因为超时而终止程序响应，所以，应在程序中限定一次性接收的邮件数量，或者不采用邮件列表的方式，而是一次只显示一封信（全部信息），通过“上一封”和“下一封”按钮翻看其他邮件。

提示： Gmail 邮箱不能使用以上示例程序接收邮件，因为其服务器并不使用 POP3 协议接收邮件，而是使用 IMAP 协议接收邮件。

17.3　IMAP 协议简介

IMAP（Internet Mail Access Protocol，交互式邮件存取协议）是与 POP3 类似的邮件访问标准协议。不同的是，开启了 IMAP 后，电子邮件客户端收取的邮件仍然保留在服务器上，同时在客户端上的操作都会反馈到服务器上，如删除邮件、标记已读等，服务器上的邮件也会有相应的动作。所以无论从浏览器登录邮箱或者客户端软件登录邮箱，看到的邮件以及状态都是一致的。

习　　题

1．什么是 SMTP 协议？试以 126 信箱用户为例，简要介绍如何开启 126 信箱的 SMTP 服务。

2．什么是 POP3？试以 126 信箱用户为例，简要介绍如何开启 126 信箱的 POP3 服务。

3．Gmail 信箱和 163 信箱的用户利用 SMTP 协议发送邮件使用的端口是多少？

4．如何获取 LumiSoft.Net 类库？使用 LumiSoft.Net 类库时如何引用？

5．使用 LumiSoft.Net 类库时需要注册吗？

6．电子邮件的常用协议有（　　）。

A．TCP　　B．SMTP　　C．FTP　　D．POP3

参 考 文 献

[1] 颜烨青．Visual C#网络编程技术与实践．北京：清华大学出版社，2008

[2] 王小科等．C#程序开发范例宝典．第 2 版．北京：人民邮电出版社，2010

[3] 杨明羽．C# 3.0 完全自学宝典．北京：清华大学出版社，2008

[4] 陈青华．C#网络开发项目教程．北京：电子工业出版社，2012

[5] 顾洪等．C#语言程序设计．南京：东南大学出版社，2009

[6] 王小科等．C#程序设计标准教程．北京：人民邮电出版社，2009

[7] Julia Case Bradley．C#.NET 程序设计．北京：清华大学出版社，2005

[8] 孙晓非等．C#程序设计基础教程与实验指导．北京：清华大学出版社，2008

[9] 张正礼．C# 4.0 程序设计与项目实战．北京：清华大学出版社，2012

[10] Deitel.P.J 等．Visual C# 2005 大学教程．第 2 版．刘文红等译．北京：电子工业出版社，2012

[11] Karli Watson 等．C#入门经典．北京：清华大学出版社，2006

[12] Christian.Nagel 等．C#高级编程．第 4 版．李敏波译．北京：清华大学出版社，2006

附录A 实 验 参 考

实验1 窗体及控件程序设计

1. 实验目的

（1）掌握 C#窗体创建及其常用控件的选用。

（2）进一步提高编程能力，掌握 C#的编程方法。

2. 实验内容

基础设计：设计一个简易秒表 Windows 程序，通过一个文本框控件或者标签控件，以“86:35”的形式显示秒（位数随计数值而变）和毫秒（两位）。并且通过“开始”或“停止”按钮启动或停止计时，通过一个“复位”按钮复位计数值，以便重新开始计数。

提高设计：计数功能同上要求，但以“2:16:08”形式显示，即分（位数随计数值而变）:秒（两位）:毫秒（两位）；另外“开始”和“停止”共用一个按钮。

实验2 线程开发程序设计

1. 实验目的

（1）掌握线程的创建、方法调用、优先级设置、状态判断及其启动与终止的基本程序设计方法。

（2）掌握线程开发中的跨线程控件访问的程序设计。

2. 实验内容

如图 A-1 所示，创建一个 Windows 程序，“最高”、“中等”和“最低”3 个按钮的点击事件代码实现线程的创建、方法调用、优先级设置、状态判断及启动，这些基本信息显示在一个列表框中。“终止线程”按钮将终止当前线程，并同时显示线程的当前状态。

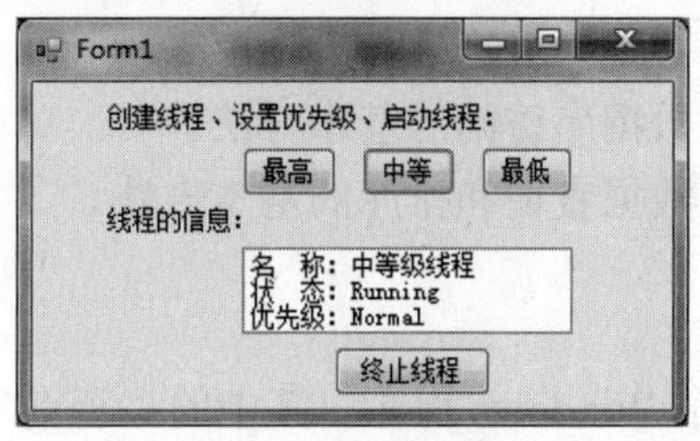

图 A-1 线程应用程序设计

实验 3　数据库访问程序设计

1. 实验目的

（1）了解数据库的基础知识，理解并掌握 SQL Server 数据表的创建方法。

（2）掌握 SQL Server 数据库的基本用法。

（3）结合 ADO.NET 数据库访问常用的类，较熟练地在 C#程序设计中编写和应用 SQL 语句访问 SQL Server 数据库。

2. 实验内容

（1）如图 A-2 所示，创建一个名为 CaruserMIS 的 SQL Server 数据库，其中的 carinfo 数据表包含车辆类型、生产厂家、库存数量等的基本信息表，表的字段及其数据类型等可自行设计。

WIN-QJI1BBMUPHT....IS - dbo.carinfo　对象资源管理器详细信息

	id	cartype	producer	outputvalue	amount
	1	别克SUV	一汽大众	2	18
	2	宝马500	一汽大众	3	20
	4	马自达6	海南马自达	2.3	6
	5	别克商务	一汽大众	20	100
	6	马自达SUV	海南马自达	15	68
	7	奥迪A6	一汽大众	17	42
	8	奥迪A8	一汽大众	22	90
	9	科雷傲	雷诺	30	80
▸*	NULL	NULL	NULL	NULL	NULL

图 A-2　carinfo 表设计

（2）利用 C#设计一个简单的管理信息系统，进入系统时可见一个友好的主界面，而后可通过主界面上的相应菜单实现对数据表的增加、删除、修改和查询的基本操作，并可通过菜单或工具栏按钮退出系统。

实验 4　LINQ 技术应用程序设计

1. 实验目的

（1）掌握 LINQ to SQL 数据库访问的基本方法。

（2）掌握 LINQ to SQL 数据查询和排序的基本方法。

2. 实验内容

如图 A-3 所示，创建一个 Windows 程序，其中的“查询”、“升序”和“降序”3 个按钮的点击事件代码分别实现对 CaruserMIS 数据库中的 carinfo 数据表的前 6 条数据查询